U0746257

中国食品药品检验年鉴

年　鉴

STATE FOOD AND DRUG TESTING
YEARBOOK
2023

中国食品药品检定研究院　组织编写

中国健康传媒集团·北京
中国医药科技出版社

内容提要

《中国食品药品检验年鉴2023》是一部反映中国食品药品检定研究院及各地方食品药品检验检测机构2023年在药品、生物制品、医疗器械、化妆品等方面的监督检验工作及科研成就的年度资料性工具书,由中国食品药品检定研究院组织编纂。书中包括特载、第一至第十五部分及附录,主要分为检验检测,标准物质与标准化研究,药品、医疗器械、化妆品技术监督,化妆品安全技术评价,医疗器械标准管理,质量管理,科研管理,系统指导,国际交流与合作,信息化建设,党的工作,综合保障,部门建设,大事记,地方食品药品检验检测等。可供关注中国食品药品检验检测事业发展的人士、各级食品药品监管部门的管理者参阅。

图书在版编目(CIP)数据

中国食品药品检验年鉴 . 2023 / 中国食品药品检定研究院组织编写 . -- 北京:中国医药科技出版社, 2025. 3. -- ISBN 978 - 7 - 5214 - 5202 - 0

Ⅰ. TS207. 3 - 54;R927. 1 - 54

中国国家版本馆 CIP 数据核字第 2025GD1245 号

美术编辑 陈君杞
版式设计 南博文化

出版 **中国健康传媒集团** | 中国医药科技出版社
地址 北京市海淀区文慧园北路甲 22 号
邮编 100082
电话 发行:010 - 62227427 邮购:010 - 62236938
网址 www. cmstp. com
规格 889 × 1194mm $^1/_{16}$
印张 正文:15 $^3/_4$ 彩插:1 $^3/_4$
字数 460 千字
版次 2025 年 6 月第 1 版
印次 2025 年 6 月第 1 次印刷
印刷 河北环京美印刷有限公司
经销 全国各地新华书店
书号 ISBN 978 - 7 - 5214 - 5202 - 0
定价 **298. 00 元**

获取新书信息、投稿、为图书纠错,请扫码联系我们。

版权所有 盗版必究
举报电话:010 - 62228771
本社图书如存在印装质量问题请与本社联系调换

编辑委员会

主　　任　安抚东

副 主 任　路　勇　张　辉　王庆利

主　　编　杨继涛

执行委员　黄小波　刘丹丹　许慧雯

委　　员　（按姓氏笔画排序）

王　兰　王钢力　王蕊蕊　母瑞红　朱　炯

仲宣惟　刘增顺　孙会敏　李秀记　李静莉

杨　振　杨正宁　杨会英　余振喜　张　旭

项新华　耿兴超　徐　苗　徐　艳　郭亚新

陶维玲　黄　杰　梁春南　魏　锋

执行编辑　李　雯

特约编辑　（按姓氏笔画排序）

王　玥　王一平　朱　楠　汤　龙　汤　瑶

祁文娟　孙斌裕　李　琳　李梦娇　杨　雪

肖　镜　吴朝阳　佟　乐　汪　毅　宋　钰

孟　芸　姚　蕾　贺鹏飞　袁玉萍　耿　琳

耿长秋　徐　琦　徐　超　崔晓姣　康　帅

章　娜　韩若斯　裴云飞

编纂说明

《中国食品药品检验年鉴 2023》是由中国食品药品检定研究院编纂出版的一部综合反映中国药检系统对食品、药品、保健食品、化妆品、医疗器械等监督检验、科研成就的大型年度资料性工具书。

《中国食品药品检验年鉴 2023》编辑委员会主任、副主任由中国食品药品检定研究院院领导担任，编辑委员会委员由中国食品药品检定研究院各所、处（室）、中心主要负责人担任，执行委员由中国食品药品检定研究院办公室主要负责同志担任。

《中国食品药品检验年鉴 2023》框架设置包括特载及第一至第十四部分，为有关中国食品药品检定研究院检验检测，标准物质与标准化研究，药品、医疗器械、化妆品技术监督，化妆品安全技术评价，医疗器械标准管理，质量管理，科研管理，系统指导，国际交流与合作，信息化建设，党的工作，综合保障，部门建设，大事记；第十五部分为地方食品药品检验检测。地方食品药品检验检测部分，收载各省、市级（含副省级）食品、药品、药用包材辅料检验机构，通过国家资质认可的各有关医疗器械检验机构共 35 个单位的 2023 年工作内容。收载范围包括：重要会议、领导讲话、报告、政策法规等；机构调整改革及重要人事变动相关信息；检验检测中的重要活动、举措和成果；食品药品安全突发事件应急检验；具有统计意义、反映现状的基本数据和专业性信息资料。书末列有附录。本书可供关注中国食品药品检验检测事业发展的人士、各级食品药品监管部门的管理者参阅。

▲　2023 年 1 月 19 日，中国食品药品检定研究院二期工程获得国家发展和改革委员会可研批复。

▲　2023 年 2 月 25 日，国家药品监督管理局医疗器械分类技术委员会换届大会在北京市召开。

◀ 2023 年 3 月 16 日，中国食品药品检定研究院在四川省成都市组织召开生物制品批签发工作及批签发建设研讨会。

▶ 2023 年 4 月 21 日，中国食品药品检定研究院召开学习贯彻习近平新时代中国特色社会主义思想主题教育动员部署会。

▲ 2023 年 6 月 16 日，中央第三十六指导组来中国食品药品检定研究院调研指导工作。

▲ 2023 年 8 月 31 日，2023 年全国药品检验工作座谈会在天津市召开。

▲ 2023 年 12 月 11 日，中国食品药品检定研究院接受世界卫生组织（WHO）药品质量控制实验室预认证（PQ）现场评估检查。

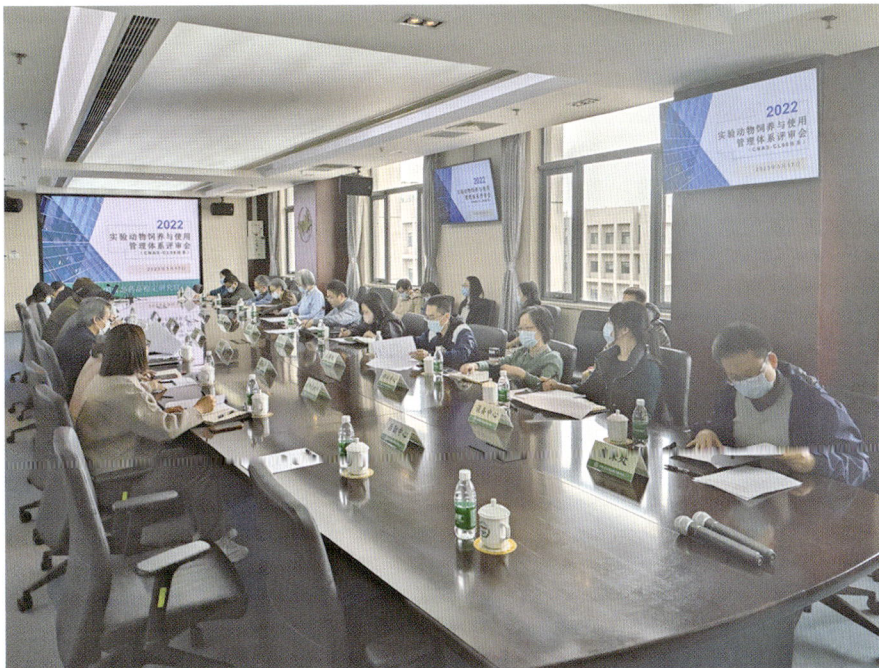

▲ 2023 年 3 月 17 日，中国食品药品检定研究院召开 2022 年度实验动物饲养与使用管理体系管理评审会。

▲ 2023 年 3 月 29 日，国家重点研发计划项目医用手术机器人质量评价关键技术和平台研究启动会在北京市召开。

▲ 2023 年 7 月 13 日，中国食品药品检定研究院举办医疗器械安全宣传周科学检验服务医疗器械产业高质量发展座谈会。

▲ 2023 年 7 月 27 日，国家药品监督管理局医疗器械标准管理中心组织召开 2023 年医疗器械标准工作交流汇报会。

▲ 2023 年 8 月 8 日，中国食品药品检定研究院在深圳市召开 2023 年全国药品检验机构信息化研讨会。

▲ 2023 年 10 月 13 日，国家药品监督管理局医疗器械标准管理中心在江苏省苏州市举办 2023 年医疗器械标准综合知识培训班。

▲ 2023年10月20日，国家药品监督管理局医疗器械标准管理中心在江苏省泰州市举办新版 GB 9706.1 标准公益培训班。

▲ 2023年10月31日，2023年医用增材制造技术医疗器械标准化技术归口单位年会暨行业标准审定会在北京市召开。

◀ 2023年11月14日，国家药品监督管理局医疗器械标准管理中心在浙江省杭州市举办2023年医疗器械分类综合知识培训班。

▶ 2023年11月17日，中国食品药品检定研究院在北京市召开人类辅助生殖技术用医疗器械标准化技术归口单位二届二次会议暨行业标准审定会。

▲ 2023 年 11 月 22 日，全国医疗器械生物学评价标准化技术委员会纳米医疗器械生物学评价分技术委员会召开 2023 年度工作会议暨行业标准审定会。

▲ 2023 年 4 月 19 日，中国食品药品检定研究院李波院长会见了到访的俄罗斯联邦政府预算机构科学中心主任一行 5 人。

▲ 2023 年 5 月 1 日至 7 日，中国食品药品检定研究院张辉副院长率团参加第六届非洲药品质量论坛并作大会发言。

▲ 2023 年 7 月 2 日至 9 日，中国食品药品检定研究院李波院长率团访问德国疫苗及血清研究所。

▲ 2023 年 7 月 2 日至 9 日，中国食品药品检定研究院李波院长率团访问欧洲药品质量管理局。

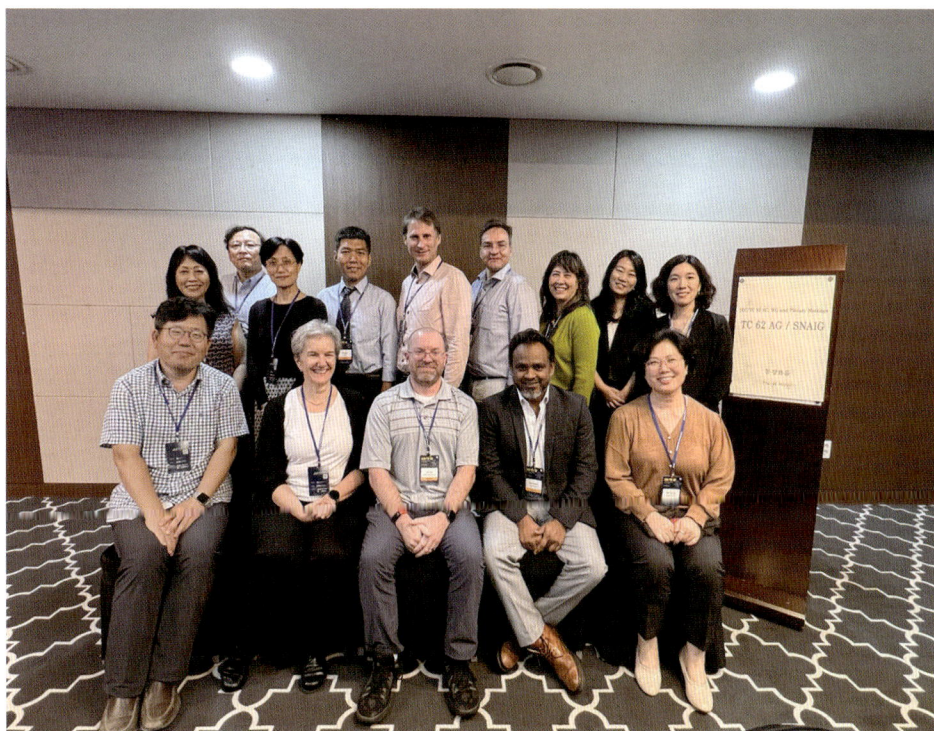

▲ 2023 年 9 月 12 日，中国食品药品检定研究院专家参加国际电工委员会医用电器设备标委会年会。

▲ 2023 年 9 月 18 日至 22 日，中国食品药品检定研究院张庆生研究员一行两人赴俄罗斯与俄罗斯卫生部联邦政府预算机构科学中心开展合作交流任务。

▲ 2023 年 9 月 26 日至 30 日，中国食品药品检定研究院李波院长随国家药品监督管理局赴意大利参加 2023 年全球监管科学峰会。

▲ 2023 年 10 月 5 日至 12 日，中国食品药品检定研究院路勇副院长率团参加欧洲化妆品原料年会并作大会报告。

▲ 2023 年 7 月 28 日，中国食品药品检定研究院召开专题警示教育大会。

▲ 2023 年 11 月 21 日，中国食品药品检定研究院组织相关部门主要负责人赴北京市全面从严治党警示教育基地开展警示专题教育活动。

▲ 2023 年 11 月 24 日，中国食品药品检定研究院召开国家药监局党组第一巡视组巡视中检院党委情况反馈会议。

▲ 2023 年 11 月 30 日，中国食品药品检定研究院组织开展第一次"院长谈心日"活动。

▲ 2023 年 12 月 28 日，中国食品药品检定研究院工会第二届第二次会员代表大会在中国食品药品检定研究院大兴新址召开。

▲ 2023 年 3 月 6 日，四川省药品检验研究院与海口国家高新技术产业开发区管委会举行合作签约仪式。

▲ 2023 年 5 月 13 日，中国药学会孙咸泽理事长和中国医学科学院药物研究院蒋建东院士一行莅临大连市药品检验检测院调研指导工作。

◄ 2023 年 5 月 30 日，陕西省食品药品检验研究院举办化妆品安全科普宣传周实验室开放日活动。

► 2023 年 7 月 12 日，国家药品监督管理局局长焦红赴山东省医疗器械和药品包装检验研究院新址调研。

▲ 2023 年 8 月 3 日，国家药品监督管理局疫苗批签发湖北省药品监督检验研究院授权现场（扩项）评估。

▲ 2023 年 8 月 21 日，湖北省药品监督管理局、湖北省药品监督检验研究院共同主办 2023 年湖北省药品承检机构检验检测技能竞赛。

▲ 2023 年 9 月 23 日至 10 月 8 日，杭州市食品药品检验科学研究院完成亚（残）运会食源性兴奋剂保障任务。

▲ 2023 年 12 月，天津市药品检验研究院滨海实验室挂牌成立。

▲ 2023年12月20日，深圳市药品检验研究院光明分院建设项目举行开工仪式。

▲ 2023年12月24日，甘肃省药品检验研究院通过CNAS认证复评审（含扩项评审）。

目　录

特　载

第一部分　检验检测

第二部分　标准物质与标准化研究

第三部分　药品医疗器械化妆品技术监督

第四部分　化妆品安全技术评价

第五部分　医疗器械标准管理

医疗器械分类管理工作 ···················· 21

医疗器械命名、编码技术研究工作 ············· 22

第六部分　质量管理

组织实施能力验证工作 ···················· 23

管理体系的运行与维护 ···················· 23

标准物质生产者（RMP）质量管理体系建设和改进 ········· 24

第七部分　科研管理

第八部分　系统指导

第九部分　国际交流与合作

第十部分　信息化建设

第十一部分　党的工作

第十二部分　综合保障

第十三部分　部门建设

第十四部分　大事记

第十五部分　地方食品药品检验检测

附　录

Contents

Important Notes

Part Ⅰ   Inspection and Testing

Part II　Reference Material and Standardization Research

Part Ⅲ   Technical Supervision of Drugs, Medical Devices and Cosmetics

Part Ⅳ   Technical Evaluation of Cosmetics Safety

Part V   Standard Management of Medical Devices

Part VI   Quality Management

Construction and Improvement of Quality Management System for Reference Material Producer (RMP)

Part Ⅶ   Scientific Research Management

Part Ⅷ   System Guidance

Part IX   International Exchange and Cooperation

Part X Informatization Construction

Part XI   Party Work

Part XII   Comprehensive Support

Financial Management ·· 73

Safety Guarantee ·· 74

Logistical Support ··· 75

Part XIII Department Construction

Institute for Food and Cosmetics Control ················· 77

Institute for Safety Evaluation ··· 91

Part XIV   Chronicle of Events

Part XV   Local Food and Drug Inspection & Testing

Appendix

重要会议与讲话

黄果同志在中检院 2022 年总结表彰大会上的讲话（节选）

今天很高兴参加中检院 2022 年总结表彰大会，见证人家的荣耀时刻。刚才，受到表彰的同事介绍了经验，我听了很有感触，你们所做的工作很重要，有的甚至具有历史性意义。首先，我代表国家局党组、李利书记、焦红局长向你们表示热烈的祝贺！李波同志刚刚总结了近年院里的主要工作，部署了今年的重点任务，讲得很实在很好。我在这里也表个态，一定尽我努力帮助中检院更好推进各项工作，实现更好发展。

刚刚过去的一年，对药品监管工作来说，很不寻常。我们一起经历了疫情大考，点点滴滴十分难忘。中检院全体干部职工在院领导班子带领下，紧紧围绕药品监管大局，全力服务疫情防控，勇于担当，做了大量卓有成效的工作，取得了巨大成就。给我印象特别深刻的有以下几个方面。一是忠于职守，攻坚克难，带领药检系统发挥技术优势，提前介入，研审联动，有力支撑了新冠疫苗和治疗药物器械应急审评审批，这已成为中检院这几年工作的新常态。精心组织、高效完成了新冠疫苗第三方检验，累计签发 61.9 亿剂，有力服务了抗疫大局。这样的检验任务，历史上没有过。事情就是这样干出来的，体现了药检工作者的担当。二是发挥技术优势，扎实开展注册检验、进口检验和优先检验，有力推动了一批具有明显临床价值、公众急需、具有创新性的产品获批上市，医疗器械标准管理和化妆品审评工作取得新成效，有力支持了审评审批制度改革，发挥了重大作用，有效服务了监管工作高质量发展。三是履职尽责，精心组织"两品一械"国家监督抽检，深入挖掘风险隐患，千方百计保障标准物质供应，为化解药品安全风险隐患，提供了基础性保障，以优异成绩通过世界卫生组织 NRA 评估。每一份报告，每一个数据，都饱含汗水，你们用实际行动让党对这份责任和事业放心。四是在党的建设和内部管理方面，组织全院干部职工深入学习贯彻党的二十大精神，完成了中央巡视整改任务，超额完成援疆援藏和乡村振兴任务，2 个党支部获评中央和国家机关工委、市场监管总局"四强"党支部，党支部和党员的凝聚力、战斗力不断提升，党对药检工作的全面领导得到进一步加强。

这些成绩的取得，是院领导班子齐心协力、团结奋进的结果，更是全院干部职工忠诚担当、顽强拼搏的结果。特别是在 3 年疫情大考中，中检院以良好的精神状态，履职尽责，圆满完成了局党组交给的各项任务，涌现出了一大批先进人物和感人事迹，展现出高超的技术能力和过硬的工作作风。在此，我代表国家局党组，向同志们致以崇高的敬意和衷心的感谢！大家辛苦了！

今年是全面贯彻落实党的二十大精神的开局之年。开局就是大局，开局意味着全局。在药品监管全局中，中检院承担着特殊使命。一代人有一代人的使命和担当，中检院历经千难万险走到今天，我们应该有这样的能力和自信把工作做好。对于今年的工作，院里已经有详细部署，我想着重强调几个方面。

一是着力推进政治机关建设。党的政治建设是党的根本性建设，加强政治机关建设是推进机关党建的必然要求。一句话，就是要旗帜鲜明讲政治。中检院虽然是技术单位，但没有离开政治的业务。只有党建工作抓好了，业务工作才能干好。要进一步提高政治站位，教育引导党员干部学懂弄通做实习近平新时代中国特色社会主义思想，深入学习贯彻党的二十大精神，增强"四个意识"，坚定"四个自信"，深刻领悟"两个确立"的决定性意义，带头做到"两个维护"，带动药检事业健康可持续发展。二是不断提高检验科技水平。中检院是技术单位，提高科技水平是永恒话题。要用好新冠疫苗应急研发审评的成功经验，紧贴监管需要，着眼产业发展趋势，统筹优化资源布局，加大科技攻关力度，围绕"两品一械"质量安全的新技术、新方法、新标准、新工具开展前瞻性研究，强化基础研究，力争多出成果，做到在用一批、储备一批、预判一批。三是积极服务审评审批制度改革。服务审评审批制度改革，就是促进高质量发展。要高效开展注册检验、进口检验、优先检验，助力解决临床急需、国产替代、"卡脖子"等药品医疗器械审批上市问题。加快完善化妆品审评制度机制，持续强化医疗器械标准管理。主动与审评、检查、监测、案件查办、信息化等部门搞好衔接，形成合力。四是努力保障药品安全形势总体稳定。这是保底线的大事。要发挥自身的技术优势和药检系统的组织优势，根据形势发展，针对防疫药品医疗器械、生物制品、中药饮片、网络售药、跨境电商、增容扩产等易发高发风险隐患，强化重点品种、重点环节、重点领域的检验工作，有效防范化解风险，像防事故一样防风险，如临深渊、如履薄冰。五是坚持不懈推进药品检验能力建设。要加强队伍建设，不断优化人才结构，大力培养年轻技术骨干，积极锻造各领域领头专家，进一步选优配强各级领导班子。继续做好全国重点实验室申报和建设准备工作。扎实开展生物制品批签发授权评估，稳步提高全国批签发能力。精心组织加快推进迁建二期工程，确保建成高质工程廉洁工程。

最后，要特别强调党风廉政建设。监管的廉洁是权威的基石。只要台下有一分钱的交易，台上工作再专业也一文不值。中检院是个技术、资金、项目都比较集中的地方，长期与企业打交道，必须时刻提高警惕，筑牢拒腐防变的思想防线，不能有丝毫懈怠。必须始终把党风廉政建设贯彻药检工作全过程。要坚定不移推进全面从严治党，把压力层层传递到位，推动上下协同，齐抓共管。要坚持预防为主，着力治未病，抓好警示教育，扎紧制度笼子，管住检验权力，夯实防治腐败的制度基础。要扶正祛邪，坚决查处利用检验技术权力谋取私利的违法违纪行为。要固本培元，认真总结抗疫经验，就像今天我们这个大会一样，发掘先进典型，弘扬正气、激发正能量，打造忠诚干净担当的药检队伍。（2023 年 3 月 10 日）

记　事

药品监管科学全国重点实验室获批建设

2023 年 3 月，科技部批准建设药品监管科学全国重点实验室。实验室主体设在中国食品药品检定研究院（以下简称"中检院"）。

全国重点实验室的启动建设，标志着药品监管科学研究成为国家战略科技体系的一部分，也标志着中国药品监管科学发展进入新阶段。

中检院二期工程获得国家发改委可研批复

2023 年，中检院二期工程《可行性研究报告》正式获得国家发改委批复，总建设规模 13.1 万平方米，总投资 16.87 亿元；完成初步设计及概算编制，取得建设用地土地使用权。

覆盖全部疫苗生产省份的疫苗批签发机构体系基本建立

2023 年，中检院推动 14 家省级药检机构 23 个疫苗品种获得批签发授权。

截至 2023 年底，我国疫苗批签发实验室联盟已经扩大到 17 家，基本实现了疫苗生产省份的批签发授权全覆盖。

中检院新兴领域医疗器械标准制修订工作领跑国际

中检院牵头制定 3 项组织工程产品 ISO 国际标准，牵头制定 IEC 第一个人工智能医疗器械专用测试方法标准和 3 项 IEEE 标准，推动我国新兴医疗器械标准制修订工作领跑国际。

中检院印发 GB 9706 系列标准检验要点，发布送检指南、42 个检验报告模板和 12 期检验资质公告，助力新版 GB 9706 系列标准平稳有序实施。

牙膏产品首次实行备案管理

为保证《牙膏监督管理办法》平稳落实实施，起草制定《牙膏备案资料管理规定》，2023 年 11 月 22 日国家药品监督管理局（以下简称"国家药监局"）正式发布。首次规范牙膏备案管理要求，保证牙膏备案资料的规范提交，保障牙膏的质量安全，规范牙膏产业高质量发展。

放射性药品检验能力建设显著加强

中检院结合检验工作实际，坚持问题导向和需求牵引，完成了《我国放射性药品检验实验室能力状况分析与建设规范》调研报告，并研究起草了《国家药监局锝标记及正电子类放射性药品检验机构评定程序》上报国家药监局。该文件的发布有助于解决我国放射性药品检验机构建设标准缺乏、建设经验不足的情况，指导帮助有能力和条件的药品检验机构开展放射性药品检验能力建设，提升我国放射性药品检验能力和水平，一体式推进我国放射性药品产业健康快速发展。

电子档案试点工作取得明显成果

中检院成为中央国家机关 5 个电子档案管理试点之一，全药监系统唯一一家。目前试点工作取得显著成果，已建成电子档案管理系统并完成验收，制定了专业电子档案管理规范和技术标准。实现了档案管理的智能化，预计每年节约库房空间 600 延米，节省档案整理经费 70 万元。

该项工作开创了电子档案管理新模式，成果经验可在全药监系统复制推广。

世界卫生组织（WHO）化学药品预认证

2023 年 12 月 11 日至 14 日，WHO 专家组根据 WHO – GPPQCL《药品质量控制实验室良好规范》及预认证有关规则，对中检院 PQ 科室进行了全面检查，质量管理体系（QMS）覆盖的所有部门全程参与。通过 4 天检查，WHO 专家组认为，中检院有一支良好的团队，以及良好设施，并且无关键缺陷项，表明我国 PQ 实验室质量管理和技术能力达到了世界领先水平，为我国药品走向国际作出了应有贡献。

世界卫生组织（WHO）疫苗监管体系评估（NRA）整改工作

对标 WHO – GBT（全球基准评估工具），推动全国疫苗批签发网络实验室能力建设，完成 13 项国家监管体系（NRA）实验室板块（LT）的机构发展计划（IDP）整改。组织制定《疫苗批签发网络实验室质量管理规范》、仪器设备验证、超标检验检测结果调查（OOS 调查）、实验室绩效评估等 11 份实验室质量管理指南性文件，并公开发布实施。保证 13 家省级国家质控实验室（NCLs）质量体系的一致性，分发文件 600 余份。组织省级实验室参加"人用疫苗抗生素残留量的测定能力验证计划"，全部 NCL 参加，并获得满意结果。组织 NCL 质量管理人员进修培训，提升全国 NCL 实验室一致性。

第一部分　检验检测

2023 年检验检测工作

概　况

中检院 2023 年度受理 18224 批检验检测工作（以批/检样数计），较 2022 年减少 777 批，降幅为 4.1%。2023 年度完成 16950 批报告，较 2022 年减少 365 批，降幅为 2.1%。

注：2023 年度统计时间 2023 年 1 月 1 日至 12 月 31 日，其他类别包括细胞、毒种、菌种、人血浆、人血清及其他。环境设施检验与环境监测自 2018 年度单独分类。进口检验包括常规进口和进口生物制品批签发（生物制品批签发，以下简称"批签发"）。样品受理，指受理检验的样品批数（进口药品除批签发外按检样数计），包括退撤检批次。检验报告完成，指授权签字人签发检验报告的样品批数（进口药品除批签发外按检样数计），不包括函复结果或出具研究性报告的样品批数。

样品受理情况

2023 年度受理样品 18224 批，同比下降 4.1%。

按检品分类计，化学药品 1857 批（10.2%），中药、天然药物 761 批（4.2%），药用辅料 126 批（0.7%），生物制品 9801 批（53.8%），医疗器械 1151 批（6.3%），体外诊断试剂 893 批（4.9%），药包材 123 批（0.7%），食品 172 批（0.9%），保健食品 139 批（0.8%），化妆品 722 批（4.0%），实验动物 393 批（2.1%），环境设施检验与环境监测 345 批（1.9%），其他类别 1741 批（9.5%）（图 1−1）。

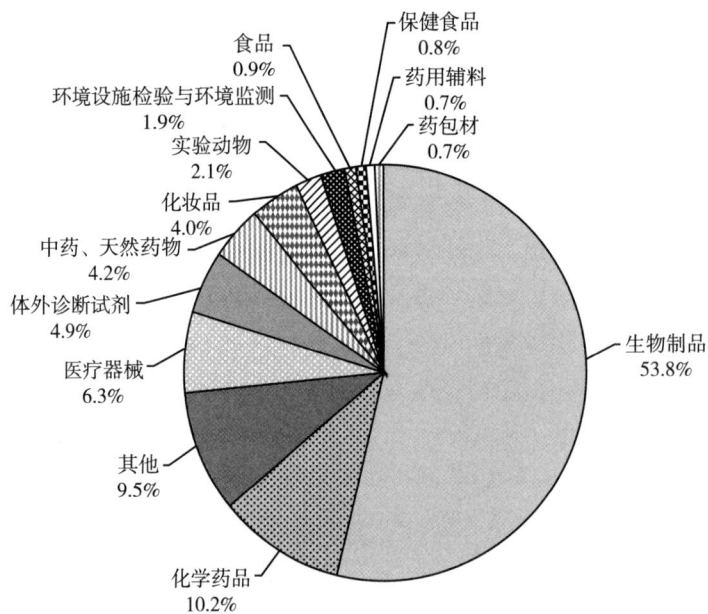

图 1−1　2023 年度各类样品受理情况

受理量同比增长的有保健食品（162.3%），食品（72.0%），中药、天然药物（18.0%），化妆品（17.6%），其他类别（14.6%），化学药品（14.4%），医疗器械（12.7%），环境设施检验与环境监测（10.2%）；同比下降的有生物制品（-4.8%），药用辅料（-11.3%），药包材（-36.6%），体外诊断试剂（-57.3%）；实验动物与去年持平（图1-2）。

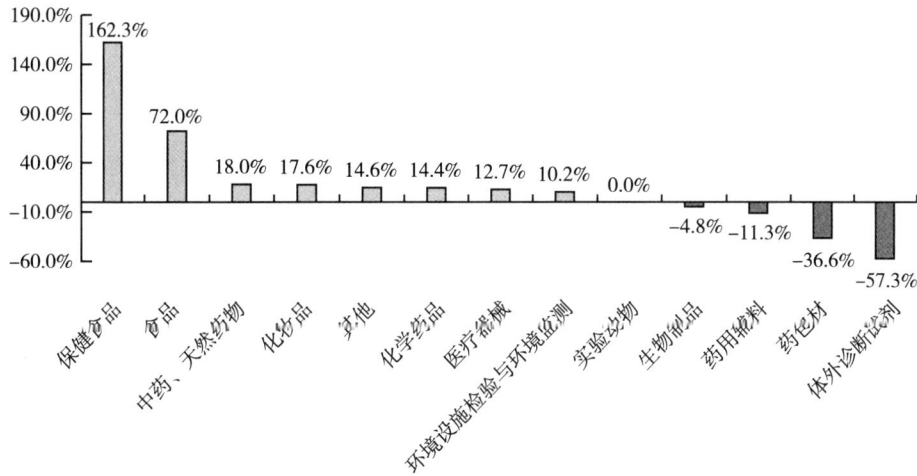

图1-2　2023年度各类样品受理同比变化情况

按检验类型计，受理监督检验1670批（占总受理量的9.2%，包括国家药品抽检845批，国家医疗器械抽检115批，保健食品化妆品抽检710批），注册/许可检验3237批（17.8%），进口检验1059批（5.8%，其中进口批签发438批），国产生物制品批签发4421批（24.2%），委托检验1085批（6.0%），合同检验6426批（35.5%），复验/复检190批（1.0%），认证认可及能力考核检验（以下简称"认证认可检验"）136批（0.7%）（图1-3）。

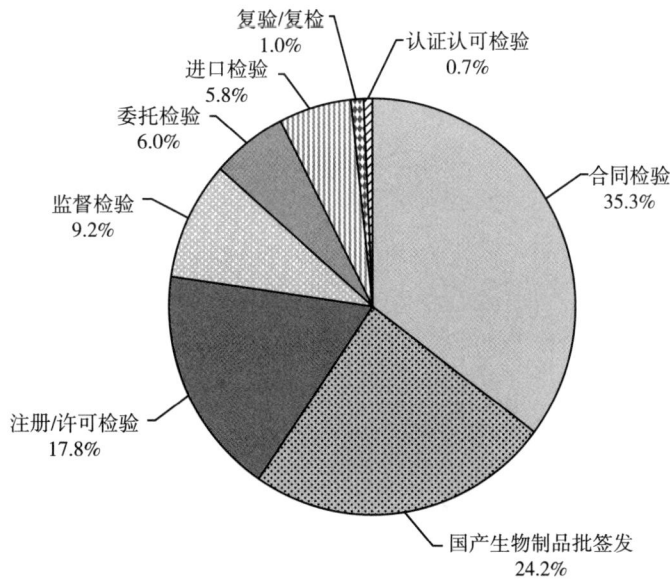

图1-3　2023年度各类检验业务样品受理情况

受理量同比增长的有：委托检验（68.0%），复验/复检（30.1%），注册/许可检验（16.3%），进口检验（2.4%），监督检验（2.4%）；同比下降的有合同检验（-11.0%），国产批签发（-15.7%），认证认可检验（-53.4%）（图1-4）。

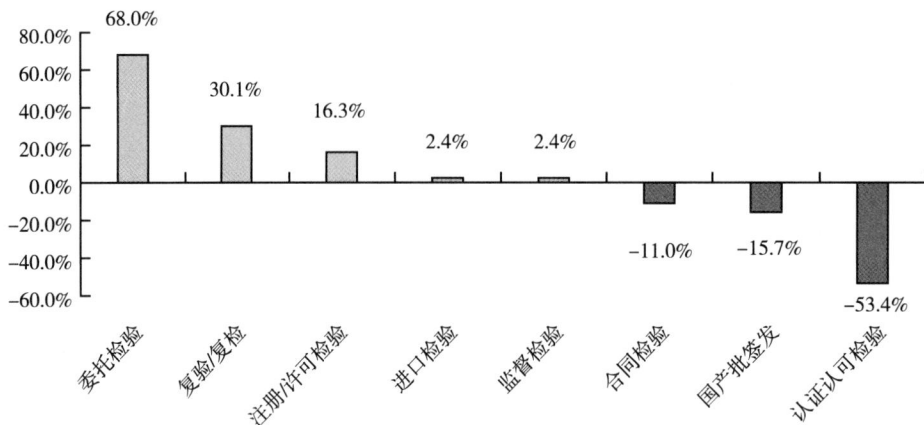

图1-4　2023年度各类检验业务样品受理同比变化情况

报告完成情况

2023年度完成16950批报告，同比下降2.1%。

按检品分类计，完成化学药品检验报告1583批（9.3%），中药、天然药物724批（4.3%），药用辅料78批（0.5%），生物制品9653批（56.9%），医疗器械903批（5.3%），体外诊断试剂910批（5.4%），药包材66批（0.4%），食品179批（1.1%），保健食品138批（0.8%），化妆品705批（4.2%），实验动物371批（2.2%），环境设施检验与环境监测326批（1.9%），其他类别1314批（7.7%）（图1-5）。

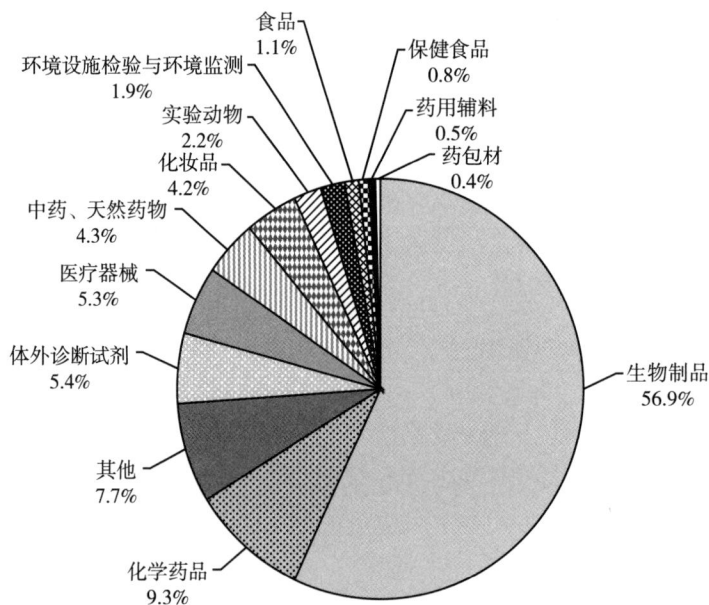

图1-5　2023年度各类样品报告完成情况

报告完成同比增长的有：食品（163.2%），保健食品（160.4%），中药、天然药物（28.6%），化学药品（22.7%），医疗器械（19.0%），化妆品（16.7%），其他类别（2.7%），环境设施检验与环境监测（1.6%）；同比下降的有生物制品（－1.6%），实验动物（－11.0%），药用辅料（－22.8%），药包材（－45.0%），体外诊断试剂（－52.7%）（图1－6）。

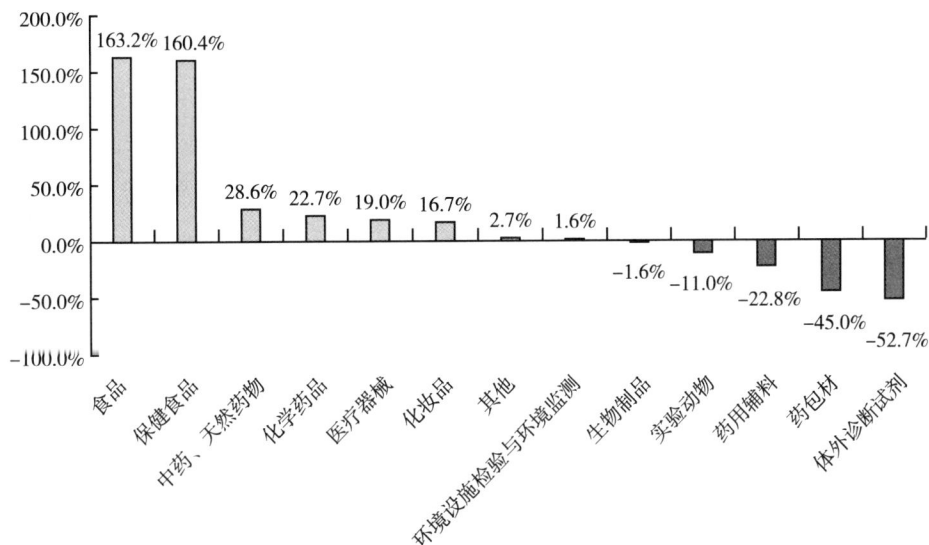

图1－6　2023年度各类样品报告完成同比变化情况

按检验类型计，完成监督检验报告1660批（占总签发量的9.8%，包括国家药品抽检835批，国家医疗器械抽检115批，保健食品化妆品抽检710批），注册/许可检验3110批（18.3%），进口检验1098批（6.5%，其中进口批签发484批），国产生物制品批签发4728批（27.9%），委托检验1012批（6.0%），合同检验5104批（30.1%），复验/复检187批（1.1%），认证认可检验51批（0.3%）（图1－7）。

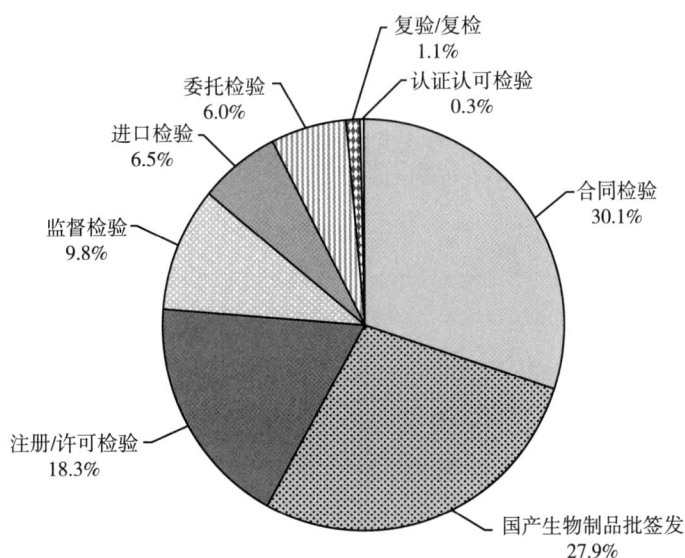

图1－7　各类检验业务报告完成情况

报告完成同比增长的有委托检验（69.8%），复验/复检（28.1%），注册/许可检验（10.0%），进口检验（6.4%），监督检验（2.1%）；国产批签发（-9.3%），合同检验（-10.6%），认证认可检验（-68.5%）（图1-8）。

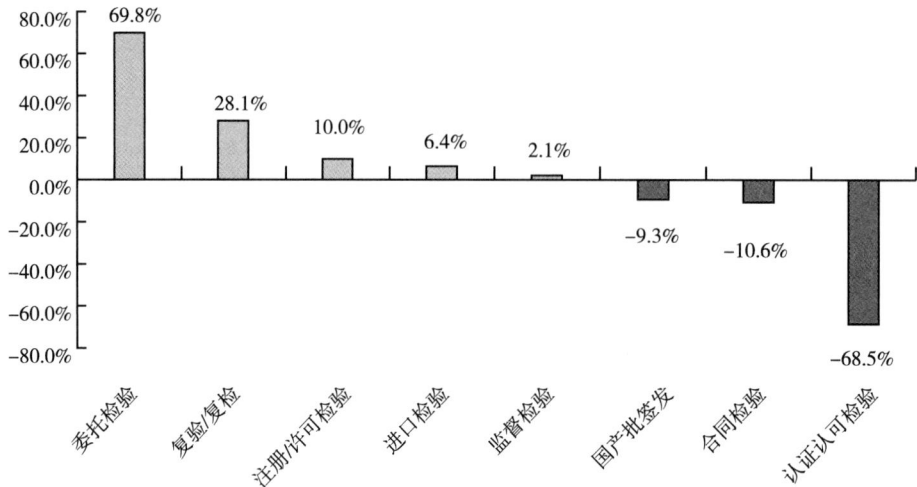

图 1-8　2023 年度各类检验业务报告完成同比变化情况

生物制品批签发

受理情况

2023 年度受理了 4859 批，同比下降 15.0%，包括国内制品 4421 批，下降 15.7%，进口制品 438 批，下降 7.0%；疫苗 3915 批，下降 18.2%，血液制品 154 批，增长 49.5%，诊断试剂 790 批，下降 4.8%（图1-9）。

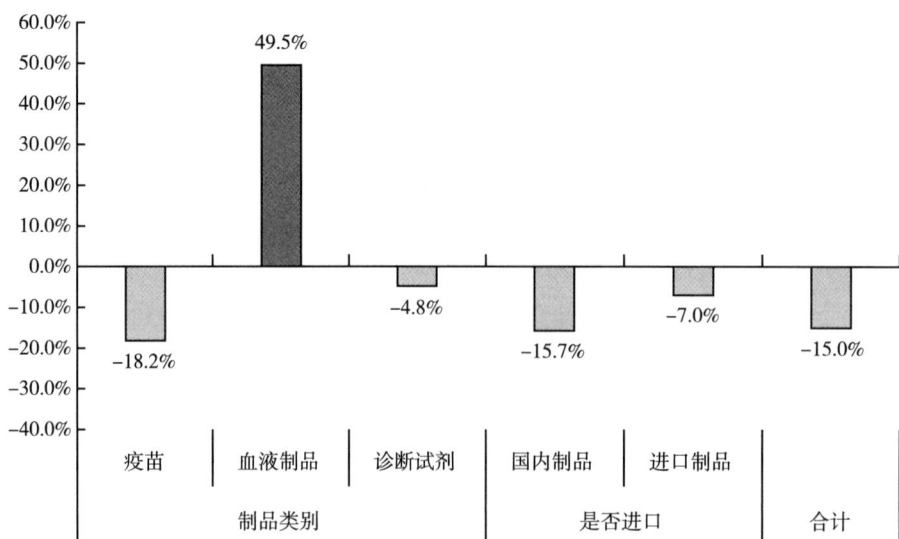

图 1-9　2023 年度批签发样品受理同比变化情况

报告完成情况

2023 年度完成了 5212 批报告（无不合格制品），同比下降 8.1%。包括国内制品 4728 批，下降 9.3%，进口制品 484 批，增长 6.1%；疫苗 4243 批，下降 10.5%，血液制品 154 批，增长 41.3%，诊断试剂 815 批，下降 0.7%（图 1-10）。

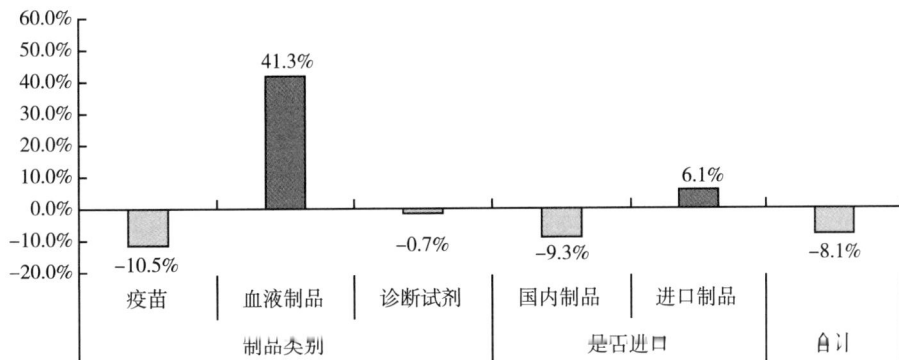

图 1-10 2023 年度批签发报告完成同比变化情况

专项工作

含马兜铃酸中药标准提高工作取得突破性进展

针对马兜铃酸内源性毒性成分，通过考察不同剂型、处方等影响因素，研究建立了灵敏、专属、准确的中成药中马兜铃酸类成分液相色谱-串联质谱通用检测分析方法。完成双辛鼻窦炎颗粒、滴通鼻炎水、平肝舒络丸、通天口服液、六经头痛片和辛芳鼻炎胶囊含细辛中成药中马兜铃酸检查项标准修订草案，并报送国家药典委员会。与此同时，中检院牵头组织 12 家地方药检机构完成 10 种含马兜铃属药材中成药和 33 种含细辛中成药中马兜铃酸检查项标准提高工作，现各承检机构均已报送国家药典委员会。此外，还作为牵头单位负责组织起草完成了《中成药中马兜铃酸控制研究指导原则》草案并已报送国家药典委员会。上述研究为含马兜铃酸药品的风险防控提供了科学的数据基础，为相关药品的安全监管提供了强有力的技术支持。

药品监管科学研究行动计划重点项目

2023 年，中检院联合 7 家药检机构承担了国家药监局中国药品监管科学研究行动计划第二批重点项目。针对苏合香药材资源紧缺和专属性检测方法不强的情况，修订了苏合香质量标准，增加了基原和检测指标，形成苏合香标准修订草案。针对广藿香药材及饮片原标准不完善、原标准质量控制指标限度过低难以控制市场产品质量问题，对《中国药典》广藿香药材及饮片标准进行修订，形成了标准草案。针对目前甘草标准不能评价质量优劣的问题，开展了甘草等级标准研究，形成等级标准草案。针对六神曲缺少有效的质量控制方法的问题，研究建立了衍生化-HPLC 测定酶解葡萄糖的方法评价六神曲中糖化酶活力。

特色民族药材检验方法示范性研究

按照国家药监局药品注册司专项"特色民族药材检验方法示范性研究"的任务部署，2023 年通过 3 次会议推进三期项目的研究工作，完成了三期项目的结题，启动了四期研究的品种筛选，进行了第三届全国药检系统民族药专业委员会的换届改选，修订了《药检系统民族药专业委员会章程》，开展了四期品种遴选工作，为三期项目的顺利结题及四期项目的启动奠定了良好的基础。

自 2015 年起，该项目借助民族药示范性研究平台逐步完善解决民族药相关问题。

含人参中成药中西洋参掺伪专项研究

2023 年由中检院牵头，联合 8 家药品检验机构组成含人参中成药中西洋参掺伪研究专项组。通过对含人参的 8 个制剂品种开展研究，均以拟人参皂苷 F_{11} 作为西洋参掺伪检查的指标性成分，研究建立了相应的检测方法，并基于不同样品的基质情况，拟定了拟人参皂苷 F_{11} 的限度。

应急检验工作

积极支持抗击新冠药物审评审批工作

密切关注国内外抗新冠化学药物，提前介入，主动沟通，强化对申请人的技术指导和服务。2023 年以来，以最优先的速度完成先诺特韦及先诺特韦组合片、泰阿特韦 GST171 及泰阿特韦 GST171 组合包装、恩司特韦片、安睿特韦及安睿特韦片、Shen26 胶囊及其原料 ATV014 等 5 个重点品种检验工作。

高效完成应急检验工作

积极承担国家药监局投诉举报品种菠萝蛋白酶中 EDTA 方法研究，阿昔洛韦、依那普利亚硝胺杂质检测方法研究任务，及时将风险信息报送国家药监局。

专人负责、全程指导，高效完成我国第 2、3 款上市的体外心肺支持辅助系统应急检验，完成神经外科手术导航定位系统，肿瘤温敏栓塞剂、生物可吸收雷帕霉素靶向洗脱冠脉支架系统创新检验，有效助推高端器械国产化和创新器械快速上市。

第二部分 标准物质与标准化研究

概 况

国家药品标准物质品种总数与分类

截至 2023 年底，中检院提供各类标准物质和质控类产品 5003 种，与 2022 年相比增加 193 个品种，同比增长 4.0%。其中，化学对照品 3090 种（同比增长 2.6%），对照药材和对照提取物 901 种（同比增长 1.9%），药用辅料对照品及药包材对照物质 349 种（同比增长 4.8%），食品与化妆品标准物质 123 种（同比增长 25.5%），生物制品标准物质 193 种（同比增长 12.9%），医疗器械及体外诊断试剂标准物质 209 种（同比增长 14.2%），质控类产品 138 个（同比增长 7.8%）（表 2－1，图 2－1）。中检院全部在售标准物质供应率持续稳定在 100%。

表 2－1 2018—2023 年度国家药品标准物质品种总数与分类　　　　　　单位：个

年度	化学对照品	对照药材和对照提取物	药用辅料对照品及药包材对照物质	食品与化妆品标准物质	生物制品标准物质	医疗器械及体外诊断试剂标准物质	质控类产品	合计
2018	2724	825	197	4	196	147	/	4093
2019	2768	845	254	10	205	183	/	4265
2020	2871	859	301	30	230	201	/	4492
2021	2960	869	323	53	232	221	/	4658
2022	3013	884	333	98	171	183	128	4810
2023	3090	901	349	123	193	209	138	5003
同比增长	2.6%	1.9%	4.8%	25.5%	12.9%	14.2%	7.8%	4.0%

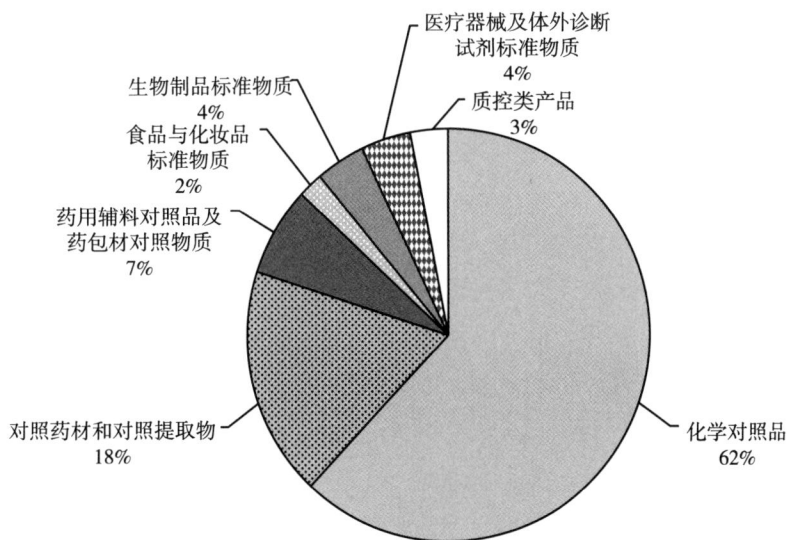

图 2－1 2023 年度国家药品标准物质品种分类情况占比

国家药品标准物质生产和供应

在标准物质生产方面，全年分装645个品种共405万支，包装533个品种共353万支（表2-2）。

所有应急品种均在1~5天内快速完成，全力支持标准物质保障供应工作。在标准物质供应方面，全年处理用户订单10.9万单，分发包裹数10.5万件，分发供应量290万支（同比上涨7%）。

表2-2 2018—2023年度国家药品标准物质分装及包装

年度	分装		包装	
	品种数（个）	分装量（万支）	品种数（个）	包装量（万支）
2018	589	300	600	310
2019	635	328	590	290
2020	646	303	597	330
2021	800	400	880	402
2022	634	384	611	374
2023	645	405	533	353

国家药品标准物质报告评审

2023年共审评678份国家药品标准物质报告。其中，首批标准物质报告218份，换批标准物质报告460份（表2-3，图2-2）。组织召开11次首批报告审评会，邀请专家61人次，全部研制报告均如期完成审评，并实现紧缺品种在1~2天内完成加急审评，为标准物质保障供应工作提供支撑。

表2-3 2018—2023年度国家药品标准物质报告评审数　　　　　　　　　　单位：份

年度	首批标准物质数	换批标准物质数	合计
2018	121	472	593
2019	205	501	706
2020	237	501	738
2021	316	618	934
2022	175	488	663
2023	218	460	678

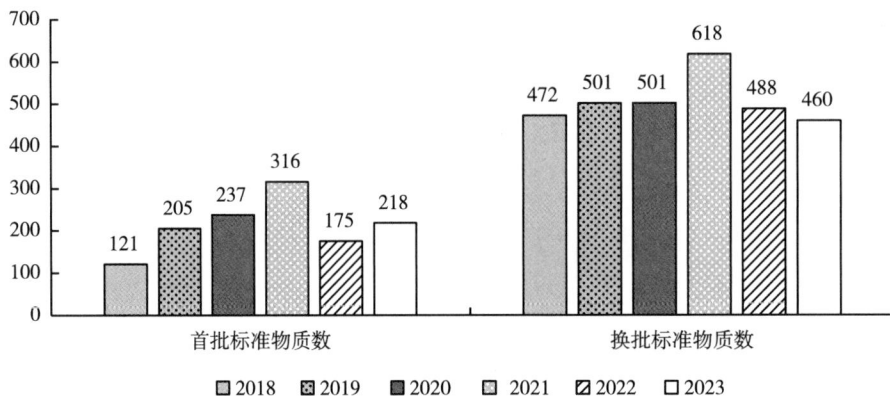

图2-2 2028—2023年度首批和换批国家药品标准物质报告受理情况

标准物质质量监测工作

为保障在售国家药品标准物质质量稳定可靠，中检院每年定期开展标准物质质量监测工作。按照标准物质质量监测的操作规范，2023年对620个药品标准物质品种进行质量监测，较去年同期增加246个品种，同比增长65.7%，范围涵盖化学对照品381个、中药化学对照品139个、中药对照药材56个、药用辅料对照品39个和食品用标准物质5个。其中，14个质量变化的标准物质（占比2.3%）均已及时换批（表2-4）。

表2-4　2018—2023年国家药品标准物质质量监测情况

时间	2018年	2019年	2020年	2021年	2022年	2023年
品种总数	562	408	566	355	374	620
质量变化品种数	5	8	10	9	8	14

重点专项

质量体系建设

制修订重要质量文件。完成了《标准物质均匀性和稳定性评估程序》《复杂组分标准物质原料选用操作规范》《国家药品标准物质复制批研制管理操作规范》《固体（粉末）标准物质分装标准操作规范》和《国家药品标准物质质量监测工作管理操作规范》等质量文件的制修订。

开展标准物质/标准样品生产者（以下简称"RMP"）认可的调研工作。主要内容有三部分：一是调查国内外药品标准物质研制同行中国计量科学研究院、美国药典委员会（USP）、欧洲药品质量管理局（EDQM）等均未进行认可的原因；二是邀请中国合格评定国家认可委员会（CNAS）认可专家及中检院相关领域专家共同分析国家药品标准物质进行RMP认可的风险利弊；三是实地考察RMP认可企业的品种数量和认可效果。调研建议为中检院暂不宜申请RMP认可。

提升标准物质服务水平

启动用户满意度调查。截至2023年年底，服务现场用户4100余人次，其中1000余人参与评价，满意率为100.0%；语音电话与线上咨询参与评价用户9301个，满意率为98.8%。针对评价不满意的用户，及时跟进、了解用户诉求，尽最大努力解决用户实际需求。

召开标准物质管理应用与技术交流会。2023年11月2日至3日，在山东省青岛市举办"国家药品标准物质管理应用与技术交流会"，来自全国食品药品检验机构、医疗器械检测机构和科研院所等多家单位的90余名代表参加了会议。参会人员对国家药品标准物质管理和研制技术要求有了深入的理解。

强化标准物质保供长效机制

加强研制管理，提升保障供应能力。坚持科学把握研制规律，通过加强自动化生产，强化精准供应，实行分级督办等多措并举，完成460个换批品种研制。

优化科学预警，防控突发断供风险。依据标准物质供应的实际情况和历史数据的积累制定预警策略，梳理了18个高频换批品种研制周期。全年向各研制部门和后勤服务中心发送三期预警通知，做到早预警、早启动、早完成。

标准物质生产能力与管理

研发半自动化分装设备。根据固体粉末原料的粉体学研究，设计制作自动和半自动定量可调节分装装置。一是微型定量可调节药匙已在哌拉西林、林可霉素等标准物质分装工作中使用，显著提高了分装效率；二是半自动多支分装刮板设备原型机完成测试，启动第二版设备制作；三是完成全自动螺杆及气流插管分装机安装，下一步将开展研究应用工作。

推进无线射频识别（RFID）在库存管理中的应用研究。全年开展了不同温度下标签读取可靠性和最佳包装量读取验证工作，完成标签打印及贴标时损坏率评估工作。完成 51 个不同瓶型验证、不同储存条件下标签（共计 19.7 万余支）适用性研究。其中 25 个常温品种，18 个冷藏品种，8 个冷冻品种，检测结果符合预期要求。完成建立 RFID 示范区建设，将 RFID 通道车应用在入库接收、信息绑定、订单关联等流程中，RFID 识别的准确率和效率符合预期。

标准物质供应能力与管理

推动 e 企付上线实施。截至 2023 年底，和工商银行完成 e 企付保密协议和产品协议的签订工作；确定信息化兼容技术的流程方案；完成订单和汇款同步进行的实际测试。

加强库房管理，规范物资存放。全年开展了五个方面工作，一是完成国家药监局综治办专项检查整改；二是通过配置防爆柜，加强标准物质原料库中危化品、易制毒原料的双人双锁管理；三是定期开展标准物质原料库、半成品库及生产物资库等重要物资的安全检查及盘库工作，做到账务清楚、管理有序；四是完成冷库的停电抗压试验和双路互投电源的确认工作；五是对现有库房进行改造，满足管制品种存储要求。

规范研制部门自管品种管理。2023 年收回 40 个研制部门自管品种，统一纳入标准物质大库管理。同时，规范了研制部门对外交接自管品种的场所。

加强标准物质新品种研制管理

中检院积极组织开展新品种研制工作，全年完成 218 个首批品种研制。一是收集各省级药检所辖区内所需药品标准物质信息；二是组织并协助业务所梳理《国家基本医疗保险、工伤保险和生育保险药品目录》中涉及的药品标准物质品种；三是和技术监督中心及研制部门配合，确认国家药品抽检所需的标准物质；四是将《中国药典》（2020 年版）第一增补本版中新增标准物质纳入 2024 年首批研制计划。

科研能力建设

继续开展中检院 2022 年度关键技术研究基金课题和院中青年发展研究基金等课题研究，合成比马前列素等 10 个难以获取标准物质原料的标准物质，获得半自动定量可调节分装装置设计专利两项。积极向国家药典委员会申请标准提高课题，开展国家药品标准物质研制技术研究。发表文章 21 篇，其中 SCI 论文 9 篇。

标准物质原料合成与定值技术研究

标准物质原料合成工作。为解决部分标准物质原料获得难的问题，与中国医学科学院药物研究所和生物技术研究所建立良好的合作关系，搭建药品杂质对照品原料合成平台。完成比马前列素、吉非替尼杂质等 13 个标准物质原料的合成。

提升标准物质定值准确性和可靠性。利用该技术完成 163 个品种的定量分析和 197 个品种的定性分析，为国家药品标准物质的赋值和结构确证提供了有力的技术支撑。

修订《国家药品标准物质管理办法》

按照国家药监局要求，牵头修订《国家药品标准物质管理办法》（《药品标准管理办法》配套文件）。已先后完成院内征求意见、召开修订研讨会、在线征求药检机构和企业的意见，以及召开院长专题会。2023 年 12 月 22 日，开始全国范围内公开征求意见，拟于 2024 年正式发布。

标准物质对外信息发布工作

2023 年，中检院网站累计发布了 8 期《国家药品标准物质供应新情况》，引导用户按需、有序、合理购买，保证了标准物质有效供给，遏制不法分子囤积居奇和高价倒卖。更新国家药品标准物质协作标定实验室名单，共计 222 家。发布了 1 期《注册检验用体外诊断试剂国家标准品和参考品目录》，包含 227 个体外诊断试剂国家标准物质，以保障体外诊断试剂产品注册检验工作的开展。

客户服务及投诉受理

2023 年，在线客服共接待咨询 38603 人次，接听热线电话 19763 个，网络咨询回复 17417 人次，专业技术问题回复邮件 1398 封。所有咨询均及时在系统中记录，逐一查明情况，认真服务解答。全年共收到标准物质需求来函 974 份，涵盖 664 家企业 289 个品种，对所有来函均及时登记受理，逐一查明情况，认真办理，及时满足企业需求。

第三部分 药品医疗器械化妆品技术监督

制度建设

标准制修订

2023 年，根据国家药监局工作要求，中检院组织完成《药品抽样原则及程序》制修订；收集整理全国对《药品抽检质量分析技术指导原则》（草案）的意见建议。

药品技术监督

国家药品抽检工作

按照《国家药监局关于印发 2023 年国家药品抽检计划的通知》（国药监药管〔2023〕2 号）和《国家药监局关于进一步加强国家药品抽检管理工作的通知》（国药监药管〔2020〕18 号）要求，2023 年国家药品抽检共对 140 个品种进行抽查检验，分为中央补助地方经费项目和中检院预算项目，包括化学药 52 个、抗生素 12 个、生化药 10 个、中成药 43 个、中药饮片 9 个、生物制品 6 个、药包材 3 个、药用辅料 5 个，其中属于国家基本药物品种 48 个。根据抽检品种的临床用药特点和存在的共性问题，共设立溶剂残留研究专项、网络抽检专项、儿童用药专项、马兜铃酸研究专项等 10 个专项抽检项目，由 47 家药品检验机构承担检验和探索性研究任务。组织撰写质量分析报告 140 份。经研判，汇总报送风险线索 1486 条，完成质量风险提示函 646 份。

2023 年共检验产品 19105 批次。其中，18967 批次符合规定，138 批次不符合规定，合格率为 99.3%。所有不符合规定的检验报告均已由省药监局组织送达。现已向国家药监局上报药品质量通告草案 6 期。

《国家药品抽检年报（2022）》

《国家药品抽检年报（2022）》总结 2022 年度 134 个品种 17060 批次制剂产品与中药饮片抽检的抽样情况、检验批次，合格率与不符合规定项目，并根据检验中发现的问题向有关企业提出监管建议。同时，从 5 个方面介绍药品监管部门与检验机构对国家药品抽检结果的综合利用。本报告于 2023 年 3 月 30 日在中检院官网进行公开。

《国家药品质量状况报告（2022 年）》

《国家药品质量状况报告（2022 年）》在总结 2022 年度 141 个品种 17642 批次制剂产品、中药饮片、药包材与辅料等各类别产品抽检情况的基础上，重点分析法定标准检验、探索性研究、产品设计合理性、生产工艺及生产过程控制等方面发现的问题，并提出相应的监管建议。

医疗器械技术监督

国家医疗器械抽检工作

根据《国家药监局综合司关于开展 2023 年国家医疗器械质量抽查检验工作的通知》（药监综械管〔2023〕5 号）要求，2023 年国家医疗器械抽检共对 67 种医疗器械（含 5 个疫情防控专项抽检品种、2 个新冠试剂专项抽检品种、1 个集采血管支架专项抽检品种、7 个集采人工关节产品专项抽检品种、5 个集采骨科脊柱产品专项抽检品种）开展监督抽检，对 4 种医疗器械（含 1 个计划抽检品种、1 个新冠试剂专项抽检品种、

2 个集采骨科脊柱产品专项抽检品种）开展风险监测抽检。监督抽检品种中，有源器械 24 个，无源器械 33 个，诊断试剂 10 个。风险监测抽检品种中，无源器械 2 个，诊断试剂 2 个。

2023 年共抽到监督抽检样品 2785 批、风险监测抽检样品 83 批。经检验，共发现监督抽检 2663 批符合规定、122 批不符合规定，风险监测抽检 2 批不符合检验方案。监督抽检合格率 95.62%。按照国家药监局要求，代拟国家医疗器械监督抽检质量通告 4 期。

《国家医疗器械抽检年报（2023 年度）》

《国家医疗器械抽检年报（2023 年度）》主要介绍 2023 年度抽检品种遴选情况及各项统计数据。透过环节、类别、作用等不同视角，通过归纳和比较，阐释了抽检发现的值得注意的典型品种、典型问题、典型现象。梳理在监督抽检、风险监测抽检、探索研究中所发现的企业质量管理体系和产品技术要求等方面的问题。可能影响产品质量安全性和有效性的风险因素，以样品为单位，逐条汇总、整理和分类，被归纳为 18 个主要方面，合计 1073 余条。

《2023 年国家医疗器械抽检品种质量分析报告汇编》

《2023 年国家医疗器械抽检品种质量分析报告汇编》是以品种为单元，通过对历年抽检数据的科学提炼，所形成的品种质量状况画像。高质量的《抽检品种质量分析报告》对标准管理、技术审评、审核查验、监测警戒等工作均有较强的技术参考价值。各监管部门认真研究，有针对性地加强监管，切实保障医疗器械质量安全。

化妆品技术监督

化妆品抽样检验

根据《国家药监局关于做好 2023 年国家化妆品抽样检验工作的通知》（国药监妆〔2023〕10 号）要求，2023 年国家化妆品共对染发类、普通护肤类、防晒类、祛斑美白类、彩妆类、洗发护发和清洁沐浴类、儿童类、面膜类、宣称祛痘类、指（趾）甲油类、睫毛滋养液类和牙膏共 12 类产品开展抽样检验。2023 年国家化妆品抽检工作继续贯彻指定类别产品重点抽检的工作思路，对上年度发现的问题企业在生产环节实施跟踪抽检，有效遏制企业虚假否认增长势头；网络抽检实现经验探索、指定和探索结合、全国范围组织抽检的三连跳，技术支撑作用日趋增强；拓展性检验惠及全国 31 省份，既保持全国监管一盘棋，又满足各省监管工作实际需求，有效提升监管效率。

2023 年国家化妆品抽样检验工作完成 20936 批次。其中，20385 批次符合规定，551 批次不符合规定（初检结果），不合格率 2.63%。和去年不合格率（2.42%）相比，今年不合格率上升 8.68%。12 类产品中，睫毛滋养液类、染发类和面膜类的不合格率较高。从任务类型来看，快检专项、网络抽检专项、跟踪抽检专项的不合格率分别为 0.10%、3.46% 和 3.29%，其中网络抽检专项和跟踪抽检专项不合格率高于全国平均不合格率。根据国家药监局要求，现已向国家药监局上报化妆品质量通告草案共十五期，涉及不合格样品 548 批次。

2023 年国家化妆品抽检工作报送异常情况共 3047 批样品，31 个省（市、区）均报送了抽样异常情况。其中报送量最高的省份是安徽省（1273 批），其次为山东省（204 批）和辽宁省（171 批）。其中"超过使用期限"（1405 项次）和"未经检验检疫或者无中文标签的进口化妆品"（558 项次）两种问题最为显著，共 1963 项次，占所有异常报送总项次的 64.42%。

《2022 年国家化妆品监督抽检年报》（公开版）

《2022 年国家化妆品监督抽检年报》（公开版）

已于 2023 年 3 月 22 日在国家药监局官网监管动态栏目公开发表，从总体情况、抽样情况和检验情况共三个方面对 2022 年国家化妆品监督抽检工作进行全面的阐述分析。通过深入分析国家化妆品监督抽检数据，了解化妆品总体质量状况，挖掘化妆品质量安全风险，为监管部门和检验机构提供有利的数据技术支撑。

《2022 年国家化妆品监督抽检年度报告》及《2022 年国家化妆品监督抽检 11 个类别产品质量分析报告》

《2022 年国家化妆品监督抽检年度报告》及《2022 年国家化妆品监督抽检 11 个类别产品质量分析报告》均未进行公开发表。《2022 年国家化妆品监督抽检年度报告》由中检院起草完成，《2022 年国家化妆品监督抽检 11 个类别产品质量分析报告》由中检院组织 10 家检验机构共同撰写完成。《2022 年国家化妆品监督抽检年度报告》以抽检数据为基础，通过对 2022 年度监督抽检数据进行汇总整理和统计分析，结合近三年抽检数据的横向和纵向对比，开展多维度的相关性分析，实现多层次交互的深入研究和分析，挖掘抽检产品存在的质量风险和趋势性规律，为化妆品监管工作提供重要依据。《2022 年国家化妆品监督抽检 11 个类别产品质量分析报告》中每个类别均包括摘要和正文两部分，摘要从宏观角度介绍 2022 年该类别产品的总体质量状况；正文在深入分析抽检数据，从基本情况、检验结果分析、单一因素分析、多个因素分析、连续三年结果等方面比较、发现问题，以及提出解决对策。

第四部分　化妆品安全技术评价

概　况

化妆品受理审评

2023 年，受理化妆品相关注册申请共 21762 件次，完成化妆品注册审评 17532 件次，办理特殊化妆品延续申请 1985 件，共批准特殊化妆品 6541 件。受理化妆品新原料相关注册申请 2 件次，完成新原料注册审评 3 件次；受理新原料备案资料 284 件次，涉及新原料 151 个，开展备案后技术审查 41 件次。

其他工作

化妆品技术审评标准体系

为贯彻落实《化妆品监督条例》，共研究制定了 44 项化妆品和化妆品新原料技术指导原则，其中《儿童化妆品技术指导原则》《化妆品原料安全信息填报技术指导原则》和《化妆品配方填报技术指导原则》3 项对外发布实施；《祛斑美白化妆品功效原料研究技术指导原则》《化妆品新原料界定及研究技术指导原则》等 21 项已完成对外征求意见（其中 5 项已报送国家药监局，国家药监局同意即将发布）；其他已完成起草，拟对外征求意见。

化妆品技术审评质量体系

2023 年，中检院持续推进化妆品审评质量管理体系建设，制定发布了《化妆品审评质量管理手册》，并在原有程序文件和操作规范的基础上，修订 16 个工作程序和 8 个操作规范，新增 1 个工作程序。同时，积极组织开展审评质量风险评估、内审员监督员培训和聘用、审评质量管理体系内部审核和管理评审。2023 年 11 月，接受外部专家现场评审，顺利通过 ISO9001 质量管理体系认证。

普通化妆品备案质量抽查

根据国家药监局综合司《关于印发 2023 年化妆品监管工作要点的通知》（药监综妆〔2023〕18 号）工作部署，中检院制定了《普通化妆品备案质量督查工作规范（试行）》和《2023 年全国普通化妆品备案质量抽查工作方案》，完成 2023 年四个季度的普通化妆品备案质量抽查工作，抽查产品共计 3808 件次，重点抽查风险较高的产品，如儿童产品、使用了化妆品新原料的产品等，并首次对进口普通化妆品开展了质量抽查。同时，针对备案质量抽查中的共性问题，编写了培训教材《普通化妆品备案资料常见问题案例分析》。

国际化妆品监管合作组织

随国家药监局参与国际化妆品监管合作组织（ICCR）相关工作，中检院派员参加 ICCR 消费者交流、安全评价策略两个专家工作组，参加 ICCR 国际会议 13 次，围绕化妆品致敏物质、下一代风险评估等技术议题开展了国际交流。

第五部分　医疗器械标准管理

医疗器械标准管理工作

健全标准规章制度体系

针对医疗器械标准制修订全过程关键环节，修订并配合国家药监局发布《医疗器械标准报批发布工作细则》；编制并印发《医疗器械强制性标准确定原则》《医疗器械国家标准和行业标准确定原则》《企业牵头起草医疗器械推荐性行业标准工作规范（试行）》《医疗器械标准实施评价工作细则》《医疗器械标准意见反馈及处理机制》《GB 9706.1—2020 及配套并列标准、专用标准专家咨询机制》《医疗器械标准验证工作细则》等 7 项标准制修订管理制度文件，细化标准制修订工作要求，夯实管理基础。

规范发展标准组织体系

组织在监管急需和创新领域成立标准技术组织，全国医用防护器械标准化工作组、医疗器械可靠性与维修性标准化技术归口单位、口腔数字化医疗器械标准化技术归口单位获批成立；按程序审核、推进医疗器械包装标准化技术归口单位筹建。截至 2023 年 12 月 31 日，医疗器械标准技术组织共计 38 个，包括 13 个总标委会、13 个分标委会、2 个标准化工作组和 10 个技术归口单位。

严格按照《2022 年度医疗器械标准化技术委员会考核评估工作方案》组织对 32 个医疗器械标准技术组织的标准化管理工作和考核年度内制修订的 190 项标准质量开展全链条、全要素、全覆盖考核，并编制《2022 年度医疗器械标准化技术委员会考核评估总结报告》，总结分析考核评估存在的问题及改进措施。

持续推进标准提升行动计划

贯彻落实《"十四五"国家药品安全及促进高质量发展规划》，配合下达 2023 年医疗器械国家标准制修订计划项目 52 项（强制性 4 项，推荐性 46 项，指导性技术文件 2 项），行业标准制修订计划项目 117 项（强制性 15 项，推荐性 102 项）。2023 年 12 月，组织召开 2024 年医疗器械行业标准制修订项目立项工作会及预算专家评估会，审核评估 177 项行业标准立项申请，报送 98 项 2024 年度医疗器械行业标准立项建议。组织做好 2023 年医疗器械标准制修订工作。审核报批并配合发布医疗器械国家标准 28 项、医疗器械行业标准 131 项、医疗器械行业标准修改单 14 项。截至 2023 年 12 月 31 日，医疗器械标准共 1974 项，其中国家标准 271 项，行业标准 1703 项。

做好新阶段疫情防控标准技术储备

密切关注猴痘病毒防控情况，组织提出《猴痘病毒核酸检测试剂盒质量评价要求》国家标准立项申请，提前做好猴痘病毒防控标准技术储备；组织开展《新型冠状病毒核酸检测试剂盒质量评价要求》《新型冠状病毒抗体检测试剂盒质量评价要求》《新型冠状病毒 IgG 抗体检测试剂盒质量评价要求》《新型冠状病毒抗原检测试剂盒质量评价要求》《新型冠状病毒 IgM 抗体检测试剂盒质量评价要求》等 5 项国家标准外文版翻译，为我国新冠病毒感染疫情防控转段储备技术基础。

指导开展标准复审和实施评价

进一步强化标准复审工作要求，指导组织各医疗器械标准化（分）技术委员会、工作组、归口单位（以下简称"标委会"）完成 942 项医疗器械标准复审，根据标准技术内容是否适应经济社会发展需要审查提出复审结论；指导开展 45 项典型医疗器械标准实施评价工作，对标准的实施应用情况、标准对经济社会活动所产生的影响进行测算、评价，编制形成标准实施评价工作报告；组织标委会申报国家强制性标准实施情况统计分析点，山东省医疗器械和药品包装检验研究院、湖北省医疗器械质量监督检验研究院成功获批首批国家强制性标准实施情况统计分析点（医疗器械）。

深化标准国际化

积极推进国外先进标准制修订。2023 年，我国主导制定的国际标准《输液器具进气器件气溶胶细菌截留试验方法》正式发布，国际标准提案《人工智能医疗器械　肺部影像辅助分析软件　算法性能测试方法》成功立项，6 项国际标准制修订和 9 项医疗器械外文版标准转化工作稳步推进。

持续加强与国际标准化组织交流。推荐 2 名中国专家成功当选 IEC SC62B 主席和 IEC TC62 副主席，组织参加国际标准会议共 52 次，代表我国参与对口国际标准化组织的国际标准投票 129 次，新增国际标准化组织注册专家 8 人，密切跟踪国际标准化动态，积极发表中方意见。

加强标准宣贯培训

制定年度医疗器械标准宣贯培训计划，组织 203 项新发布、强制性或基础通用医疗器械标准宣贯培训；成功举办第 54 届"标定创新　械助健康"世界标准日主题宣传活动，组织开展咨询日、座谈会、主题演讲、标准进企业等多种形式的活动，广泛在全社会宣传、推广、普及标准化理念；10 月 13 日至 14 日，在江苏省苏州市组织举办医疗器械标准综合知识培训班和标准工作专题交流汇报会，宣讲标准化法规政策，分享标准化工作经验。10 月 20 日，在江苏省泰州市举办新版 GB 9706.1 标准公益培训班，培训采用线上和线下结合的方式，参培人数达 1000 余人。

加大标准信息公开力度

2023 年，公开 179 项医疗器械标准草案，1283 项强制性医疗器械行业标准和非采标推荐性行业标准文本 100% 对外公开，编制公开《医疗器械标准目录》，开设医疗器械标准培训和解读专栏，发布 140 项医疗器械标准解读和 75 项已发布新版 GB 9706 系列标准培训视频，在线浏览量超 150 万次。

医疗器械分类管理工作

医疗器械分类技术委员会管理

配合国家药监局成功组建第二届医疗器械分类技术委员会，设执行委员会和 16 个专业组，遴选出分类技术委员会 341 名委员，顺利组织举办换届大会；审议通过修订的《医疗器械分类技术委员会工作规则》，明确分类技术委员会工作要求。

医疗器械分类管理制度

配合国家药监局发布《关于进一步加强和完善医疗器械分类管理工作的意见》（国药监械注〔2023〕16 号），配合修订《国家食品药品监督管理总局办公厅关于规范医疗器械产品分类有关工作的通知》（食药监办械管〔2017〕127 号）和《医疗器械分类规则》，进一步优化分类管理工作流程。

医疗器械分类管理工作程序

制定发布《关于加强医疗器械分类界定系统和药械组合产品属性界定系统衔接的产品属性界定申报指南》《医疗器械分类申请资料填报指南》及解读视频，制定《医疗器械分类界定产品受理阶段审核要求》，统一分类审核尺度和要求。

分类界定日常和专项工作

全年按时限办理完成医疗器械分类界定申请1913份，药械组合产品属性界定145件，完成国家药监局委托含放射源类产品管理属性、藏医器械分类管理等专题技术研究52项；根据国家药监局工作部署，完成对各省（自治区、直辖市）2022年注册和备案的34862条医疗器械产品管理类别审核并提出技术意见。

分类界定技术指导文件

向国家药监局报送医疗器械分类目录拟调整意见58项，配合发布《国家药监局关于调整〈医疗器械分类目录〉部分内容的公告》（2023年第101号）；组织开展《体外诊断试剂分类目录》修订，经公开征集意见，形成修订草案。针对监管急需、难点、热点和共性问题，研究制定免疫组化类体外诊断试剂产品、医用敷料类产品、近视控制、弱视治疗类医疗器械产品等11项分类界定指导原则，均已形成征求意见稿并公开征求意见；按程序开展美容用途超声器械、可穿戴式血糖监测设备等产品分类界定指导原则起草工作。

医疗器械命名、编码技术研究工作

医疗器械命名工作

组织编制并发布《重组胶原蛋白生物材料命名指导原则》解读文件。组织开展医疗器械分类目录部分子目录品名举例与对应领域通用名称命名指导原则有关内容对接、整合可行性的试点研究，探索医疗器械分类命名数据库的建设路径。

医疗器械编码技术研究工作

组织起草《医疗器械唯一标识的包装实施和应用》和《医疗器械唯一标识的形式和内容》2项行业标准，进一步完善唯一标识标准体系。配合国家药监局调研当前唯一标识制度实施情况和存在问题，并针对唯一标识制度和标准开展培训。参与唯一标识的国际化工作，组织起草GHWP UDI规则，并在国际医疗器械监管者论坛（IMDRF）柏林年会上分享我国唯一标识实施经验，为唯一标识的全球协调贡献中国智慧。

第六部分　质量管理

组织实施能力验证工作

能力验证持续为政府监管提供技术支撑

按照《国家药监局综合司关于印发2023年药品检验能力验证计划的通知》（药监综科外〔2023〕21号），认真组织落实国家药监局2023年能力验证。组织有关部门及部分省院，按照国际标准，开展了11个能力验证计划，二品一械系统报名单位有443家，参加数累计1506项次。为国家药监局提供2022年各省满意率和2023年各省参与率，用于其对省药监局的考核。

持续完善实验室能力验证服务

能力验证服务平台注册用户突破3200家，比2022年增加10%，覆盖三品一械检验检测系统实验室。全国注册情况前5名的省份分别为：广东省（393家）、北京市（292家）、江苏省（272家）、上海市（251家）和浙江省（235家）。

除国家药监局项目外，组织实施40个能力验证计划，其中4个计划分别由上海市食品药品检验研究院、江苏省食品药品监督检验研究院、北京市器械检验研究院及上海市器械检验研究院实施。51个项目总报名单位共1385家，参加项次累计数量达到4983项次。通过组织系统单位实施能力验证，不但巩固了中检院在药品行业的领头作用，带动了行业发展，扩大了影响力，同时也为中检院创收做了一份贡献。

为服务社会各界，满足实验室认证认可需求，继续开展测量审核，服务医药系统实验室。2023年共有55个测量审核项目，发放测量审核报告450份。

管理体系的运行与维护

实验室认可扩项评审

2023年6月19日至20日，按照CNAS认可规则，中国合格评定国家认可委员会（CNAS）派出6名专家对中检院实验室进行扩项评审，评审组对中检院天坛、大兴2个实验区的生物制品、实验动物、有源医疗器械、无源医疗器械、食品、化妆品等领域检验检测技术能力进行考核。认为质量体系持续满足认可准则要求，还开出3个不符合项。目前，中检院CNAS认可情况：天坛共3164个项目/参数；大兴共2291个项目/参数。获得中国计量认证合格证（CMA）：天坛共2844个项目/参数，大兴共1540项目/参数。

持续改进质量管理体系

2023年通过全面内审和专项内审相结合的方式，对质量体系进行检查，共派出16个内审组，实地对实验室进行检查。对疫苗类实验室，院领导带队。多数情况邀请CNAS主任评审员作为内审小组组长，同时聘请中检院具有内审员资格人员担任成员，较2022年的27项增加了22项。2023年度，人员管理和实验室安全的占比下降明显，从11.11%降至4.08%。设施及设备管理和检测或校准物品的处置占比也有所下降。这些变化表明，以上四方面要素和风险管理已得到各单位的重视，整改效果良好。但是文件管理、记录管理、数据控制和信息管理的不符合项较上一年分别有16.71%、7.26%、0.75%的上升，表明这些要素的管理上有所松懈，需进一步强化培训、宣贯相关的要求。全年不符合项78个。

管理评审

按照中检院《管理评审程序》9 个业务所分别进行部门管理评审，形成部门管评报告，报告自行归档，同时备案质量管理中心。各体系牵头部门还对各自体系进行了总结。院级管理评审在 2023 年 4 月 17 日由最高管理者主持召开。会议输入了各相关职能部门体系运行材料及 17025、RMP、PTP、GLP、CL06 等体系。会议肯定了 2022 年度中检院质量管理的进步及各职能部门在质量规范管理方面取得的成绩，并输出 9 项，涉及质量的 RMP 认可调研、人员上岗资质、质量目标修订、能力验证费用、迎接预认证（PQ）检查等 5 项全部完成。通过实施分级管理评审，提升了质量管理体系的针对性，从而加强管理体系适宜性、充分性和有效性。

质量管理体系文件的制修订

2023 年，新制订质量体系文件 726 个，完成修订改版 285 个，废止文件 53 个，定期审核文件 1665 个。目前，全院体系文件包括记录表格共计 11788 个。

检验检测结果的质量控制

根据认证认可项目情况，组织全院各部门制订质量控制计划，组织业务所报名参加外部能力验证活动。2023 年，质量控制活动共 121 项，其中外部质量控制活动计划 43 项，内部质量控制活动计划 78 项。

组织业务所报名参加外部能力验证及测量审核共计 51 项，包括英国政府化学家实验室、国家卫生健康委员会、中国检验检疫科学研究院、中国计量科学研究院、中国航天科技集团公司、中国海关科学技术研究中心、上海材料研究所检测中心、南京海关、大连海关、中实国金、大连中食，以及中检院自己组织的能力验证等。其中，39 项返回满意结果，9 项未获得满意结果，3 项退出。

质量监督

2023 年，中检院各体系开展了质量监督活动，完成质量监督计划共 399 项，其中 17025 体系 314 项、PTP 体系 8 项、RMP 体系 17 项、安评 GLP 体系 27 项、实验动物体系 33 项。全年质量监督发现问题 17 个，有效地降低了质量风险。

质量管理体系持续培训

2023 年，针对中检院运行的多个质量管理体系，制定年度质量培训计划，共举办 10 次培训，培训人次为 1990 人次，培训对象包括最近三年入职人员、实验室负责人、授权签字人、部门质量负责人、内审员、PTP 项目负责人、仪器设备管理员、样品管理员、实验动物从业人员等。

标准物质生产者（RMP）质量管理体系建设和改进

标准物质生产者质量管理体系内审

2023 年 11 月 27 日，按照中检院质量工作计划，进行了标准物质生产者体系（RMP）年度内审。本次内审邀请 CNAS RMP 主任评审员国家地质实验测试中心王苏明研究员，CNAS RMP 主任评审员、中国计量科学研究院刘军研究员，中国计量院李云巧研究员，中国标准化协会徐大军研究员担任外部评审专家，中检院技术专家姚静、常艳、宁霄、李樾担任 RMP 内审员。

内审按照 CNAS – CL04：2017 和中检院程序文件的要求，对标物中心进行了现场审核，并对相关业务所提供的 2023 年生产的标准物质原研报告进行了文件审查。本次内审重点关注了 RMP 体系原料采购、验收的合规性、标准物质均匀性和稳定性检验，以及标准物质协作标定等内容，共开出了 3 个不符合项报告。通过内审及整改，推动了中检院 RMP 体系的持续改进。

第七部分　科研管理

概　述

2023 年，中检院在研课题 150 个，科研经费到账 5227.09006 万元，其中 2023 年立项课题共 74 个，国家级、省部级等课题 44 个（表 7 - 1）；院"中青年发展研究基金"立项课题 20 个，院"学科带头人培养基金"立项课题 10 个（表 7 - 2）。收到验收结论课题共 27 项，其中国家级、省部级等课题 5 项（表 7 - 3）。验收院"中青年发展研究基金"课题 22 个（表 7 - 4）。获得专利授权 32 项（表 7 - 5）；获得科学技术奖 3 项（表 7 - 6）；出版专著 14 部，发表论文 550 篇（核心期刊 477 篇），其中 SCI 论文 133 篇（附录）。

药品监管科学全国重点实验室获批建设，在院领导和王军志主任领导下，全国重点实验室克服困难取得了显著成绩；协助国家药监局科技国合司进行 2023 年度国家药监局重点实验室考核工作、国家药监局重点实验室简讯收集整理工作、国家药监局重点实验室变更材料收集、审核、管理、存档等管理工作；开展了 2023 年科技周活动等。

表 7 - 1　2023 年国家级、省部级等立项课题

序号	项目（课题）名称	负责人	项目（课题）编号	专项经费（万元）	起止日期	项目（课题）类别	备注
1	猴痘病毒感染动物模型及评级按技术标准建立	曹守春	2023YFC0872300	90	2023.1—2024.12	国家重点研发计划	参与课题
2	奥密克戎变异株诊防治技术和产品应用性能评价	黄维金	2023YFC3041500	80	2023.4—2024.3	国家重点研发计划	参与课题
3	基于组织器官芯片的动物替代创新技术研究	周晓冰	2022YFF0711102	20	2022.11—2026.10	国家重点研发计划	参与课题
4	基于颗粒型佐剂的疫苗精准组装、递送及质量标准	胡忠玉	2021YFC2302605	200	2022.1—2026.12	国家重点研发计划	参与课题
5	ADC 药物研发核心技术攻关及平台建设（子课题名称：ADC 药物质量控制平台建设）	李萌	2023YFC3404004	150	2023.12—2028.11	国家重点研发计划	参与课题
6	病毒载体的质量研究和体系建设	周勇	2023YFC3403305	856	2023.12—2028.11	国家重点研发计划	承担课题
7	大片段定点整合技术在肿瘤动物模型构建与免疫细胞治疗中的应用及临床前评价	刘甦苏	2023YFC3402002	232.96	2023.12—2028.11	国家重点研发计划	参与课题

续表

序号	项目（课题）名称	负责人	项目（课题）编号	专项经费（万元）	起止日期	项目（课题）类别	备注
8	糖疫苗成药性评价技术体系研发	徐颖华	2023YFC2308003	406.6	2023.10—2026.9	国家重点研发计划	承担课题
9	建立完善的病毒载体及减毒活疫苗的评价体系	黄维金	2023YFC2307905	374	2023.12—2026.11	国家重点研发计划	承担课题
10	mRNA创新药物产业化开发（课题4）	杨锐	2023YFC3403204	80	2023.12—2028.11	国家重点研发计划	参与课题
11	规模化制备、质量标准建立及临床前研究	吴星	2023YFC2307704	125	2023.12—2026.11	国家重点研发计划	参与课题
12	基于新型LNP递送系统的ciroRNA疫苗研发	毛群颖	2023YFC2606004	120	2023.11—2026.11	国家重点研发计划	参与课题
13	基于黑线姬鼠、花栗鼠的野生啮齿动物实验动物化研究	王洪	2023YFF0724603	40	2024.1—2028.12	国家重点研发计划	参与课题
14	基于鹌鹑、水貂的畜养动物实验动物化研究	么山山	2023YFF0724604	40	2024.1—2028.12	国家重点研发计划	参与课题
15	类器官芯片系统建立及其在细胞和基因治疗药物研发中的应用	耿兴超、周晓冰	Z231100007223001	50	2023.9—2025.9	北京市科技计划课题	承担课题
16	BA.5大流行后人群免疫水平监测和疫苗免疫策略研究	徐苗	SRPG23-005	500	2023.4.1—2024.10.31	广州国家实验室项目	参与项目
17	第三次实验动物资源调查和发展趋势分析	贺争鸣、梁春南	无	30	2023.1.1—2021.6.30	国家科技基础条件平台中心任务委托项目	承担项目
18	国家菌种资源库—医学菌种资源分库运行与服务	王春娥、张辉	NMRC-2023-2	32	2023.1.1—2023.12.31	国家科技资源共享服务平台项目	参与项目
19	国家病原微生物资源库	徐苗	无	25	2023.1—2023.12（2020—2025）	国家科技资源共享服务平台项目	参与项目

序号	项目（课题）名称	负责人	项目（课题）编号	专项经费（万元）	起止日期	项目（课题）类别	备注
20	基因治疗药物和 mRNA 疫苗等新型生物制品的质量评价及相关机制研究	付志浩	2023－PT350－01	300＋200＊3（自筹）	2023.9.1—2026.8.31	中国医学科学院中央级公益性科研院所基本科研业务费	承担项目
21	人类体外培养胚胎质量 AI 评估技术研发与质量评价	王浩	无	20	2023.1—2025.12	重庆市科学技术局	承担课题
22	苯妥英钠、苯巴比妥复合冰冻人血清国家标准品及溯源体系的研究及应用	丁婷	无	8	2023.1—2024.12	国家药监局重点实验室开放课题	承担课题
23	我国疫苗和诊断试剂产业发展战略研究	黄杰	无	50	2023.4—2025.3	中国工程院战略研究与咨询项目	承担课题
24	新型鼻、耳、泪道系统药物缓释可降解支架检测与评价体系的建立	刘丽	2023YFC2410202	60	2023.5—2026.4	国家重点研发计划	承担课题
25	HD 核酸检测试剂质量评价	许四宏	保密课题	182	2023.3—2024.2	国家重点研发计划	承担课题
26	基因测序芯片研制	张文新	Z231100004823010	10	2023.5—2026.4	北京市科技计划揭榜挂帅项目	承担课题
27	脉诊仪复现检验技术和数据标注及算法攻关项目	李静莉	无	150	2023.1—2024.8	工信部下发到辽宁省科技厅揭榜挂帅项目	参与课题
28	具有溯源性免疫抑制剂参考物质的研制及在治疗药物监测中的应用评价	黄杰	BJ－2023－106	20	2023.7—2024.12	北京医院医工结合专项	参与课题
29	新冠病毒核酸居家自测新技术及产品开发	石大伟	1120282310606	18	2023.4—2023.9	国家重点研发计划	参与课题
30	复合型人工角膜生物愈合及生物力学关键技术研究	李崇崇	2023YFC2410404	30	2023.5—2023.4	国家重点研发计划	参与课题

序号	项目（课题）名称	负责人	项目（课题）编号	专项经费（万元）	起止日期	项目（课题）类别	备注
31	基于核酸适体的高灵敏新冠快速检测技术	石大伟	2023YFC3040800	15	2023.4—2024.3	国家重点研发计划	参与课题
32	可降解锌合金血管支架设计、加工及临床前评价	黄元礼	2023YFB3812904	56	2023.11—2026.10	国家重点研发计划	参与课题
33	血小板相容性检测参考品的研制以及标准制定	胡泽斌	2023YFC2413104	120	2023.11—2027.10	国家重点研发计划	承担课题
34	新型基因脱毒百日咳疫苗的制备及其安全性有效性评价	王丽婵	L222010	100	2023.1—2025.12	北京市自然科学基金	承担课题
35	新冠疫情长期流行下老年人群接种新冠灭活疫苗的免疫原性研究	黄维金	L222118	24	2023.2—2025.12	北京市自然科学基金	承担课题
36	TLR9 和 NLRP3 在新型复合佐剂 BC02 成分协同刺激中的作用及机制研究	李军丽	5234034	10	2023.1—2024.12	北京市自然科学基金	承担课题
37	呼吸道合胞病毒疫苗有效成分检测及关键质量评价体系研究	赵慧	L232009	100	2023.11—2026.12	北京市自然科学基金	承担课题
38	重组新冠病毒疫苗靶蛋白（受体结合域）糖基化修饰及其对抗原性和免疫原性的影响	何鹏	L232013	100	2023.11—2026.13	北京市自然科学基金	承担课题
39	基于 Ago 核酸酶的医院内感染碳青霉烯耐药细菌及基因快速诊断系统的建立及评价研究	刘东来	L234050	30	2023.11—2026.14	北京市自然科学基金	承担项目
40	水痘－带状疱疹病毒膜抗原荧光抗体高通量检测方法研究	权娅茹	L234053	30	2023.11—2026.15	北京市自然科学基金	承担项目
41	基于广谱中和表位结构图谱的 EV71 疫苗体外效力质控方法研究	毛群颖	L234006	100	2023.11—2026.16	北京市自然科学基金	承担课题

表7-2 2023年度院基金科研课题立项情况

序号	课题名称	课题编号	负责人	专项经费（万元）	基金类别
1	国内外重组C因子试剂检测细菌内毒素的比较研究	2023A1	陈晨	8	中青年发展研究基金
2	进口药材苏合香的市场调研和质量控制研究	2023A2	郭晓晗	8	中青年发展研究基金
3	纳曲酮植入剂体外释放评价方法研究	2023A3	王静文	8	中青年发展研究基金
4	基于巢式PCR和环介导等温扩增技术建立藏成药石榴健胃散与蒙成药五味清浊散组方中原料药的真伪鉴别方法研究	2023A4	刘杰	7.8	中青年发展研究基金
5	布比卡因多囊脂质体注射用混悬液质量控制研究	2023A5	彭玉帅	8	中青年发展研究基金
6	中药复方制剂脂康颗粒质量生物评价与控制研究	2023A6	肖萌	8	中青年发展研究基金
7	无菌检查用滤膜完整性评价体系的研究	2023A7	王静	8	中青年发展研究基金
8	人血清中抗LAG-3单抗ADA检测方法的建立与验证	2023B1	杨雅岚	7.8	中青年发展研究基金
9	细胞治疗产品肿瘤杀伤的新型体外药效评价模型的建立及应用	2023C1	李双星	8	中青年发展研究基金
10	基于相容性研究的新型环烯烃共聚物预灌封注射器在生物制品注射剂中的应用评价	2023C10	李颖	8	中青年发展研究基金
11	牙膏防腐剂对健康口腔微生物抑制作用的研究	2023C11	余文	7.56	中青年发展研究基金
12	一种血清中C-反应蛋白基于特征肽段同位素稀释质谱定量方法的建立及评价应用	2023C2	张咪	8	中青年发展研究基金
13	基于冷冻精子/胚胎样品的实验动物资源基因型鉴定技术的建立	2023C3	张乐颖	7.8	中青年发展研究基金
14	周围神经修复材料对施万细胞的生物学效应评价试验方法建立	2023C4	张潇	7.8	中青年发展研究基金
15	抗体偶联药物（ADC）非临床安全性评价中制剂分析方法研究	2023C5	张佳宁	8	中青年发展研究基金
16	多剂量滴眼液中抑菌剂与包装材料的匹配与选择	2023C6	韩小旭	8	中青年发展研究基金
17	药品包装系统密封完整性检测方法中阳性对照样品的研制与应用研究	2023C7	贾菲菲	8	中青年发展研究基金
18	保健食品及其原料中10种典型标志性藻毒素高灵敏度检测方法研究	2023C8	刘彤彤	7.5	中青年发展研究基金
19	磺丁基倍他环糊精钠取代度对主客分子包合机制影响研究	2023C9	王晓锋	8	中青年发展研究基金
20	医疗器械唯一标识在我国监管和应用中实施路径的探索与研究	2023G1	易力	7.1	中青年发展研究基金
21	红细胞血型基因分型检测标准化研究	2023X1	胡泽斌	29.6	学科带头人培养基金

序号	课题名称	课题编号	负责人	专项经费（万元）	基金类别
22	基于假病毒的抗狂犬病毒单抗中和表位和广谱性评价系统的建立	2023X2	杜加亮	29.5	学科带头人培养基金
23	人源化神经细胞新模型的构建及在创新纳米产品神经毒性评价中的应用研究	2023X3	屈哲	29.7	学科带头人培养基金
24	靶向 mesothelin 的 CAR - T 联合溶瘤病毒用于实体瘤治疗的有效性研究	2023X4	许崇凤	29.2	学科带头人培养基金
25	液相芯片技术在实验动物病原菌检测中的应用研究	2023X5	邢进	29.7	学科带头人培养基金
26	化妆品毒理试验用标准物质、阳性物的研制	2023X6	刘婷	29.4	学科带头人培养基金
27	基于整合结构生物学与人工智能预测技术的糖蛋白类生化药品关键质量属性研究	2023X7	刘博	29.4	学科带头人培养基金
28	基于何首乌炮制过程中多糖成分的"结构 - 药效"变化规律探索其炮制内涵以及构建生、制品差异化质控体系	2023X8	王莹	30	学科带头人培养基金
29	药包材与洁净环境检测能力标准化评价体系的构建	2023X9	谢兰桂	29.2	学科带头人培养基金
30	基于多源数据融合的熊胆等胆类药材特征识别研究	2023X10	荆文光	30	学科带头人培养基金

表7－3　2023年国家级、省部级等验收课题

序号	项目（课题）名称	负责人	项目（课题）编号	起止日期	验收通过日期	项目（课题）类别
1	构建针对变异毒株的功能评价的假病毒技术平台	王佑春	Z211100002521018	2021.1—2022.12	2023.2.14	北京市科技计划
2	新冠疫情背景下我国疫苗的发展方向与对策	王军志	2021 - JJZD - 05 - 01	2021.12—2022.11	2023.12.21	工程院战略咨询项目
3	家庭或个人用可穿戴设备性能检验检测平台的构建	李静莉	2019YFC1711702	2019.12—2022.12	2023.6.30	国家重点研发计划
4	LED 治疗皮肤疾病的光量研究及设备研发和应用示范	罗维娜	2017YFB0403805	2017.7—2022.6	2023.2.10	国家重点研发计划
5	基于氯法齐明的苯酚嗪类衍生物抗狂犬病毒活性与作用机制及化学基础	刘强	81673307	2019.1—2022.12	2023.2.14	国家自然科学基金项目

表7－4　**2023 年度院"中青年发展研究基金"通过验收课题**

序号	课题名称	课题负责人	推荐部门	课题执行期	验收结论
1	小鼠胚胎干细胞体外生殖发育毒性模型的建立、优化及验证	赵曼曼	安评所	2020 年 11 月至 2022 年 11 月	通过
2	人源细胞培养液安全性评价	李琳	化妆品评价中心	2020 年 11 月至 2022 年 11 月	通过
3	基因组学应用于医疗器械免疫毒性的检测	连环	器械所	2020 年 11 月至 2022 年 11 月	通过
4	变性胶原的评价方法研究	陈丽媛	器械所	2020 年 11 月至 2022 年 11 月	通过
5	体外采样检测法在 SPF 级小鼠微生物检测中的应用研究	高强	动物所	2019 年 10 月至 2022 年 10 月	补充完善后再评审结题
6	建立鱼肉及鱼肉制品的腐败程度的检测与评价方法	罗娇依	食品所	2020 年 11 月至 2022 年 11 月	通过
7	基于同位素指纹分析技术的羊肉产地溯源模型研究	李梦怡	食品所	2020 年 11 月至 2022 年 11 月	通过
8	手持拉曼光谱仪在抗体类药物快速鉴别中的应用研究	段茂芹	生检所	2020 年 11 月至 2022 年 11 月	通过
9	马钱子中毒性生物碱在不同炮制条件下的转化及代谢研究	高妍	中药所	2020 年 11 月至 2022 年 11 月	通过
10	基于体外消化/MDCK 细胞模型测定中药材及其水煎液中重金属的生物可给性及风险评估研究	左甜甜	中药所	2020 年 11 月至 2022 年 11 月	通过
11	药用气雾剂抛射剂四氟乙烷有关物质对照品的研制	赵燕君	包材所	2020 年 11 月至 2022 年 11 月	通过
12	洋葱伯克霍尔德菌群实时荧光定量 PCR 检测方法的建立	余萌	化药所	2020 年 11 月至 2022 年 11 月	通过
13	基于 GeXP 系统对基因治疗产品毒种库多种特定外源病毒同时检测的方法研究	王光裕	生检所	2020 年 11 月至 2022 年 11 月	通过
14	间充质干细胞成软骨分化能力的标准化定量评价	贾春翠	生检所	2020 年 11 月至 2022 年 11 月	通过
15	食品中有壳类海鲜过敏原的检测	孙姗姗	食化所	2018 年 11 月至 2022 年 10 月	通过
16	50 种疑难菌株 MALDI – TOF – MS 数据库的建立	刘娜	食品所	2020 年 11 月至 2022 年 11 月	通过
17	药械组合产品属性界定的科学管理机制研究	董谦	械标所	2020 年 11 月至 2022 年 11 月	通过
18	假药劣药检验工作机制研究	张炜敏	业务处	2020 年 11 月至 2022 年 11 月	通过
19	药检机构在贯彻新版药管法中风险及应对机制研究	乔涵	质管中心	2020 年 11 月至 2022 年 11 月	通过
20	GLP 规范下 LIMS 管理体系的建立	张曦	安评所	2020 年 11 月至 2022 年 11 月	通过
21	标准物质销售预测模型的建立与应用研究	邵俊娟	标物中心	2020 年 11 月至 2022 年 11 月	通过
22	银行到款管理的信息化研究	苗心瑜	计财处	2020 年 11 月至 2022 年 11 月	通过

表 7 - 5　2023 年获得专利授权项目

序号	专利名称	授权专利号	公告日期	专利类型	专利权人	发明人
1	佩兰中吡咯里西啶生物碱的测定方法	ZL 2021 1 0110743.4	2023 - 3 - 31	发明专利	中国食品药品检定研究院	昝珂, 左甜甜, 金红宇, 王莹, 刘丽娜, 李耀磊, 王丹丹
2	中药材质量综合评价方法	ZL 2021 1 0788395.6	2023 - 4 - 7	发明专利	中国食品药品检定研究院	陈佳, 程显隆, 魏锋
3	二蒽酮类化合物在制备抗炎保肝药物中的应用	ZL 2021 1 1072550.0	2023 - 5 - 16	发明专利	中国食品药品检定研究院; 中国医学科学院药物研究所	孙华*, 魏锋, 杨建波, 欧阳婷*, 汪祺, 陈子涵*, 王莹, 宋云飞, 陈智伟*, 高慧宇, 王雪婷
4	Primer pair, probe and identification method of hirsutella	2033157	2023 - 8 - 11	发明专利	National Institutes for Food and Drug Control	Ping Zhang, Feng Wei, Shuai Kang, Tulin Lu*
5	Method for identifying sequences of signature peptides of cordyceps sinensis and fermented cordyceps preparations	2023/03105	2023 - 10 - 17	发明专利	National Institutes for Food and Drug Control	Ping Zhang, Feng Wei, Shuai Kang, Tulin Lu*
6	基于 MRP2/3 的何首乌中肝毒性化合物的快速筛选方法	ZL 2021 1 0654287.X	2023 - 9 - 8	发明专利	中国食品药品检定研究院	汪祺, 文海若, 李勇, 杨建波, 于健东
7	基于 FXR 的何首乌中肝毒性化合物的快速筛选方法	ZL 2021 1 0654754.9	2023 - 5 - 23	发明专利	中国食品药品检定研究院	汪祺, 文海若, 李勇, 杨建波, 于建东
8	基于 OATP1B1 和 OATP1B3 的何首乌中肝毒性化合物的快速筛选方法	ZL 2021 1 0654288.4	2023 - 3 - 17	发明专利	中国食品药品检定研究院	汪祺, 文海若, 李勇, 杨建波, 于健东
9	一种微型生物样本提取均质装置	ZL 2022 2 1836946.8	2023 - 3 - 14	实用新型专利	中国食品药品检定研究院	梁瑞强, 孙姗姗, 罗娇依, 曹进, 许鸣镝
10	一种化妆品中大麻二酚的检测方法	CN202011241528.X	2023 - 1 - 17	发明专利	中国食品药品检定研究院	李莉, 李硕, 王海燕, 孙磊, 路勇
11	一种化妆品中大麻素成分的检测方法	CN202110389389.3	2023 - 11 - 7	发明专利	中国食品药品检定研究院	李莉, 李硕, 王海燕, 孙磊, 路勇

续表

序号	专利名称	授权专利号	公告日期	专利类型	专利权人	发明人
12	一种带状疱疹疫苗	ZL 2019 1 0936098.4	2023 - 9 - 29	发明专利	中国食品药品检定研究院/王国治	赵爱华，王国治，李长贵，付丽丽，杨正龙，谭晓东
13	恩度敏感细胞株的构建及其在恩度测活中的应用	ZL 2022 1 1532905.4	2023 - 3 - 14	发明专利	中国食品药品检定研究院	秦玺，李山虎，安怡方，周勇，裴德宁，李响，史新昌，丁有学，毕华，于雷，黄芳，朱留强，王军志
14	重组新型冠状病毒刺突蛋白受体结合区 9 型腺相关病毒的构建方法	ZL 2020 1 1556313.7	2023 - 3 - 21	发明专利	中国食品药品检定研究院	饶春明，秦玺，李永红，李山虎，李响，丁有学，裴德宁，刘兰，史新昌，于雷，閆勇，郜莹，韩春梅，朱留强
15	一种抗蛋白聚集的制剂容器	ZL 2023 2 1122697.0	2023 - 3 - 31	实用新型	沈阳药科大学；中国食品药品检定研究院	吴昊*，郭莎，王兰，王翠*，王俊杰*，王新悦*
16	一种检测悬浮粒子浓度用采样头的辅助支架	ZL 2022 2 2766830.8	2023 - 4 - 7	实用新型专利	中国食品药品检定研究院	刘巍，侯丰田，梁春南，赵明海，张心妍，许中衍，王冠杰
17	一种基于物联网的实验动物饲喂系统	ZL 2023 2 1064448.0	2023 - 5 - 16	实用新型专利	中国食品药品检定研究院	刘巍，马丽颖，赵明海，许中衍，王劲松，侯丰田，张心妍
18	采样头辅助支架	ZL 2022 3 0693559.2	2023 - 8 - 11	外观设计专利	中国食品药品检定研究院	刘巍，侯丰田，梁春南，赵明海，张心妍，许中衍，王冠杰
19	人 DPP4 基因敲入的小鼠模型、其产生方法和用途	ZL 2018 1 0900761.0	2023 - 10 - 17	发明专利	中国食品药品检定研究院	王佑春，范昌发，吴曦，刘强，李倩倩*，黄维金，刘甦苏，吕建军*，杨艳伟，曹愿
20	一种表型高度一致的恶性淋巴瘤模型的建立方法及其用途	ZL 2017 1 1320608.2	2023 - 9 - 8	发明专利	中国食品药品检定研究院；北京百奥赛图基因生物技术有限公司	王佑春，范昌发，沈月雷*，刘甦苏，吴曦，吕建军*，李芊芊，杨艳伟，王三龙，霍桂桃，左琴，王雪*
21	致癌性小鼠模型及其建立方法和应用	ZL 2021 1 1516512. X	2023 - 5 - 23	发明专利	中国食品药品检定研究院	范昌发，刘甦苏，霍桂桃，杨艳伟，赵皓阳，王三龙，耿兴超，孙晓炜，谷文达，翟世杰，李琳丽，吴勇，曹愿

序号	专利名称	授权专利号	公告日期	专利类型	专利权人	发明人
22	容量瓶固定装置	ZL 2022 2 3388492.5	2023 - 3 - 17	实用新型专利	中国食品药品检定研究院	张广超, 刘倩, 牛剑钊, 马玲云, 翟晨斐, 綦梦洁
23	层析缸	ZL 2022 2 3591160.7	2023 - 3 - 14	实用新型专利	中国食品药品检定研究院	张广超, 牛剑钊, 翟晨斐, 冯玉飞, 杨东升, 关皓月, 刘年
24	一种改良型流通池法溶媒循环泵送系统	ZL 2022 2 2622637.7	2023 - 1 - 17	实用新型	禄亘（上海）生命科技有限公司；中国食品药品检定研究院	李定中*, 宋水军*, 宁保明, 庚莉菊, 陈天伊, 张宝红*, 季超*
25	生物安全样本器皿缓存库	ZL 2022 2 3208285.7	2023 - 11 - 7	实用新型	中国食品药品检定研究院	裴宇盛, 蔡彤, 宁霄, 杜然然, 刘雅丹, 陈晨, 张庆生, 高华
26	一种血清内毒素检测装置	ZL 2022 2 2511199.7	2023 - 9 - 29	实用新型	中国食品药品检定研究院	裴宇盛, 蔡彤, 陈晨, 宁霄, 刘雅丹, 张庆生
27	一种生物安全样本库用血浆提取装置	ZL 2022 2 1425546.8	2023 - 3 - 14	实用新型	中国食品药品检定研究院	裴宇盛, 蔡彤, 杜然然, 刘雅丹, 宁霄, 陈晨, 张庆生, 高华
28	一种生物安全样本库用细胞储存装置	ZL 2022 2 2511485.3	2023 - 1 - 17	实用新型	中国食品药品检定研究院	裴宇盛, 蔡彤, 宁霄, 杜然然, 刘雅丹, 陈晨, 张庆生, 高华
29	一种可单手注射的静脉注射器	ZL 2023 2 1110088.3	2023 - 3 - 31	实用新型	中国食品药品检定研究院	裴宇盛, 蔡彤, 宁霄, 刘雅丹, 陈丹丹, 吴彦霖, 张媛, 张庆生, 高华
30	用于检测洋葱伯克霍尔德菌群的试剂盒、引物和方法及应用	ZL 2022 1 1167257.7	2023 - 4 - 7	发明专利	中国食品药品检定研究院	余萌, 马仕洪, 王似锦, 张庆生
31	一种穿透血脑屏障的聚山梨酯80及其组分形成的载药胶束递送系统	ZL 2018 1 0148906.6	2023 - 5 - 16	发明专利	中国食品药品检定研究院；中国药科大学	孙会敏, 涂家生, 王珏, 王晓锋, 李婷, 毕清华, 汤龙
32	一种活塞式容积可调节的定量分装装置	ZL 2023 2 1602813.9	2023 - 8 - 11	实用新型	中国食品药品检定研究院	赵宗阁, 孙会敏, 王丽, 王青, 刘明理, 路勇

注：获得授权专利32项，其中发明专利18项。实用新型13，外观1项。

表 7 – 6　2023 年获得科技奖励项目

序号	获奖类型	获奖级别	奖项名称	颁发单位	主要完成单位	主要完成人
1	省部级	二等奖	创新药物临床前安全性评价关键新技术的建立与应用	北京市人民政府	中国食品药品检定研究院	李波，耿兴超，周晓冰，文海若，黄瑛，王三龙，林志，苗玉发，王欣，屈哲
2	省部级	三等奖	基于中药及中成药中活性成分的分离、鉴定及应用研究	吉林省人民政府	吉林师范大学，四平市食品药品检验所，中国食品药品检定研究院	孙艳涛*，赵磊*，昝珂，王路宏*，王丽*
3	学会协会	一等奖	面向五种技术路线新冠疫苗质量控制和评价综合技术体系创建和应用	中国药学会	中国食品药品检定研究院	徐苗，毛群颖，梁争论，高帆，权娅茹，刘欣玉，胡忠玉，赵慧，卞莲莲，刘晶晶，吴星，陈国庆，管利东，贺倩，何鹏飞

注：中国药学会一等奖 1 项，北京市科技进步二等奖 1 项，吉林省科技进步三等奖 1 项。

课题管理

2023 年度中检院"中青年发展研究基金"课题申报工作

2023 年度中检院"中青年发展研究基金"课题申报工作于 2022 年 7 月 20 日启动，截至 8 月 22 日共收到各部门推荐的申报书 31 份。经形式审查，29 个申报进入答辩评审。评审分两组进行。2 月 22 日上午，中检院学术委员会的 12 位专家对生物、器械和毒理领域的 12 个申请进行了评审；2 月 23 日上午，中检院学术委员会的 15 位专家对理化分析领域的 17 个申请进行了评审。评审专家在听取了申报人的报告和答辩后，根据中检院"中青年发展研究基金"的支持方向进行评审打分。评审结果经 2023 年第 6 次院长办公会审议通过，给予"人血清中抗 LAG – 3 单抗 ADA 检测方法的建立与验证"等 20 个中青年发展研究基金课题立项支持，专项经费 157.36 万元（表 7 –2）。

2023 年度中检院"学科带头人培养基金"课题申报工作

2023 年度中检院"学科带头人培养基金"

课题申报工作于 2022 年 7 月 20 日启动，截至 8 月 22 日共收到各部门推荐的申报书 24 份。经形式审查，18 个申报进入答辩评审。评审答辩分两组进行。2023 年 3 月 1 日上午，中检院学术委员会的 11 位专家，评审了生物、器械和毒理领域的 10 个申请；2023 年 3 月 2 日上午，中检院学术委员会的 15 位专家，评审了理化分析领域的 8 个申请。评审专家在听取了报告和答辩后，根据中检院"学科带头人培养基金"的支持方向进行了评审打分。评审结果经 2023 年第 6 次院长办公会审议通过，给予"红细胞血型基因分型检测标准化研究"等 10 个学科带头人培养基金课题立项支持，专项经费 295.7 万元（表 7 –2）。

2023 年度中检院"中青年发展研究基金"课题验收工作

2023 年 7 月 4 日、5 日、7 日、11 日，科研管理处组织中检院学术委员会专家对 2020 年度立项及 2019 年度延期的 22 个中检院中青年发展研究基金课题进行验收。7 月 4 日为医疗器械、化妆品评价、安评、实验动物领域的 5 个课题验收。7 月 5 日为理化领域的 6 个课题验收。7 月 6 日为生物领域的 5 个课题验收。7 月 11 日为管理类的 6 个课题验收。21 个课题通过验收，1 个课题应在 2023 年 9 月 30 日前提交课题验收自评价报告，经专家组再次评审通过后，予以结题（表 7-4）。

学术交流

2022 年度中检院科技评优活动

按照中检院 2023 年度科研管理工作安排，2022 年度科技评优活动按所、院两级进行，所级科技评优在 12 个业务所、中心进行，各业务所在总结 2022 年度各项工作的基础上，分别开展了学术交流和评优活动，并推荐 25 个报告参加院科技评优活动。2023 年 1 月 13 日，院学术委员会组织召开院级科技评优活动，以院学术委员会委员为主的 21 位专家担任评委，通过报告、答辩，评选出院级一等奖 5 项，二等奖 8 项，三等奖 12 项（表 7-7）。

表 7-7　2022 年度院科技评优结果

序号	报告题目	报告人	推荐单位	奖励等级
1	流感及新冠病毒变异株交叉中和反应的差异分析	李涛	生检所	一等奖
2	AQbD、全生命周期理念标准化新冠中和抗体检测方法建立	毛群颖	生检所	
3	种子类中药材的鉴定研究与应用	康帅	中药所	
4	化学药品中遗传毒性杂质评估和检测的探索	袁松	化药所	
5	亚硝胺化合物致突变性风险评价	文海若	安评所	
6	抗体药物临床血清学抗药抗体（ADA）检测平台的建立	杜加亮	生检所	二等奖
7	以免疫活性为导向的枸杞多糖质量控制策略研究	王莹	中药所	
8	间充质干细胞组织来源鉴别方法开发——机器学习在细胞检定中的应用	张可华	生检所	
9	头孢菌素的致敏性聚合物形成机理与化学结构研究	李进	化药所	
10	替代方法在化妆品新原料注册备案中的应用研究——以皮肤致敏性评价为例	林铌	化妆品评价中心	
11	定量核磁在标准物质中的应用研究	徐翊雯	标物中心	
12	疫苗类生物制剂与包装系统相容性研究	贾菲菲	辅料包材所	
13	标准物质定量分装装置的研究与应用	王丽	标物中心	
14	红细胞血型基因分型检测标准化研究	胡泽斌	诊断试剂所	三等奖
15	生食果蔬灌溉水中沙门氏菌的检测方法研究	王学硕	食品所	
16	体外卵泡刺激素生物活性测定方法研究	吴彦霖	化药所	
17	血液透析器的可沥滤物评价技术研究	付步芳	器械所	
18	全基因组测序技术在益生菌安全性评价中的应用研究	任秀	食品所	
19	壳聚糖类医疗产品分类界定关键技术要点的研究	董谦	械标所	
20	兔源肠致病性大肠埃希菌的分离鉴定与特性研究	董浩	动物所	
21	一例 Beagle 犬肾脏肿瘤的诊断及分析	李双星	安评所	
22	不同品系小鼠对无细胞百日咳疫苗免疫应答效应的比较研究	魏杰	动物所	
23	戊型肝炎病毒在孕妇中的感染标志物及相关机制研究	李曼郁	诊断试剂所	
24	数字疗法医疗器械安全质量评价方法研究	王晨希	器械所	
25	国家化妆品监督抽检工作机制研究	王胜鹏	监督中心	

2023 年度中检院科技周活动

2023 年 9 月 25 日至 28 日，中检院组织开展 2023 年度科技活动周，本次科技周分会场采取线上线下相结合的方式开展，即院内采取线下交流的方式，其他参加单位采取线上交流方式。来自高校、科研院所、企业、药检系统的 200 余家单位及中检院相关业务科室，2000 余人次参加了本次科技活动周活动。

重点实验室建设

药品监管科学全国重点实验室获批建设

药品监管科学全国重点实验室（以下简称"全重实验室"）于 2023 年 3 月获得科技部批准建设。按照中检院工作部署，由相关部门抽调专业骨干人员负责全重实验室建设工作。

1. 完成第一批课题立项和预算立项

经专家论证，第一批共立项 53 个课题。中检院利用自有资金 4000 万支持全重课题研究，在国家药监局综合司的指导和协调下，将 2024 年度预算纳入财政部 2024 年度项目库。同时，按照国家药监局综合司要求，已提前将国拨经费项目也纳入财政部项目库。

2. 强化科研合作与国际交流

进一步加强与广州实验室、昌平实验室和临港实验室的战略合作，待全重实验室正式启动后择时签订合作协议。积极开展国际交流与合作，国家药监局赵军宁副局长、中检院李波院长等人率团参加了第 13 届全球监管科学峰会并交流；王军志院士作为 WHO 生物制品标准化专家委员会委员参加了第 75 届专家委员会会议。

3. 着力开展管理运行建设

中检院先后牵头组织 10 余次全重实验室建设实施方案修订会，相关领导分别带队对医药领域全国重点实验室进行现场调研并形成调研报告，吸纳相关单位经验并结合实际形成《药品监管科学全国重点实验室建设实施方案》，经 7 月 24 日国家药监局第 22 次党组会原则通过。

4. 成功召开全国重点实验室启动会暨第一届学术委员会第一次会议

2023 年 12 月 24 日，药品监管科学全国重点实验室启动会暨第一届学术委员会第一次会议在国家药监局多功能厅圆满召开。启动会上宣布了管理委员会组成人员以及实验室第一届学术委员会组成人员。中检院安抚东院长为管理委员会主任，中国工程院陈志南院士为学术委员会主任。国家药监局党组书记、局长李利和实验室主任王军志院士共同为全重实验室揭牌。中国工程院院士张伯礼、黄璐琦、陈志南、沈倍奋、魏于全、付小兵、徐建国、顾晓松、张强，中国科学院院士马光辉，中国药科大学校长郝海平，清华大学李梢教授，北京大学肿瘤医院沈琳教授共 13 位学术委员会委员出席会议。会议听取了王军志院士的全重实验室建设进展报告，与会学术委员会委员对实验室建设提出了宝贵建议，会议最后由李利书记作重要讲话。本次会议标志着全重实验室建设进入新阶段。

2023 年度国家药监局重点实验室管理工作

2023 年 2 月，受国家药监局委托，中检院起草了《国家药监局重点实验室 2022 年度考核实施方案》（以下简称《考核实施方案》）上报科技国合司。科技国合司审定后报请局领导批示，确定了国家药监局年度考核工作程序。科研管理处严格按照工作程序及时限要求组织开展考核工作。

2023 年 2~3 月，中检院对有关省级药监局快递寄达的 117 家局重点实验室年度考核纸质材料按学科领域进行整理、电子材料进行拷贝，并对报送材料进行形式审查。

按照《考核实施方案》专家遴选原则，中检院从专家库中按领域分组拟定了考核专家建议名单上报科技国合司。科技国合司审定后，中检院电话联系专家，发送邀请函。最终确定参会专家 34 人。

本次考核评审工作采取现场会议形式进行，考核评审会议分 2 天进行，中检院负责会务组织工作。

2023 年 4 月 19 日和 20 日，科技国合司分别组织召开考核评审工作启动会，提出本次考核的总体要求和纪律，宣布评审领域的专家组组长和专家名单。中检院讲解此次考核工作流程。

启动会后，六个领域专家分别开始考核评审会议。会后专家组共同确认，形成"国家药品监督管理局重点实验室考核专家组意见书""国家药监局重点实验室年度监管科学研究成果专家评审表""国家药监局重点实验室年度考核专家评审表"，给出实验室年度考核通过或整改的建议。

2023 年 5 月，考核评审会后，中检院收集整理专家组提交的"重点实验室考核专家组意见书"，按领域、省份分别汇总考核情况及监管科学研究成果情况，形成报告，函报科技国合司。国家药监局依据年度考核结果，撤销了 1 家重点实验室，并将该实验室名牌收回。

根据《关于开展国家药监局重点实验室工作简讯编制工作的通知》，中检院负责每季度通过邮件收集 117 家局重点实验室报送的简讯材料，对电子版进行汇总整理，逐一对每个实验室提交的简讯内容进行研读审核，提出采纳与否的建议反馈科技国合司和中国健康传媒集团。本年度共收集报送 4 期简讯材料。

2023 年 5 月，国家药监局科技国合司起草了《国家药监局重点实验室联盟章程》（以下简称《章程》），按照科技国合司工作部署，中检院于 6 月和 8 月先后两次向国家药监局各重点实验室征求了章程初稿及参考稿的修订意见。《章程》初稿共收到实验室反馈意见 66 条，《章程》参考稿共收到实验室反馈意见 12 条，中检院对收到的反馈意见进行了汇总和梳理，提出了初步采纳建议，反馈科技国合司。

按照国家药监局科技国合司工作要求，中检院负责国家药监局重点实验室变更材料收集、审核、管理、存档等工作。2023 年共收到变更材料 19 份，其中依托单位更名 3 个；变更联合单位 2 个；首批重点实验室主任变更 9 个；第二批重点实验室主任变更 5 个。

制定发布《中国食品药品检定研究院科研课题绩效分配细则》（中检办科研〔2023〕17 号）、《中国食品药品检定研究院科研课题结余经费使用管理细则》（中检办科研〔2023〕18 号）、《中国食品药品检定研究院科研项目和课题预算调整管理细则》（中检办科研〔2023〕19 号）。

为规范课题经费的支出，科研管理处起草制定了《中国食品药品检定研究院科研课题绩效分配细则》《中国食品药品检定研究院科研课题结余经费使用管理细则》《中国食品药品检定研究院科研项目和课题预算调整管理细则》，上述 3 个细则已于 2023 年第 21 次院长办公会审议通过，2023 年 11 月 29 日予以印发，为课题经费管理工作做了制度保障。

第八部分 系统指导

系统交流

2023 年全国药检系统中药民族药检验工作会

2023 年 8 月 14 日至 16 日，全国药检系统中药民族药检验工作会在河北省石家庄市召开。中检院及全国药检系统的中药民族药分管院（所）领导、中药民族药所（室）负责人参加会议。会议还邀请了张清波等 6 位退休专家到会指导。会上中药所从检定工作、标准研究、科研课题、人才培养、国际交流与合作等方面汇报了近两年中药检定工作。张体灯调研员做了"中药审评审批制度改革进展情况"报告。河北省药品医疗器械检验研究院等九家单位分别作工作交流报告。参会代表针对中药检验、能力建设和发展、药品监管风险等相关问题进行了热烈讨论。

2023 年全国中药饮片抽检专项及中药材质量监测工作研讨会

2023 年 2 月 15 日，中检院以线上形式组织召开了全国中药饮片抽检专项及中药材质量监测工作研讨会。中药所及监督中心部门负责人等出席会议，承担 2023 年专项抽检任务的 7 家省、市级（食品）药品检验（检测研究）院等 30 余人参加了会议。中药所主要负责人对此次专项工作的抽样要求、检品受理情况、检验判断原则及探索性研究工作等进行了深入、系统、全面地介绍，同时会议交流了 2022 年全国中药饮片专项工作经验。

2023 年全国中药材及饮片质量和检验工作研讨会

2023 年 3 月 23 日至 24 日，中检院在北京会议中心组织召开了全国中药材及饮片质量和检验工作研讨会。来自全国各省食药检所（院）、地市药检所（口岸所）及中检院等 40 余家药品检验、检测机构的中药室（所）负责人及长期从事中药材及饮片检验的专业人员等 150 余人参加了会议。本次会议对 2021—2022 年全国中药材及饮片总体检验和监管工作进行了全面地介绍，客观、系统地总结了全国中药材及饮片的质量状况。

2023 年全国药品检验实验室质量管理工作会

2023 年 11 月 7 日至 8 日，全国药品检验实验室质量管理工作会在江苏省南京市召开。会议全面总结了近年来药检实验室质量管理工作取得的成绩、存在的问题并提出了下一步工作建议。北京市、江苏省、新疆、深圳药检院和广东省器械院、江苏省器械院和浙江省器械院做了大会交流发言。会议就今后一段时间药品实验室质量工作达成了共识：一是高度重视实验室质量管理。二是保持能力验证工作稳定开展。三是持续加强生物制品批签发实验室一致性建设。四是持续加强实验室能力建设，为医药产品高质量发展保驾护航。会议制定了《2023—2025 年全国药检系统实验室质量工作规划》，对规范全国实验室质量管理工作起到了推动作用。中检院各业务所质量负责人、全国 31 个省、直辖市、自治区的省级药品检验机构、医疗器械检验机构、口岸药检所及解放军联勤保障部队等药械检验机构的质量管理负责人共 90 余人参加此次会议。

全国药品检验机构信息化研讨会

2023 年 8 月 8 日至 9 日，全国药品检验机构信息化研讨会在深圳市召开。会议以习近平新时代中国特色社会主义思想为指导，深入贯彻落实习近平总书记关于网络安全和信息化工作的重要指示和全国网络安全和信息化工作会议精神，总结近年来药品检验检测系统信息化工作，分析了疫情三年来信息化工作面临的问题，交流信息化建设经验，对药品检验检测信息化工作进行了部署。国家药监局信息中心主任陈锋，中检院党委书记、副院长肖学文，深圳市市场监管局党组成员、市食药安全总监王利峰出席会议并讲话。各省级（含副省级）药品检验院（所），口岸药品检验所分管负责人及有关人员共 100 人参加会议。

系统培训

继续开展线上培训

《中检课堂》共上线了 393 套课程，958 章节，463 学时，其中新增及更新课程 139 章节，约 60 小时。2023 年全院职工在中检课堂中累计培训学习达 41416 人次。持续完善《中检云课》培训管理系统相关功能。为加强研究生导师和研究生意识形态工作建设，新开辟"师生园地"栏目，添加相关课程。

开展培训，对全系统进行指导

2023 年度中检院面向系统内外共举办了 43 个培训项目，培训内容涉及化妆品、中药、化学药品、生物制品、医疗器械、器械标准、体外诊断、辅料包材、实验动物等多个领域。

组织开展"两品一械"高级研修班

主题教育调研成果转化运用，提升系统检验检测能力与水平，启动"两品一械"检验检测技术高层次人才培训工作，42 名学员进入中检院各部门跟班学习。

外来进修人员管理

2023 年，中检院共接收进修人员 160 人，涉及 12 个部门。人员组成主要为全国检验检测机构的专业技术人员、高等学校实习学生等。

举办领导干部管理能力素质提升培训班

组织领导干部参加由北京大学举办的针对中检院领导干部管理能力素质提升的培训班，分两期进行，共 153 人参加培训。

第九部分　国际交流与合作

概　况

总体情况

2023 年是后疫情时代的第一年，在全面恢复线下交流活动，充分利用互联网交流平台的背景下，中检院国际交流非常活跃，合作深度和广度不断拓宽。通过线上线下相结合的方式，中检院先后与美国、英国、德国、日本、法国、瑞士、意大利等国家药品检验和标准研究机构建立了工作联系，并就不断深化合作发展达成了共识。同时，积极配合国家药监局与非洲国家、俄罗斯、"一带一路"共建国家药品监管机构合作战略计划，认真落实中古两国元首重要会晤精神、中非合作论坛部长级会议部署，持续推进中非、中俄和中古以及其他"一带一路"共建国家药品监管及技术合作与交流。此外，通过参加世界卫生组织、国际标准化组织等重大国际会议，参与到国际药品生物制品及医疗器械标准制修订，以及行使投票权等工作，逐步提升了中检院的国际影响力和话语权。

2023 年，组织因公临时出国（境）团组 29 个，办理出国手续共 64 人次，实际成行 64 人次，此外，参加国家药监局团组和境外检查任务团组 17 个，参与办理参团出国（境）手续 22 人次，实际成行 18 人次。另组织 154 人次专家、技术人员 64 次远程参加世界卫生组织、国际标准化组织、国际电工委员会、国际化妆品监管联盟等国际组织和国外相关机构召开的线上交流会议。

2023 年，官方及非官方来访日益频繁，先后组织接待了世界卫生组织监管和预认证司司长、中国香港特区政府卫生署署长、盖茨基金会首席

代表、非洲药品管理局特使、全球疫苗免疫联盟（GAVI）战略创新与新投资者中心主任、俄罗斯预算机构科学中心主任、韩国驻华大使馆食药官等高级别官员共计 7 批 23 人来访；接收非官方公务来访申请 24 批 60 余人，先后协调了欧洲化妆品协会、中国欧盟商会、流行病防范创新联盟、帕斯适宜卫生科技组织、英国政府化学家实验室、德国柏林工业大学、圣彼得堡国立化学药物大学化药学院、韩国化妆品协会、资生堂、GSK、梅里埃、瑞士 Tecan、德国 TissUse GmbH、吉利德、美国禄亘仪器公司、德国 PHABIOC、印度 Raptim、日本花王、艾伯维、古巴基因技术中心来访技术交流。

拟定发布因公出访申请文件

为切实加强对因公出访团组的管理，并更好地服务和推动因公出访工作顺利开展，根据国家药监局因公出国（境）管理有关要求，中检院拟定了因公出访申请文件，并发布内网，方便出访团组了解和准备相关申请材料。

国际交流

许明哲赴瑞士世界卫生组织（WHO）药品标准和质量控制专家委员咨询会

应世界卫生组织（WHO）邀请，经国家药监局批准，中检院化学药品检定所许明哲主任药师作为特邀专家，于 2023 年 4 月 24 日至 28 日赴瑞士日内瓦参加了 WHO 药品标准和质量控制专家委员咨询会。会议在 WHO 总部召开，主要内容包括通报《国际药典》和《WHO 国际指导原则》起草最新进展、讨论有关《国际药典》各论

和附录草案稿。会议主要目的是对起草的《国际药典》各论、相关技术指导原则进行专家小范围讨论和征求意见后，提交拟于2023年10月召开的WHO第58届国际药典和药品标准专家会议进行正式审议。会议邀请了药物制剂规范专家委员会（ECSPP）的12位核心专家参会，这些专家分别来自中国、德国、法国、澳大利亚、新加坡、巴西、印度、乌克兰、突尼斯、印度尼西亚的药品监管机构、国家药品质量控制实验室及科研院所。参加会议的还包括WHO预认证部门和国际药典与药品标准专家委员会秘书处技术官员。会议召集人为WHO药品质量保证工作组负责人Luther Gwaza博士和技术官员Herbert Schmidt博士，会议推举澳大利亚药品监督管理局首席化学家Adrian KRAUSS博士全程主持会议。会上，与会专家主要研究讨论了共计100项《国际药典》各论和附录，此外对第十一版《国际药典》收载情况、《国际药典》各论起草新工作机制进行了通报，最后对ECSPP目前进行的几项重点工作进展情况进行了简要报告和讨论。

余新华、郑佳赴德国开展新兴医疗器械标准合作交流

经国家药监局批准，械标所余新华、郑佳于2023年4月17日至20日赴德国开展新兴医疗器械标准合作交流任务。出访期间，与德国电工委员会（DKE）、欧洲放射、电子医学与卫生信息技术行业协会（COCIR）、德国电气电子行业协会（ZVEI）相关代表进行会谈，就医疗器械标准管理、新兴医疗器械技术标准研制、国际标准化活动等开展学术交流，并就IEC 60601系列标准的转化实施等内容进行研讨。

张辉副院长等3人赴卢旺达参加第六届非洲药品质量论坛相关会议

应非洲发展联盟－非洲发展新伙伴关系（AUDA－NEPAD）邀请，经国家药监局批准，中检院张辉副院长率团，于2023年5月1日至5月7日赴卢旺达基加利参加了第六届非洲药品质量论坛（6th African Medicines Quality Forum，AMQF），中检院化学药品检定所许明哲副所长、生物制品检定所艾滋病性病病毒疫苗室黄维金主任随团参会。本次会议分两个阶段召开。5月2日，首先召开了AMQF技术委员会会议，参会人员仅限于技术委员会委员（共35人）和合作伙伴。会上，美国药典委员会（USP）、欧洲药典委员会（EDQM）、德国国家计量院、德国国家疫苗与生物医药研究所、WHO等各合作伙伴分享了他们在支持非洲国家实验室建设过程中开展的工作，审议了2022年AMQF的工作报告，讨论并通过了AMQF2023年工作计划，审定了实验室能力验证委员会和质量管理体系委员会组成及职能。当天会议直接将中检院纳入其合作伙伴并写入其组织结构中。第二阶段为5月3日至5日，正式召开了第六届AMQF大会，AMQF所有成员及合作伙伴代表共85人参加会议。此次大会主题围绕非洲国家药品质量控制实验室疫苗和生物制品检验检测能力建设而展开。EDQM、USP、WHO、非盟等分别围绕欧洲生物制品批准后的批签发和监督抽验、产品风险分析、建立欧洲药品质量控制中心实验室、组建网络实验室的作用和做法、实验室能力验证、打击假冒伪劣药品等方面进行了经验介绍，AMQF疫苗和生物制品委员会还就非洲疫苗检验实验室建设面临的挑战和推动美国医学协会（AMA）建立过程中协调机构发挥的作用等问题进行了研讨。受邀全程参加了所有会议，并以"中国药品检验机构和疫苗批签发"为题做了大会报告，分享了中国在加强药品监管和开展疫苗批签发情况的经验作法。此外，代表团在会议期间还分别与WHO、AMQF秘书处和盖茨基金会，以及卢旺达药监局召开了三场多边会议，深入探讨了合作交流的领域和方向。

孙会敏赴美国参加美国药典委员会 2023 年度复杂药用辅料专业委员会会议

应美国药典委员会（USP）邀请，经国家药监局批准，2023 年 5 月 30 日至 6 月 4 日，孙会敏研究员作为美国药典委员会药用辅料专家委员会委员，赴美国马里兰州洛克威尔市参加了 2023 年度美国药典委员会药用辅料专家委员会面对面会议。在 3 天的会议中，孙会敏研究员与国内外专家一同回顾了近几年来药用辅料专家委员会的研究成果，深入讨论了 USP 最新科学战略、未来参考标准的更新、PDG 和药典合作的更新、药用辅料专家委员会 EC – PDG 工作计划，以及专家顾问、候选人合作招聘组的要求等内容。会议期间，孙会敏被美国药典委员会授予 2023 年度标准工作杰出贡献奖。

李波院长等赴德国、法国就标准物质研制及药品质量控制技术领域合作开展工作访问

经国家药监局批准，应德国疫苗及血清研究所（PEI）、英国政府化学家实验室（LGC）德国分部、欧洲药品质量管理局（EDQM）邀请，李波院长率中检院代表团于 2023 年 7 月 2 日至 2023 年 7 月 9 日赴德国、法国开展标准物质研制及药品质量控制项目合作。随同本次出访的有中检院标物中心孙会敏主任、国合处杨振处长和生物制品检定所李长贵副所长。访问 PEI 期间，双方就三个合作领域进行了深入讨论。一是建立定期学术交流机制，每两年举办生物制品质量控制相关学术研讨会等；二是双方在生物制品标准物质等关键领域开展合作，如共同研制标准物质、共享原材料等；三是派遣人员到对方机构接受培训或进行合作研究，包括短期的培训访问及长期的合作研究。鉴于以往双方的合作基础，除长期合作研究需要向上级部门请示并在下次正式签订谅解备忘录（MOU）时再确定外，双方对其他合作意向达成一致。李波院长邀请 PEI 领导及专家在合适时机访问中检院，并正式续签合作备忘录，PEI 表示感谢并尽快安排访问计划。访问 LGC 期间，代表团访问了 LGC 位于德国柏林生物研发中心和卢肯瓦尔德药物杂质对照品研制实验室。通过交流和讨论，双方希望进一步深化在标准物质研制及管理领域的交流合作，并在以下三个方面达成合作意向：一是 LGC 为中检院标准物质在海外市场供应提供支持；二是中检院派送技术人员到 LGC 开展技术交流；三是聘请双方专家作为各自标准物质相关学术委员会专家，定期对双方有关标准物质技术问题进行研讨，推动双方标准物质领域的共同发展。访问 EDQM 期间，代表团与 EDQM 就标准物质、中药、化学药品和辅料包材、人才培养等共同关心和潜在的合作领域进行了充分的探讨和交流，包括开展标准物质协作标定和标准品合作互换；定期开展双边或多边学术交流；根据双方需求和实际情况，在中药标准及相关标准物质方面进行技术支持；标准物质以及化学药品检验新方法、新技术合作研究方面保持沟通交流；中检院作为观察员参与欧盟 OMCL 定期学术交流等。双方均表达了希望在前期友好合作基础上，进一步在相关领域持续深化合作交流的意愿。EDQM Petra DOERR 局长及专家表示，此次会谈交流是非常成功的，期待在合适时机访问中检院，正式续签合作备忘录。

张庆生、陈华赴俄罗斯与俄罗斯卫生部联邦政府预算机构科学中心开展合作交流

经国家药监局批准，应俄罗斯卫生部联邦政府预算机构科学中心（SCEEMP）邀请，化学药品检定所张庆生所长、陈华主任于 2023 年 9 月 18 日至 22 日赴俄罗斯与 SCEEMP 开展合作交流任务。本次出访首先访问了位于莫斯科的 SCEEMP 总部。双方专家相互介绍了各自机构的基本

情况、在药品注册检验研究及标准物质建立方面开展的工作，以及双方实验室在能力验证项目方面开展的工作。代表也实地参观了质量控制实验室，了解到该实验室主要负责药品上市前的注册审评、质量标准评价及标准物质制备等工作，并根据相关国际标准参与药品质量控制实验室的能力验证活动。随后访问了 SCEEMP 药品质量中心实验室，与俄罗斯多名技术专家举行了会谈，实地参访了中心实验室设施设备。随后，代表团访问了俄罗斯卫生部研究中心（GMP 培训中心），实地参访了实验室及培训设施。通过交流，了解到该中心主要负责与 GMP 相关的培训工作，同时也开发了包括 3D 打印技术在内的固体药品制剂研发工作。中检院代表介绍了中检院在化学药品新剂型质量控制方法研究和化学药品杂质检测方面的有关内容。

项新华、刘雅丹赴英国参加第 10 届欧洲化学会药品检测相关领域能力验证研讨会

应欧洲化学会（EURA – CHEM）的邀请，经国家药监局批准，中检院质管中心项新华副主任、刘雅丹主管药师二人于 2023 年 9 月 25 日至 29 日赴英国温莎参加了第 10 届欧洲化学会药品检测相关领域能力验证研讨会。来自中国、英国、美国、德国、印度尼西亚、新加坡等 44 个国家的 144 名代表参加了此次会议。本次论坛针对能力验证标准（ISO/IEC 17043）的改版情况及各国药品检测领域能力验证的实施情况提供交流机会。大会分为主报告、经验分享报告及分组讨论三个环节。主报告邀请 ISO/IEC 17043 标准制定组的专家对最新版 ISO/IEC 17043 修订进展、能力验证评估标准差指南、能力验证组织实施过程中的串通或伪造结果——为什么会发生、如何预防等议题进行了讲解。经验分享报告由来自意大利、德国、保加利亚等成员国专家分享，议题包括以风险管理的思维组织能力验证的经历、真实能力验证样品与能力验证样品的优劣势比较，

以及定性能力验证项目的统计研究等。其中对于合成样本的可行性及防数据串通等议题具有借鉴意义。分组讨论环节中，与会专家针对上述议题展开了激烈的讨论，项新华二人就我国在能力验证组织方面的经验和取得的进展与各国专家进行了分享。

郑健赴日本参加汉方药质量控制研讨会

应日本药品医疗器械综合机构监管事务亚洲培训中心（PMDA – ATC）邀请，经国家药监局批准，中检院中药民族药检定所郑健研究员于 2023 年 8 月 21 日至 25 日赴日本富山县参加 2023 年 PMDA – ATC 汉方药质量控制研讨会。来自中国、马来西亚、印度尼西亚、菲律宾、泰国、越南、沙特阿拉伯、孟加拉等 8 个国家药品监管机构及研究机构的 13 位专家参加了此次会议。会议历时 3 天（8 月 22 日至 24 日），分为 10 个部分进行：①日本植物药法规简介；②植物药的质量评价；③汉方药及非处方药物的监管和审查；④日本药典，日本非药典原料药标准；⑤与会国家草药现状简介；⑥日本富山县批准药品；⑦汉方药非处方药和植物药标准；⑧生产研制现场参观；⑨药用植物园参观；⑩汉方药质量管理与生产管理。会议通过讲座、与会专家讨论及实地考察的方式进行。日方代表就汉方药监管要求、质量控制和质量评价，《日本药典》，非处方药的监管及审查，汉方药质量管理与生产管理等内容进行报告。13 位专家就各国药品监管机构，植物药的相关法规及质量控制体系等内容进行报告讨论。会上郑健研究员进行了报告，报告主题为"中国植物药的药品管理"（Pharmaceutical Regulations for Herbal Medicine in China），主要介绍了中国的药品监督管理机构，质量控制体系及相关标准，中药管理法规等内容。参会专家重点关注中药配方颗粒及其相关政策法规，会上各参会专家就中药配方颗粒的制备工艺，汉方药生产工艺，汉方药提取物及配方颗粒的质量控制体系等内容展开了

热烈的讨论与交流。会议期间，参会代表参观了富山县汉方药提取物的生产车间及生产工艺，药用植物园及标本馆，就日本汉方药的提取工艺及生产过程展开学习讨论。

李萌赴日本执行中日笹川医学奖学金（共同研究型）项目任务

2023 年 7 月 30 日至 11 月 6 日，经国家药监局批准，中检院生物制品检定所单克隆抗体产品室李萌副研究员受邀赴福冈工业大学生命环境化学科进行共同研究。本次共同研究受到该系分析化学研究室的邀请，该研究室的研究领域为"利用光和电泳开发生物样品的创新分析方法研究"。本次受邀访问研究的内容为"激光诱导击穿粒子计数方法在蛋白质治疗药物中的应用"。参加共同研究项目期间，深入学习了光学和声学理论，进一步掌握了激光诱导击穿的实验系统建立，在实际的微粒检测中加深了对实验技术的理解和应用。通过应用光声分析技术建立治疗性蛋白质药物中 SVPs 的 LIB 粒子计数法，为生物制药工业进行更深入的微粒计数研究提供参考。

李波院长等随国家药品监督管理局赴意大利参加 2023 年全球监管科学峰会

应全球监管科学机制（GCRSR）和欧洲食品安全局（EFSA）邀请，经国家药监局批准，国家药监局副局长赵军宁于 2023 年 9 月 26 日至 30 日率团出访意大利参加了第 13 届全球监管科学峰会（Global Summit on Regulatory science，GSRS），会议为期 2 天，主题为"食品药品安全新兴技术"，由欧洲食品安全局（EFSA）承办。来自欧盟、美国、中国、日本、加拿大、新加坡、瑞士、德国、新西兰等 20 多个国家和地区约 200 名专家和代表参加了本次会议。围绕"新兴技术全球概况与展望，新兴技术在监管研究中的应用，监管研究新需求，新兴技术研究，人工智能与机器学习，未来走向与变化"共六个模块进行了汇报和

讨论交流。应大会组委会特别邀请，赵军宁同志以"中国药品监管的科学化进程"为题进行了大会报告。李波研究员受大会邀请，作为大会联合主席主持了"新兴技术未来走向与变化"第六模块的大会报告和讨论环节，并对大会报告内容进行了点评。耿兴超研究员以"中国类器官和器官芯片的发展现状及其监管思考"为题进行了大会学术报告。此外，会上还听取了来自美国食品药品管理局（FDA）、欧洲食品安全局（EFSA）、美国动物实验替代中心（CAAT）、欧盟联合研究中心（JRC）、日本国立卫生科学研究所（NIHS）、欧洲药品管理局（EMA）、欧洲化学品管理局（ECHA）、新西兰莱顿大学（NL）、新加坡食品局（SFA）、加拿大生物成像研究中心、美国 NTP 替代毒理学方法评价中心（NICEATM）、加拿大食品检验局、美国宝来惠康基金会等 30 位专家的报告。会后，代表团还与美国食品药品管理局（FDA）及有关药品企业、行业协会进行了交流。

王浩赴韩国参加国际电工委员会医用电器设备标委会（IEC TC62）年会

应国际电工委员会医用电器设备标委会（IEC TC62）邀请，经国家药监局批准，中检院医疗器械检定所王浩副研究员作为特邀专家，于 2023 年 9 月 11 日至 14 日赴韩国首尔参加 IEC TC62 年会，全程出席了软件网络和人工智能顾问组会议（AG SNAIG）。本次会议包括四个主要议题：①研究和回复各国围绕 IEC TC62 人工智能医疗器械标准体系规划提出的意见；②梳理和修订适用于人工智能医疗器械的 IEC 标准清单；③讨论 IEC TC62 当前与人工智能医疗器械相关的标准项目协调推进机制；④审议顾问组的年度研究报告及年会汇报材料。本次会议邀请了 SNAIG 的 10 位核心专家，分别来自中国、美国、德国、英国、瑞士、韩国、沙特阿拉伯、日本的监管机构、生产企业、临床机构、检测机构。来自 IEC TC62 WG4 工作组、IEC SC62C、ISO/TC 249 标

委会的 6 名观察员也参加了本次会议，观察员分别来自中国、德国、美国、澳大利亚、韩国的科研院所、生产企业、监管机构及检测机构。会上，王浩作为代表汇报了我国《人工智能医疗器械 肺部影像辅助分析软件 算法性能测试方法》提案的历史背景、范围、技术内容，以及中检院在人工智能医疗器械行业标准制修订、产品检测方面开展的前期工作，获得了参会专家的一致认可。

李丽莉、许四宏赴瑞典参加国际标准化组织（ISO/TC 212）年会

2023 年 10 月 4 日至 5 日，国际标准化组织 ISO/TC 212 临床实验室检验及体外诊断试验系统技术委员会第二十八届年会在瑞典隆德召开。经国家药监局批准，应 ISO/TC 212 委员会邀请，中检院体外诊断检定所李丽莉副主任、许四宏副主任应邀参加了本次会议。本次会议是第二十八届全体委员年度工作会议，由瑞典标准协会（SIS）承办，为期 2 天。参会人员包括 21 个 P 成员、3 个 O 成员、2 个 A 类联络组织、3 个 TC 联络委员会的委员，专家以线上和现场形式出席了本次会议。会议分为三个主要议题：①听取和审议 5 个工作组 2023 年度工作汇报；②4 个工作组（除工作组 5 以外）分别对标准提案进行立项研讨，审议制修订中的标准草稿；③起草 ISO/TC 212 2024 年战略业务计划（草案），总结本年度工作进展并对后续阶段工作做出安排。年会汇报了 2023 年以来 ISO/TC 212 各项标准的制修订进展情况。医学实验室相关的 ISO/TS 20914、ISO/TS 22583 等标准完成周期性的复审投票，确认将继续实施 3 年；参考实验室相关的重要标准 ISO 15195 将在 2023 年 10 月到 2024 年 3 月间完成周期性复审；其他重要文件 ISO 15193、ISO 15194、ISO 22367 等标准正在或即将组织修订；新项目如 ISO/TS 16766《公共健康危机中体外诊断医疗器械制造商的考量》已经进入委员会投票阶段；新提案 ISO/PWI

17849《定量和定性方法的确认验证指南》、ISO/PWI TS《新兴技术在医学实验室的应用指南》、ISO/AWI TS 18702《静脉全血中的外泌体和其他胞外囊泡的检验前过程规范—DNA、RNA 和蛋白质》、《关于 NGS 肿瘤 Panel 体细胞或种系变异体检测技术的设计和工作流程要求》正在立项申请中。同时关于人工智能在医学实验室应用原则、数字病理和基于 AI 算法成像分析的标准新提案预研正在积极展开，ISO/NP 24031 - 2《医学实验室—第 2 部分：基于数字病理学和人工智能（AI）的图像分析》，新项目 ISO/PWI 24051 - 1《医学实验室—第 1 部分：人工智能（AI）在医学实验室中的一般应用原则》等作为新提案做了研讨，由中方专家参与提出的新一代测序标准项目得到国际同行的广泛关注和热烈讨论。

王军志等赴瑞士参加世界卫生组织（WHO）第78届生物制品标准化专家委员会会议

世界卫生组织（WHO）于 2023 年 10 月 16 日至 19 日召开了第 78 届生物制品标准化专家委员会（ECBS）会议。本次会议以线上线下相结合的方式举行，ECBS 委员在日内瓦面对面会晤，其他与会者通过网络参加会议。参加本次会议的共有 100 余人，包括 ECBS 专家委员会委员 17 人、临时专家顾问 25 人、国家监管机构代表 39 人、非官方代表 7 人、政府间组织和相关团体 6 人、WHO 区域办公室代表 10 人、WHO 总部官员和科学家 19 人。经国家药监局批准，中检院王军志院士作为 ECBS 委员、徐苗研究员作为中国监管机构代表应邀参加会议。

本次会议分三个阶段进行，第一阶段，2023 年 10 月 16 日，召开了信息共享会议，包括非官方代表在内的所有与会代表参加。第二阶段是专业会议，时间是 2023 年 10 月 16 日至 18 日，各起草组专家总结了相关指南和国际标准品的研究进展及计划，讨论通过了《进口国流行病所用疫苗监管准备工作指南》，批准了国际对照品的研

制及替换研究。针对新冠患者恢复期血清、呼吸道合胞病毒（RSV）血清抗体对照品、生物类似药应用、高通量测序技术（HTS）等内容进行了充分讨论。第三阶段是闭门会议，时间是 2023 年 10 月 19 日，仅由 ECBS 专家委员会委员和 WHO ECBS 秘书处专家参加。中检院王军志院士作为专家委员会委员参加了闭门会议。闭门会议主要就采纳 WHO 指南和建立国际标准品的建议进行表决。此外，ECBS 还就生物制品标准化方面的一些关键问题向 WHO 提供了咨询意见和建议。

路勇副院长等赴瑞士、意大利参加欧洲化妆品原料年会并执行安全评估交流合作

为进一步加强中欧在化妆品原料管理、安全评估、功效评价等方面的技术交流与合作，应欧洲化妆品原料协会（EFFCI）、瑞士化妆品和洗涤剂协会（SKW）邀请，中检院副院长路勇、王钢力、苏哲 3 人于 2023 年 10 月 5 日至 12 日赴瑞士、意大利执行了参加欧洲化妆品原料年会并开展安全评估学术合作交流任务。代表团在欧洲化妆品原料年会就我国化妆品监管技术支撑、技术审评、原料管理等作了系统性介绍，路勇副院长作了"中国化妆品技术支撑及原料管理介绍"主题报告，王钢力、苏哲分别就化妆品审评及技术资料要求、化妆品原料安全信息填报技术要求进行介绍，并与参会代表就相关技术问题进行深入交流，对欧洲化妆品及原料企业关注问题予以解答，收到参会代表的良好反馈。会上，代表团还听取了欧盟消费者安全科学委员会（SCCS）、美国个人护理产品协会（PCPC）等机构专家，就欧盟化妆品安全评估进展、美国 MoCRA 及配套法规修订进展等议题，作技术分享和交流。会后，代表团还参加了系列技术交流活动，围绕化妆品原料管理及安全评估、功效评价、创新技术发展等问题，与来自欧盟、瑞士、意大利的监管和行业专家进行了深入交流。

张河战等赴西班牙参加欧洲肿瘤内科学会（ESMO）年会

2023 年欧洲肿瘤内科学会（ESMO）年会于 2023 年 10 月下旬在西班牙马德里召开。经国家药监局批准，中检院体外诊断检定所张河战所长、张文新助理研究员于 2023 年 10 月 20 日至 24 日应邀参加了本次会议。本次会议以"全球团结一家人，携手共对抗癌症"为主题，来自欧洲肿瘤内科学会、世界卫生组织、高校及研究机构、临床和检测检测机构等众多领域的 500 多位讲者，在 3 场主席研讨会、18 场特别会议及多场专题研讨会上，同与会人员分享了肿瘤预防、诊断、治疗、预后监测等领域的最新进展，以及面临的机遇与挑战。会议从基础研究和临床应用的角度对肿瘤诊断和新疗法的科学进展进行了分析，对新型诊断技术与治疗方法在肿瘤病人的最佳应用进行了探讨。结合中检院工作特点，代表团集中关注液体活检、大数据和人工智能在癌症诊断和预后监测的应用等重点领域，与国际同行进行了深入交流，探讨了肿瘤早期诊断及预后监测相关体外诊断试剂检测产品的研究进展与发展趋势。

魏锋等赴韩国参加西太区草药协调论坛（FHH）第二分委会会议

2023 年 9 月 19 日至 20 日，西太区草药协调论坛 2023 年第二工作组会议（Sub–Committee 2 Meeting of Western Pacific Regional Forum for the Harmonization of Herbal Medicines）在韩国济州特别自治道西归浦市召开。由中检院中药民族药检定所魏锋副所长、程显隆研究员作为中国代表参加了会议。本次会议是第二分委会年度工作会议，韩国食品药品安全评价研究院（NIFDS）为主办方，为期 2 天，来自中国、日本、韩国、越南、中国香港特别行政区、中国澳门特别行政区等 6 个成员国/地区，以及泰国 1 个观察国的专家、CAMAG 公司的专家出席了本次会议，另外，世

界卫生组织（WHO）和美国 USP 的专家也参加了此次会议。会议分 3 个专题讨论：一是 FHH 专论品种专题讨论，包括即将完成的半夏研究和下一期 FHH 专论品种建议；二是中草药资源交换框架专题讨论；三是 FHH 网站信息分享专题讨论。程显隆研究员作了题为"提议对人参属和苏合香属草药品种开展专题研究的报告"。魏锋副所长报告介绍了中药标本的重要性及中检院标本馆管理应用情况。FHH 秘书处组织 FHH 成员国/地区就下一次工作会议举办地址、会议内容及以后工作方式展开讨论。

余振喜等赴韩国参加化妆品审评相关技术交流活动

应韩国食品医药品安全部（MFDS）邀请，经国家药监局批准，中检院化妆品安全技术评价中心余振喜研究员和钮正睿主任药师于 2023 年 10 月 16 日至 20 日赴韩国首尔、清州和乌山参加了化妆品审评相关技术交流活动。

本次交流活动历时 3 天（10 月 17 日至 19 日），重点围绕《化妆品监督管理条例》配套的技术法规制修订、化妆品产品配方及原料安全信息填报、化妆品产品安全评估、动物替代实验等问题，与韩方进行了深入交流。代表团首先前往韩国化妆品协会（KCA）进行座谈交流。在座谈会上，韩国化妆品协会介绍了协会的发展历程以及韩国化妆品行业规模情况、发展现状和未来趋势等，中方回答了韩国化妆品协会和部分企业代表关注的问题，双方就监管相关的技术问题进行了深入的讨论交流。随后，中方就《化妆品监督管理条例》下中国特殊化妆品注册审评相关情况向韩国出口企业的有关负责人进行了介绍和交流，具体内容包括特殊化妆品注册资料要求（包括注册申请表、产品命名依据、产品配方、产品执行的标准、产品标签样稿、产品检验报告、产品安全评估报告等）、常见问题与注意事项等。随后，代表团前往清州韩国食品医药品安全部（MFDS）

并与化妆品政策科和化妆品审查科相关工作人员进行了交流。交流期间，韩方就监管体系、监管法规及韩国机能性化妆品监管要求等进行了介绍，中方就《化妆品监督管理条例》实施后配套的技术文件制修订进展等情况进行了介绍。随后，双方就共同关注的一系列监管和技术问题展开了深入的讨论和交流。其中，韩方重点介绍了机能性化妆品的变化、机能性化妆品审查制度和审查程序、机能性化妆品的相关指南、韩国化妆品动物替代方法研究和应用情况等。中方主要向韩方介绍了我国在化妆品产品配方及原料安全信息填报、化妆品产品安全评估、动物替代实验等方面目前的评价要求，以及围绕上述问题已完成或正在进行的技术指导原则制修订情况。此后，代表团还赴韩国化妆品生产现场考察和韩国化妆品研究机构进行座谈交流。

刘悦越赴印尼参加世界卫生组织（WHO）脊髓灰质炎疫苗国际标准实施研讨会

2023 年 10 月 31 日至 11 月 2 日，世界卫生组织（WHO）在印度尼西亚组织召开了脊髓灰质炎疫苗国际标准实施研讨会。参加研讨会的有 WHO 代表，各领域专家，来自全球 6 个 WHO 区域 15 个国家的监管机构和质量控制实验室代表，以及脊髓灰质炎疫苗研发生产企业的工作人员等，共计 50 余人。应 WHO 邀请，经国家药监局批准，中检院生物制品检定所刘悦越博士参加了本次会议。本次研讨会旨在宣贯 WHO 脊髓灰质炎疫苗标准的最新情况，包括书面标准和测量用标准品。详细阐述与脊髓灰质炎疫苗生产和质量控制有关的重要问题，包括 WHO 标准的基本原理和正确使用。在专家、制造商和监管机构之间交流经验和意见，将 WHO 标准落实到疫苗生产和监管实践中。

会议分六个阶段进行，第一阶段 WHO 卫生产品政策和标准部 Zhou 博士介绍了本次研讨会的召开背景、目的和预期成果。第二阶段是脊髓灰质炎疫苗 WHO 标准更新情况介绍。第三阶段介绍了分子技术在脊髓灰质炎疫苗质量控制中的应用。第四和第五阶段分别由与会专家详细介绍脊髓灰质炎疫苗效力试验包括 OPV 的病毒滴度测定，IPV 的体内、体外效力试验的标准化，国际标准品的使用和对产品稳定性和生产一致性的一些考虑。之后分别对 2 个研究案例进行了实例分析和研讨。与会代表分组积极交流讨论案例，根据前期讲座内容和已有经验对案例数据进行讨论分析，并在每个案例后将各自的想法和讨论结果与专家和代表们进行交流、分享和讨论。第六阶段由来自 11 个国家药品检定机构和 8 个生产商的参会代表介绍 WHO 标准实施的现状和计划。刘悦越博士代表中检院介绍了目前中国实施 WHO 关于脊髓灰质炎疫苗的国际标准的基本情况，在参考品研制过程中使用国家标准品的情况，以及针对 WHO 提出的疫苗质量控制新技术的未来工作计划，得到了与会专家和同行的肯定和认可。

许明哲赴瑞士参加世界卫生组织（WHO）第 57 届国际药典和药品标准专家委员会会议

经国家药监局批准，应世界卫生组织（WHO）邀请，2023 年 10 月 8 日至 14 日，中检院化学药品检定所许明哲主任药师以 WHO 国际药典和药品标准专家委员会委员的身份，现场参加并主持了在瑞士日内瓦组织召开的 WHO 第 57 届国际药典和药品标准专家委员会会议（Fifty - seventh Expert Committee on Specifications for Pharmaceutical Preparations，ECSPP），会议采取线上线下结合的方式召开。

会议由 WHO 药物政策和标准部门负责人 Clive ONDARI 博士和国际药典和药品标准专家委员会秘书处负责人 Luther GWAZA 博士共同召集，WHO 助理总干事 Yukiko NAKATANI 博士代表总干事致欢迎辞。会议推选 EDQM 的 Petra DOERR 博士和中检院许明哲博士担任会议主席和共同主

席，EDQM 的 Erwin ADAMS 教授和叙利亚药监局的 Sawsan BARROU DE NASSAR 女士担任书记员。这是近 10 年以来，中国专家首次担任 ECSPP 大会共同主席。

WHO 专委会的 12 位专家委员、10 位专家顾问以及专委会秘书处和 WHO 认证部门的同事和工作人员共 32 人线下参会，另外还有 36 位国际专家线上参会。这些参会专家分别代表德国应用药品分析研究所、英国药典、欧洲药典、印度药典、澳大利亚药监局、瑞士药监局、埃及药监局、巴西药监局、津巴布韦药监局、坦桑尼亚药监局、乌干达药监局、叙利亚药监局、德国耶拿大学、比利时鲁文大学和南非西北大学。

和往届 ECSPP 大会相同，本次会议对过去一年 WHO 国际标准制定工作最新动态、ECSPP 工作最新进展和 2023—2024 工作计划、《国际药典》各论和通则起草、国际化学对照品研制进行了汇报、讨论和审议。除此之外，本次会议还重点研究审议通过了 WHO 液体口服制剂中二甘醇/乙二醇检验方法和 WHO 药品质控实验室良好操作规范修订。

谭德讲、贺庆赴德国参加2023 药学实验室大会

应欧洲法规管理学会（ECA）邀请，经国家药监局批准，谭德讲副主任、贺庆研究员于 2023 年 11 月 20 日至 24 日赴德国杜塞尔多夫参加 2023 药学实验室大会（2023 PharmaLab Congress）。药学实验室大会（Pharmalab - Congress）是由欧洲法规管理学会（ECA）组织举办的年度学术会议。受邀人员包括世界卫生组织（WHO）、欧洲药品质量管理局（EDQM）、美国药典（USP）、德国血清与疫苗研究所（PEI）、英国国家生物制品检定所（NIBSC）、瑞士罗氏制药（Roche）、葛兰素史克（GSK）、默克制药（Merck）等机构的专家，主要报告与讨论药物分析新技术和生物技术新疗法的最新进展、趋势和挑战，以促进药品监管部

门、药品研发与生产企业在上述领域的科学监管。2023药学实验室大会共设1个主会场和5个分会场，各分会的报告内容主要介绍：①分析实验室GMP法规趋势；②分析方法的生命周期管理；③内毒素与热原检测方法；④微生物快速和替代检测方法；⑤细胞和基因治疗等领域的最新进展。谭德讲副主任、贺庆研究员主要参加了内毒素和热原检测方法分会。

马霄、毛群颖赴印尼参加世界卫生组织（WHO）组织的疫苗评价二级标准物质实施研讨会

为了促进全球疫苗评价用抗体类二级标准物质的研制，WHO于2023年11月14日至16日在印度尼西亚组织召开了关于WHO疫苗评价用抗体类二级标准物质研制指导原则实施研讨会。参加研讨会的有来自WPRO、SEARO和EMRO区域的监管机构和质控实验室，以及使用二级标准品评估疫苗质量和有效性的相关企业和专业机构的工作人员、起草小组成员、WHO生物制品标准化处代表等，共计40余人参加。中检院马霄、毛群颖研究员应邀参加研讨会。第一天（14日）研讨会分三个阶段进行，第一阶段首先由WHO生物制品标准化处Lei博士致欢迎词，并简单介绍了召开本次WHO疫苗评价用二级标准物质研制指导原则实施研讨会的目的和意义，以及《WHO抗体类二级标准物质研制指导原则》制订的背景及应用前景。第二阶段是全球二级（国家和工作）标准物质研制情况介绍。首先由毛群颖研究员代表中检院介绍了中国生物制品标准物质和新冠中和抗体国家标准品研制情况，并分享了中国生物制品国家标准物质研制的经验和体会，得到了与会专家和同行的高度肯定和认可。之后来自埃及、印度、印度尼西亚、伊朗、韩国、马来西亚等国家，以及葛兰素史克公司和Bio Farma公司的代表也分别介绍了各国或各单位二级标准物质研制的情况。第三阶段是WHO抗体类二级

标准物质研制原则的介绍。第二、三天（15日和16日）研讨会分别对4个研究案例进行了实例分析和研讨，四个案例分别为：①一个RSV/A中和抗体国家标准品在建立中，针对两个候选标准品进行的标定溯源；②一个anti-HPV-16二级标准品在换批研究中的标定溯源；③一个SARS-CoV-2抗体in-house标准品的标定溯源，其中包括了中和抗体和ELISA两种检测方法，通过协作标定数据分别对这两种检测方法进行标定溯源；④一个anti-HPV-16关键试剂在主要原料（包被抗原）换批时，anti-HPV-16二级标准品的应用。针对以上案例，全体与会代表分组依据不同情况分别对每个案例逐一进行充分的交流讨论后，通过现场实操对案例数据进行统计分析和结果判定，并在每个案例后将各自的结论和计算数据与与会专家和代表进行交流、分享和讨论。

张春青、许慧雯赴法国参加国际标准化组织（ISO/TC 210）第25届年会及工作组会议

应国际标准化组织医疗器械质量管理和通用要求技术委员会（ISO/TC 210）、法国标准化协会（AFNOR）邀请，经国家药监局批准，2023年12月12日至16日，张春青副所长、许慧雯副主任赴法国巴黎参加ISO/TC 210第25届年会及工作组会议。ISO/TC 210是国际标准化组织负责包括医疗器械在内具有健康目的的产品的质量管理和通用要求标准化工作的技术委员会。本次会议是ISO/TC 210第25届年会及工作组会议，由AFNOR承办，为期10天。来自全球包括中国在内共38个P成员（参与成员，Participating Member）、29个O成员（观察员，Obersers）、7个A类联络组织、8个TC联络委员会的委员和专家出席本次会议。会议听取和审议了工作组和联合工作组2023年工作汇报；各工作组分别汇报了第24届年会召开后本工作组标准化工作进展，对本领域的

国际标准提案进行立项或修订研讨，审议了正在制修订的国际标准草稿；研究起草了 ISO/TC 210 2024 年战略业务计划（草案），总结本年度工作进展并提出后续工作安排。

同时，ISO/TC 210 各联络机构在年会上还就与 TC 210 相关的工作进行了汇报，主要包括：（一）国际标准化组织风险管理委员会 ISO/TC 262 通报，ISO/TC 262 计划修订国际标准 ISO 31000：2008《风险管理指南》；（二）国际标准化组织/合格评定委员会（International Organization for Standardization/Committee on Conformity Assessment, CASCO）通报，实施"医疗器械单一审核程序"（Medical Device Single Audit Program, MDSAP）目的是通过一次审核满足美国、澳大利亚、巴西、加拿大、日本等 5 国法规要求，但在实践中发现制造商仍需要通过多个机构的审核以满足特定地区监管要求，该问题已向国际认可论坛（International Accreditation Forum, IAF）反馈；（三）国际医疗器械监管者论坛（International Medical Device Regulators Forum, IMDRF）通报，IMDRF 成立了质量管理体系工作组，并确定了工作计划；（四）全球医疗器械法规协调会（Global Harmonization Working Party towards Medical Device Harmonization, GHWP）通报了 2023 年在中国上海市召开年会的情况及下一步工作计划；（五）会议还就《质量管理体系内医疗器械用塑料材料供应链管理指南技术报告》新工作项目提案，以及 ISO/IEC 42001:2023《信息技术人工智能管理系统》国际标准发布实施后机器学习以及人工智能方面考虑可能产生的影响进行了讨论。

聂建辉赴泰国参加第五届世界卫生组织（WHO）生物制品国家质控实验室网络大会

WHO 于 2023 年 12 月 13 日至 14 日在泰国组织召开了第五届 WHO – NNB 大会。参加研讨会的有 WHO 代表，PQ 疫苗生产企业代表，来自全球 6 个 WHO 区域 55 个国家的监管机构和质量控制实验室代表等，共计 110 余人。应 WHO 邀请，经国家药监局批准，中检院生物制品检定所聂建辉研究员参加了本次会议。

会议分八个阶段进行，12 月 13 日开展第一至五阶段。第一阶段为开幕及欢迎致辞，分别由泰国卫生部医学科学司副司长 Pichet Banyati 博士、WHO 法规与安全处处长 Hiiti Sillo 先生和泰国生物制品检定所所长 Supaporn Phumiamorn 博士致辞，对与会专家表示欢迎，并就此次会议的主要目标进行了说明，即为 WHO – NNB 成员、合作伙伴和利益攸关方的代表提供一个论坛，对 WHO – NNB 网络建设进展、各国疫苗监管经验及特定议题进行讨论和交流。第二阶段为 WHO 关于加强和促进实验室网络和服务建设最新进展情况，该部分由来自 WHO 法规与安全处实验室网络工作负责人 Mustapha Chafai 进行介绍，目前，WHO – NNB 拥有成员 52 个，其中正式成员 23 个，准成员 29 个，成员规模正在逐年扩大。第三阶段为 WHO – NNB 新成员和观察员的介绍。该部分由新加入的 WHO – NNB 准成员或观察员介绍各国监管部门或国家质控实验室疫苗批签发放行策略。汇报的监管机构代表来自芬兰、几内亚、伊朗、巴基斯坦、菲律宾、乌干达、科摩罗和中国。聂建辉研究员介绍了我国疫苗批签发策略和相关情况。第四阶段为 WHO – NNB 正式成员的进展汇报，由正式成员代表介绍其监管部门或国家质控实验室的最新活动，以及疫苗检测、放行、参与合作研究和 3R 方法开发等相关活动。由来自泰国、印度尼西亚、南非和英国的代表进行了汇报。第五阶段为来自 WHO 的工作进展汇报，包括标准物质指南更新及网络实验室能力建设进展，以及 WHO 南亚区、西太区和非洲区的网络实验室建设工作。

12 月 14 日开展第六至八阶段。第六阶段为基于两个议题的经验分享。议题一为基于风险评估的批签发策略，由 WHO – NNB 正式成员代表泰国、加拿大、塞内加尔和韩国，介绍有关各国监管部门或国家质控实验室基于风险分析的疫苗批签发放行经验和前景；议题二为基于 3R 原则的替代方法研究进展，由比利时、印度、泰国、美国的监管机构，以及非政府组织 SciEthiQ 和 NC3Rs 就相关原则和经验进行了分享。第七阶段为合作伙伴论坛，由来自美国药典、德国 PEI、印度血清研究所的代表分享了在批签发策略及监管能力建设方面的经验。第八阶段为质量监测进展，由来自欧洲药品质量管理局和美国药典的专家分享了两者在标准物质和方法标准化方面的工作。

中检院参加世界卫生组织（WHO）在华合作中心参与全球卫生治理研讨会暨能力提升培训

2023 年 12 月 6 日至 7 日，世界卫生组织（WHO）在华合作中心（合作中心）参与全球卫生治理研讨会暨能力提升培训在北京市召开。会议由国家卫生健康委员会和世界卫生组织驻华代表处主办，合作中心协调办公室中国医学科学院医学信息研究所承办。国家卫生健康委员会、国家疾病预防控制局国际合作司局负责同志，WHO 在华合作中心主任，有意向成为合作中心的机构代表，以及 WHO 西太区、驻华代表处官员共 130 余人参加会议。中检院化学药品检定所张庆生所长、生物制品检定所李长贵副所长、中药民族药检定所聂黎行研究员分别代表药品质量保证合作中心（CHN - 19）、生物制品标准化和评价合作中心（CHN - 148）、传统医药合作中心（CHN - 139）参加了研讨会和能力提升培训。

国家卫生健康委员会国际合作司监察专员李明柱回顾了中国—世界卫生组织长期友好合作关系，赞赏合作中心在推动中国卫生健康事业高质量发展和为 WHO 提供技术支持方面发挥的重要作用。WHO 驻华代表处代表 Martin Taylor 先生就如何发挥 WHO 驻华代表处提升合作中心任职履职能力桥梁和纽带作用，加强合作中心作用和能

力，提出了建议。WHO 西太区官员介绍了西太区 WHO 合作中心发展概况、WHO 在华合作中心现况分析、合作中心任命及续任流程和相关工作计划。受邀专家开展了全球卫生治理专题培训，主题包括全球卫生治理与国际组织、全球卫生外交与国际安全、药物政策与全球卫生治理、其他国际组织与中国合作经验、慢病防控与全球卫生治理、传染病防控与全球卫生治理、中医药与全球卫生治理等。部分合作中心就参与全球卫生治理、中心自身发展、任命和履职经验、困难和挑战等议题进行了分享。会议一致同意将加强合作中心同主管部门和 WHO 沟通协作，推动健康中国建设，实施中国—世界卫生组织国家合作战略，为构建人类卫生健康共同体做出更大贡献。

李玉华研究员参加世界卫生组织（WHO）mRNA 技术专家咨询会议

2023 年 1 月 10 日至 11 日，应世界卫生组织邀请，李玉华研究员参加 WHO 组织科学技术咨询委员会就 mRNA 技术的专家咨询会议。会议梳理和讨论了 mRNA 技术在全球公共卫生领域的重要应用，并确定影响技术可及性和公平使用的潜在问题，并对 mRNA 疫苗的现有、开发中和前瞻性应用进行审查，并在此基础上，建立了关于使用 mRNA 技术获益疾病的共识，并形成一份指南报告，后续将征求公众意见。

张庆生等 3 人参加第二届美国药典委员会定量核磁线上研讨会

应美国药典委员会（USP）邀请，经国家药监局批准，中检院化学药品检定所张庆生所长、化学药品室刘阳副主任、张才煜副研究员于 2023 年 1 月 9 日至 11 日参加了 USP 组织的第二届美国药典定量核磁研讨会。会议采用网络视频的形式召开。

本次参会者主要来自学术界、工业界和监管机构从事定量核磁（qNMR）研究的专家及学者，

主要讨论一维及二维 qNMR 在药物质量研究和质量控制中的应用，台式核磁共振应用及相关方法学验证研究，定量核磁中的量子力学分析及自动化数据处理等前瞻技术的应用，并对 qNMR 今后的发展应用进行了展望。研讨会上 USP、美国食品药品管理局（FDA）、江苏省食品药品监督检验研究院和中国计量科学院的专家介绍了氢定量核磁、碳定量核磁及二维核磁在阿维菌素等药品定量中的应用，中检院刘阳研究员介绍了定量核磁在药品质量控制中的最新进展。布鲁克、Nan-alysis 及 Magritek 的科学家介绍了台式定量核磁应用的最新进展，USP 的 Yang Liu 博士和 BenShapiro 分别介绍了定量核磁中的量子力学分析及定量核磁自动化数据分析新方法。国内从事定量核磁相关研究的专家针对前期 USP 定量核磁科学社区工作、问卷调研及未来定量核磁教育等进行了深入的探讨和分享，大家一致同意应增加定量核磁相关的系列讲座和案例研究，促进这项技术在药品领域的广泛应用。本次受 USP 邀请，中检院化学药品室详细介绍了近年来定量核磁共振技术在化学对照品定值及化学药品质量控制等方面的研究成果，分享了台式核磁共振仪的优点及未来改进方向，受到广泛关注。

中检院召开牵头 IEEE P3191 标准工作组启动网络会议

2023 年 2 月 7 日，电气和电子工程师学会（IEEE）P3191 标准工作组启动会议（The kick-off meeting of IEEE P3191 working Group）在线上召开。本次会议由 IEEE 标准协会主办，中检院医疗器械检定所承办。P3191 标准的全称为 Recommended Practice for Performance Monitoring of Machine Learning-enabled Medical Device in Clinical Use（机器学习医疗器械临床性能监测推荐标准），在 2022 年 9 月正式获批立项，是中检院牵头的第三个人工智能医疗器械国外先进标准。

IEEE 生物医学工程协会标准委员会主席 Es-tebanPino、IEEE 标准协会首席探索官暨中国战略合作总监王亮迪博士、国际电工委员会医用电气设备标委会（IEC TC62）副主席 Patty Krantz-Zuppan、IEC TC62 秘书长 Regina Geierhofer、IEEE 生物医学工程协会标准委员会秘书丁晓蓉博士、IEEE 标准协会项目经理 Thomas Thompson 等国际著名标准化专家以远程视频的方式出席了本次会议。工作组成员、观察员共 60 余人远程参加讨论。

EstebanPino 教授、王亮迪博士分别代表 IEEE 生物医学工程标委会和 IEEE 标准协会对工作组的成立表示祝贺，对中检院牵头开展的 IEEE 人工智能医疗器械相关标准化工作成果予以高度认可，鼓励工作组再接再厉，继续提高标准的全球影响力。IEC TC62 秘书长 Regina Geierhofer 赞同本标准对上市后监管的意义，支持在 IEC 与 IEEE 建立的 A 级联络机制基础上共同推进标准研究。

中检院与美国药典委员会开展关于生物制品标准线上交流活动

2023 年 3 月 15 日，中检院与美国药典委员会（USP）开展关于生物制品标准的线上交流会，会上双方就中美两国药典中关于单克隆抗体质量标准展开讨论和交流。USP 科学部门全球生物制品首席科学家 Li Jing 博士介绍"《美国药典》单克隆抗体质量标准汇总与更新"，USP 中华区生物制品标准高级经理邹铁博士就"《美国药典》生物制品标准概述与战略计划""《美国药典》多肽药物质量标准与技术指南介绍"等议题进行报告；中检院生物制品检定所王兰副所长及单抗室相关技术人员参加此次交流，王兰就"《中国药典》单抗相关内容的介绍和考量"进行报告。

王军志院士、徐苗研究员参加世界卫生组织（WHO）第 77 届生物制品标准化专家委员会（ECBS）网络会议

WHO ECBS 第 77 届会议于 2023 年 3 月 20 日至 24 日以网络会议方式召开。目前，WHO ECBS

除开展了系列与新冠相关的工作以外，还就其他生物制品标准化事项开展了大量工作。参加本次会议共有 100 余人，包括 ECBS 专家委员会委员 22 人、临时专家顾问 9 人、国家官方代表 45 人、非官方代表 6 人、政府间组织和相关团体 5 人、WHO 区域办公室代表 7 人、WHO 总部官员和科学家 16 人。中检院王军志院士作为 ECBS 委员，徐苗研究员为临时专家顾问应邀参加会议。

这次会议和往常一样分三个阶段进行，第一阶段（2023 年 3 月 20 日）召开了一个开放性的信息共享会议，包括非官方代表在内的所有与会代表参加。WHO ECBS 秘书处负责人 Ivana Knezevic 博士报告了未来几年制定生物制品纸质标准的规划。WHO 血液制品和诊断试剂部门的 Yuyun Maryuningsih 博士报告了血液制品和相关体外诊断试剂领域最近和计划中的标准化工作。来自荷兰的 Cynthia So Osma 博士和 Cees Th. Smit Sibinga 分别报告了新冠恢复期血清相关工作进展和 WHO 关于在紧急情况下确保安全血液供应的指南。

第二阶段是专业会议，时间是 2023 年 3 月 20 日至 23 日，一方面讨论了与 WHO 各委员会有关生物制品的交叉问题，包括纳入紧急使用的新冠疫苗、生物仿制药预认证，以及加强监管系统能力建设等方面的工作进展；另一方面主要讨论建立有关细胞和基因治疗产品监管框架的考量、预防或治疗传染病用单克隆抗体及相关产品的非临床和临床评价指南两个文件，针对这两个文件 WHO 已成立了修改或起草小组，已完成修改或起草，并广泛征求了相关行业专家的意见，会议主要围绕所征求意见的合理性、可行性进行讨论，并确定是否可以采纳。此外，还对 WHO 血清抗体参考品的国际单位定义问题进行充分讨论；对新建立的 WHO 国际标准品的研究结果及 ECBS 授权研究的其他国际标准品研究计划进行了讨论。

第三阶段是闭门会议，2023 年 3 月 24 日召开，仅由 ECBS 专家委员会委员和 WHO ECBS 秘书处专家参加。中检院王军志院士作为专家委员会委员参加了闭门会议。闭门会议主要是就采纳 WHO 指南和建立国际标准品的建议进行表决。此外，ECBS 还就生物制品标准化方面的一些关键问题向 WHO 提供了咨询意见和建议。

王浩参加电气和电子工程师学会（IEEE）人工智能医疗器械标准起草工作会议

应电气和电子工程师学会（IEEE）标准协会邀请，王浩研究员于 2023 年 5 月 8 日、2023 年 6 月 2 日参加 IEEE 人工智能医疗器械标准起草工作会议。会议以网络视频的形式召开，旨在推进 IEEE P3191 标准项目的起草工作。该标准项目的英文全称为 Recommended Practice for Performance Monitoring of Machine Learning – enabled Medical Device in Clinical Use，中文名称为机器学习医疗器械临床性能监测推荐标准，由中检院牵头起草，由王浩研究员担任工作组召集人。经讨论，工作组围绕标准的范围、提纲初步形成共识，拟按照数据质量、算法性能、监管要求、伦理要求、临床统计等专业方向成立研究小组，进一步凝练技术要求，后续将分头编写标准草案的具体内容。

聂黎行参加国际标准化组织标准物质技术委员会（ISO/TC 334）第 4 次全体会议

2023 年 6 月 6 日、7 日、9 日 18：00—21：00，国际标准化组织标准样品技术委员会（ISO/TC 334）秘书处组织召开线上全体会议。来自美国、加拿大、英国、南非、中国等国家和国际实验室认可合作组织（ILAC）、国际纯粹与应用化学联合会（IUPAC）等机构的 70 余名代表出席了会议。应 ISO 邀请，聂黎行作为 ISO/TC 334 委员会委员参加了此次会议。会上介绍了上次全体会议以来 TC 334 的工作情况，讨论了 TC 334 的战略规划。

参会代表围绕 ISO/TC 334 标准文件制定过程中的技术内容和争议问题等展开了热烈的讨论。此次会议还讨论确定了 ISO/TC 334 与其他 ISO 委员会和国际组织的联络人，讨论并审议通过了各指南文件转化成 ISO 标准的工作进度及后续计划、2024 年会议召开时间及方式等事项，形成 23 项会议决议。

张庆生参加亚硝胺杂质控制线上研讨会

应美国药典委员会（USP）邀请，经国家药监局批准，中检院化学药品检定所张庆生研究员及相关技术人员等 5 人于 2023 年 7 月 19 日参加了 USP 组织的亚硝胺杂质控制线上研讨会。中检院与来自 USP 总部和 USP 中国的专家围绕亚硝胺杂质的最新进展、监管策略及未来研究方向等展开交流。

研讨会上，USP 科学事务首席科学家 Naiffer E. Romero 介绍了亚硝胺的背景情况，尤其是近两年来，亚硝胺杂质从最初发现的 N-亚硝胺二甲胺扩展到药物成分相关亚硝胺杂质（NDSRI），国外相关指导原则，以及美国药典在亚硝胺杂质控制方面的最新进展等。介绍主要围绕亚硝胺杂质产生因素、相关检测方法建立及风险评估等方面展开。

张庆生研究员系统地介绍了亚硝胺杂质控制的研究思路，我国在亚硝胺杂质发生后采取的监管措施，以及相关检测中可能遇到的难点及解决方案。针对 NDSRI 缺少检测方法及毒性数据等情况，提出了检测方法的建立原则及毒性评估的国内外最新进展。最后，张庆生研究员对亚硝胺杂质的未来监管方法进行阐述，包括亚硝胺风险的来源分析、杂质减少措施、风险评估及限度制订等。

赵爱华参加世界卫生组织（WHO）结核病筛查部分目标产品特征（TPP）最新情况进展网络会

经国家药监局批准，应世界卫生组织（WHO）邀请，2023 年 7 月 26 日，生物制品检定所赵爱华研究员参加了在瑞士日内瓦组织召开关于结核病筛查部分目标产品特征（TPP）最新情况进展网络视频会，以支持对结核病筛查工具和诊断测试 TPP 指南的修订。参加会议的有各国结核病诊断专家、国家参比实验室、临床医生和研究人员、全球创新诊断基金会代表等不同利益相关方。会议由 WHO 全球结核病项目技术官员 Alexei Korobitsyn 主持，Brooke Nichols 博士作了题为"用于目标产品特征开发的建模筛查工具"报告，报告介绍了结核病筛查建模工具的两种计算方法，分别基于一步法——创新筛查测试 + 分子生物学诊断测试，两步法——创新筛查测试 + 胸部 X 光片 + 分子生物学诊断测试。

裴宇盛等 2 人线上参加欧洲药品质量管理局（EDQM）细菌内毒素检查法工作组会议

应欧洲药品质量管理局（EDQM）邀请，经国家药监局批准，2023 年 9 月 20 至 21 日，中检院裴宇盛副研究员作为欧洲药典（EP）细菌内毒素工作组（BET WP）成员，蔡彤主任药师作为专家，线上参加了该工作组的第二十次会议。细菌内毒素工作组的职责是编制及修订《欧洲药典》有关细菌内毒素的一般章节和相关文本的国际统一协调，所有出席成员共同讨论和审查相关文件，提出见解，最终形成《欧洲药典》的内毒素检测标准和文本。

本次会议主要审议了 BET 工作组第 19 次会议报告、宣贯了欧洲药典委员会第 176 次会议相关摘要；讨论了细菌内毒素检查法的国际协调；并审核讨论了来自各国相关部门对新章节 5.1.13 热原、5.1.10 细菌内毒素检查法应用指导原则、2034 药用物质和 2.6.32 重组 C 因子法的修订意见。

项新华等参加世界卫生组织（WHO）西太区伪劣医疗产品网络研讨会

应世界卫生组织（WHO）邀请，经国家药监局批准，中检院质量管理中心项新华副处长、化学药品检定所化药室陈华主任及相关技术人员等5人于2023年9月26日和2023年10月3日参加了WHO西太区伪劣医疗产品网络研讨会。会议旨在提升西太区成员国的检测能力，以应对伪劣药物制剂带来的挑战，特别是受乙二醇（EG）和二甘醇（DEG）污染的糖浆药物。会议就近期发生的劣质（受污染）糖浆药品事件、实验室质量管理体系要点、加标样品方法学验证等进行了交流。

9月26日，来自WHO的Jinho Shin博士对1937年至今所发生的EG/DEG全球口服制剂污染事件以及EG/DEG可能的污染源进行梳理，并介绍了目前WHO针对EG/DEG污染所采取的行动，即预防－检测－反应策略，包括WHO全球监测系统（GSMS）、伪劣药品成员国机制及最近在应对伪劣药物制剂方面的合作、具有EG/DEG检测能力的WPRO国家/地区的国家质量控制实验室（NQCL）等；来自WHO的Herbert Schmidt博士介绍了EG/DEG污染事件的历史，以及EG/DEG的化学性质、代谢途径、毒理学特点，NQCL面临的赋形剂风险，《国际药典》《欧洲药典》及《美国药典》中EG/DEG相关条款及TLC和GC－FID测定EG/DEG的具体检测方法和应用。

10月3日，Hitom Kubota博士回顾了9月26日会议期间辅料中EG/DEG污染的风险，包括甘油（DEG比甘油便宜3倍）、糖类（EG/DEG模仿甜味剂）、丙二醇（使用较差的原料生产时可能存在EG/DEG）、乙氧基化赋形剂（可能残留EG/DEG），以及NQCL应对措施，包括应用不同检测方法能够实现有限的资源配置，初级实验室可以首先应用TLC法，先进些可以应用GC－FID进行测定，同时可以考虑应用GC－MS以增加复杂样品中测定的准确性，应用上述方法在终产品及原料药中进行持续监管；Vimal Sachdeva博士介绍了在国家监管体系（NRA）指导原则中应包含的要点（包括质量手册、质量方针、质量目标），解决EG/DEG污染的操作规程（SOPs）及如何展开区域合作；Herbert Schmidt博士以EG/DEG的检测为例，逐条介绍了实验室质量管理体系（QMS）中的关键要素，即WHO良好实验室操作规范（GPPQCL），包括质量管理体系、标准物质和标准物料、设备、仪器和其他装置、仪器设备校准和性能验证、分析方法验证、检测结果评估等，结合EG/DEG检测，如何在NQCL具体实施，以保证EG/DEG检测结果的准确性。

医疗器械检定所、医疗器械标准管理研究所与德国电工委员会进行线上交流

2023年10月27日，应德国电工委员会（DKE）邀请，经国家药监局批准，中检院医疗器械检定所、医疗器械标准管理研究所相关领导与专家等5人围绕人工智能医疗器械国际标准合作议题，与DKE代表团进行了线上交流。德方参会人员包括DKE主席Wolfgang Leetz、国际电工委员会医用电器设备标委会（IEC TC62）秘书长Regina Geierhofer等7位国际标准化专家。中方参会人员还包括IEC TC62副主席、IEC TC62及SC62B分技委的国内对口单位相关专家。会议由医疗器械检定所人工智能秘书长主持，参加会议的人员共计15人。

医疗器械标准管理研究所负责同志代表中方向DKE专家致欢迎辞，感谢DKE在人工智能医疗器械国际标准化领域的支持。中检院专家向DKE介绍了中检院在人工智能医疗器械行业标准制修订、IEEE标准起草方面的进展，对中方牵头立项的IEC 63524标准进行了概述。DKE代表团介绍了IEC TC62在人工智能医疗器械领域的标准发展规划，对中国在人工智能医疗器械标准化领域取得的成绩予以高度肯定，对双方的具体合作方向和后续沟通机制提出了建议。

医疗器械检定所主要负责人对本次会议进行了总结发言，对中德双方的合作模式表示赞赏，鼓励双方团队协作推进IEC人工智能医疗器械标准起草任务，在医用机器人、数字疗法等创新领

域增进交流，扩大共识，培育更多的国际标准提案，更好地支撑医疗器械监管，促进产业高质量发展。

郭世富等在线参加 PMDA – ATC 医疗器械研讨会

2023 年 11 月 14 日至 16 日，应日本药品医疗器械综合机构监管事务亚洲培训中心（Asia Training Center for Pharmaceuticals and Medical Devices Regulatory Affairs，PMDA – ATC）邀请，经国家药监局批准，中检院医疗器械标准管理研究所标准三室副主任郭世富博士、祝婕敏博士、干江华技师和医疗器械检定所王涵助理研究员线上参加 PMDA – ATC 医疗器械研讨会。来自中国、印度、南非共和国、马来西亚、苏丹、古巴、印度尼西亚、斯里兰卡、泰国等 19 个国家药械监管机构和国际医疗器械监管机构论坛（IMDRF）等国际组织的 30 余位代表参加了此次网络会议。

会议主办方提供线上医疗器械监管相关课程，内容包括医疗器械及体外诊断试剂相关法规、医疗器械审查、体外诊断试剂审查、医疗器械国际合作、生物安全性评价、质量管理体系检查、医疗器械临床试验、医疗器械上市后安全监督等。会上，参会专家对有关医疗器械法规的国际协调、医疗器械审查要求、质量管理体系检查要求、医疗器械上市后安全监督等内容进行研讨。小组讨论中参会专家针对具体案例，分析医疗器械不良事件监测的具体分析流程和操作实践。讨论了国际医疗器械不良反应报告术语集及其检索方式。会议介绍并进一步探讨了医疗器械上市后不良反应报告等安全措施的工作流程与报告规范（GHTF N43、GHTF N54、GHTF N57）。郭世富副主任就以免疫组化类产品为例的体外诊断试剂等产品分类监管方式，与 PMDA 医疗器械办公室主审专家 Yokoyama Yoshimasa 博士进行了深入讨论。日方代表介绍了日本基于风险程度的体外诊断试剂分类规则。

张庆生等 8 人在线参加中丹放射性药品 实验室质量控制研讨会

2023 年 11 月 14 日，按照中丹卫生战略领域合作项目子项目 SP1 工作计划，应丹麦药品管理局邀请，经国家药监局批准，中检院化学药品检定所张庆生所长、抗肿瘤和放射性药品室黄海伟副主任等 8 人参加了中丹放射性药品实验室质量控制研讨会，会议以线上视频方式召开。丹方出席会议的有丹麦驻中国大使馆卫生部门参赞 Nanna 女士、丹麦药品管理局质控实验室主任 Lone 女士、特别顾问 Helle 女士和 Inge 女士。会议由 Nanna 女士主持。

本次会议的主题是讨论中国和丹麦放射性药品官方实验室质量控制方面的最新进展和最佳实践，并分享自 2022 年度会议后双方实验室的现状和变化。首先，张庆生所长和 Lone 女士分别代表中丹双方互致欢迎辞。张庆生所长向丹方代表致以亲切的问候，介绍了近年来中国放射性药品的发展，并回顾了自 2018 年交流合作以来双方代表通过人员互访、实验室比对、视频研讨会等形式建立了良好的放射性药品合作交流平台。由于放射性药品的特殊性和多部门监管要求，放射性药品的国际合作相对于普通药品有更大难度，希望双方继续深入交流合作，并预祝研讨会圆满成功。

双方代表从放射性药品检测方法、仪器设备、能力验证及药典标准制修订等方面进行了专题报告，并就新型放射性核素的测量、放射性药品生物分布环境设施、《欧洲药典》薄膜过滤法等问题进行了深入讨论。双方一致认为，中检院和丹麦药品管理局质控实验室分别作为中国和欧盟放射性药品检验官方实验室，通过交流互鉴放射性药品实验室最佳实践经验，对双方实验室建设均有很好的指导作用，后续双方可在药典检验方法开发、实验室比对、对照品的协作标定等方面加强交流及线下合作。

中检院召开 IEC PT63524 标准项目组启动线上会议

2023 年 10 月 31 日，国际电工委员会（IEC）PT63524 标准项目组启动会议（The kick - off meeting of IEC PT63524）在线上召开。IEC PT63524 项目组由来自中国、德国、英国、沙特、美国、瑞士、意大利和日本等 8 个国家的 12 名专家组成，负责起草第一版 IEC 63524 标准。该标准的英文全称为 Artificial Intelligence enabled Medical Devices—Computer assisted analysis software for pulmonary images - Algorithm performance test methods，中文全称为人工智能医疗器械——肺部影像辅助分析软件—算法性能测试方法，是 IEC 立项的首个面向具体人工智能医疗器械产品测试的国际标准。该标准立项提案的技术内容属于对我国医疗器械行业标准 YY/T 1858—2022 的修改转化。会议由中检院医疗器械检定所人工智能医疗器械秘书长、项目组召集人王浩主持。项目组召集人介绍了 IEC 63524 标准的背景、范围、立项历程、提案内容和工作计划，对本标准在 IEC 人工智能医疗器械标准体系中的定位进行了说明，对立项阶段收到的各国反馈意见进行了回顾。项目组讨论了起草阶段的关键时间节点，确定了后续的线上会议计划，一致同意分工梳理各国监管法规要求和行业技术前沿，加强与 IEC 相关标准项目组的协调沟通，加速推进本标准起草任务。

中检院与日本医药品医疗器械综合机构（PMDA）开展化妆品安全评价线上交流

中检院与日本医药品医疗器械综合机构（PMDA）于 2023 年 11 月 29 日开展线上交流，中检院副院长路勇和 PMDA 国际合作室室长佐藤淳子出席会议并致辞，中检院化妆品安全技术评价中心、国合处相关工作人员参会，国家药监局化妆品司相关同志线上参会。交流会上，中日双方技术审评专家围绕中国化妆品监管及技术支撑、日本医药部外品管理及审评审批、日本功效产品技术要求及审评要点等主题进行分享与交流。双方就祛斑美白、防脱发等功效产品安全性和功效性的评价方法和监管思路进行深入交流。

通过本次线上交流，为我国化妆品及新原料的技术审评、专家咨询及与企业沟通交流等方面提供了宝贵经验，具有重要的借鉴意义，也为中检院化妆品技术评审工作改革和创新带来新的启发，更为促进双方未来持续开展交流、进一步加强技术合作和人员培训奠定了基础，有助于促进我国化妆品质量安全监管效能的提高和行业的高质量发展。

国际合作

王青等 2 人赴英国执行标准物质研制技术合作项目任务

2023 年 10 月 23 日至 27 日，应英国利兹大学的邀请，经国家药监局批准，中检院标物中心王青副主任、吴先富研究员二人赴英国利兹大学执行标准物质研制技术合作项目任务。访问利兹大学期间，代表团与利兹大学科研人员进行了座谈交流。座谈会上，基于标准物质研制的国际准则 ISO 17034，中方介绍了药品标准物质研制的一般流程，并重点介绍了标准物质均匀性评估、稳定性评估和定值等关键环节遇到的疑难问题。利兹大学分析和统计科学家对这些问题进行讨论，并提出许多有益的、专业的建议。同时，双方就现代分析新技术、核磁共振波谱技术等在药品及其标准物质中的应用进行专题研讨，利兹大学的研究人员介绍了这些分析技术的特点、优势和应用实例。随后，利兹大学化学合成专家介绍了目前化学合成的新技术、新趋势以及药物杂质分离制备技术。最后，双方探讨了在核磁共振应用、化学对照品原料合成、人员交流和研究生合作培养等方面的可行性。按照行程安排，代表团还参访了利兹大学理化分析实验室。利兹大学实验室负责人详细介绍了实验室整体布局、各实验室功能、特色优势专业等内容。访问过程中，双方还就理化分析检测实验室的管理模式、工作机制、质量控制、安全保障等方面展开广泛、深入的交流和讨论。

崔生辉、张伟清赴日本执行化妆品标准及风险监测合作交流

2023 年 12 月 11 日至 15 日，应日本藤田医科大学及日本化妆品工业联合会的邀请，经国家药监局批准，中检院崔生辉、张伟清等 2 人赴日本藤田医科大学、日本化妆品工业联合会执行化妆品标准及风险监测合作交流任务。

在日本藤田医科大学访问期间，代表团与相关科研人员围绕化妆品引起的皮肤不良反应及过敏反应等方面的技术问题进行深入的交流，探讨未来双方就上述领域在技术和人才培养等方面可能的交流与合作，进一步提升中检院化妆品科学研究的技术水平。随后，代表团参加了由日本化妆品工业联合会举办的技术交流活动。日本厚生劳动省作为日本化妆品的监管机构，主要负责日本化妆品相关法规的制订和修订工作；对医药部外品的注册许可；生产和进口企业的许可；新原料审批；产品标签及上市后监管。此次日本厚生劳动省也派员参加了由日本化妆品工业联合会（JCIA）举办的技术交流活动。与会期间，代表团与厚生劳动省及日本化妆品工业联合会与会人员就双方共同感兴趣的话题进行了座谈交流。技术交流会上，中方介绍了中检院化妆品检定所相关工作，并重点介绍了我国化妆品相关标准制修订、化妆品安全风险监测、化妆品用标准物质研制等方面的内容。日本厚生劳动省就日本化妆品监管的相关政策，法律法规及侧重点进行了介绍，日本化妆品工业联合会就协会的职责，在政府、企业之间协调沟通作用进行介绍，并就中国

在化妆品相关指南制定流程及思路、化妆品中防腐及使用、化妆品中风险物质控制等方面进行提问，代表团对以上问题进行解答。中日双方还就两国在化妆品上市前后安全性保障，不良反应发生后的处置与管理等方面进行了深入的交流和探讨。最后，双方探讨了在化妆品相关领域的人员交流和技术研讨交流会等方面合作的可行性。

徐苗、叶强赴英国开展生物制品标准化研究方面的合作交流

2023 年 12 月 17 日至 20 日，应英国药品及健康产品管理局邀请，经国家药监局批准，中检院技术监督中心主任徐苗研究员和生物制品检定所叶强研究员赴英国药品及健康产品管理局（MHRA）开展生物制品标准化研究方面的合作交流。

在此次为期两天的交流活动中，双方开展详细、务实的技术交流和分享。徐苗研究员和英方科技创新总监 Marc Bailey 分别介绍了近几年各自机构变化及近年生物制品标准化工作新进展。中方介绍了中检院和生物制品检定所的组织机构及职责；分享了中检院通过假病毒技术平台、转基因动物等生物制品质量评价新技术、新方法研究，有力支持新冠疫情防控；分享了中国生物制品标准物质研制概况，特别介绍了中检院在新冠标准物质领域研究进展；中检院密切关注 WHO 相关指导原则的更新，积极研制新冠中和抗体标准物质研制，目前已相继成功研制第一代、第二代新冠中和抗体国家标准物质以及针对 XBB 突变株的中和抗体国家标准物质；分享中检院开发的报告基因平台、细胞治疗产品的质量评价技术研究等最新进展。上述标准化工作进展引起英方同行的关注和极大兴趣。此外，我方介绍了中检院在疫苗 NRA 评估、疫苗 PQ 合约实验室方面的工作推动，特别提到中检院成功申请药品监管科学全国重点实验室，将进一步加强监管科学研究，期待和英方加强生物制品评价标准化方面的

合作，共同为创新性生物制品的研发和评价提供技术支撑。

双方共同回顾了自2005年签署合作备忘录以来的合作进展，随后，徐苗和叶强研究员与英方病毒性疫苗、细菌性疫苗、生物治疗、传染病诊断、国际标准物质研发等领域的实验室主任和专家就新冠疫情防控、创新性生物制品研发和质量评价、标准物质研究等领域开展丰富的技术交流和讨论；特别关注双方正在进行的生物制品标准化合作研究进展情况，并讨论未来双方在生物制品领域的潜在合作机会。

访问期间，英方标准品研发实验室和生产供应部主任做了专题报告，介绍了生物制品国际标准品的研发、制备、供应等全流程，并安排中方代表按国际标准物质的实际生产防护要求、进入其生产核心区，零距离参观国际领先的两条生物制品标准物质无菌/生物安全防护生产线，包括其国际标准品仓储、对外供应系统。

李波院长会见盖茨基金会官员

2023年3月31日上午，李波院长会见了到访的盖茨基金会北京办高级项目官员桓世彤先生。国家药监局中国食品药品国际交流中心王翔宇副主任一行陪同来访。与会双方就加强中非合作，提升非洲实验室能力建设进行了充分交流探讨。

李波院长对盖茨基金会官员到访表示欢迎，回顾了中检院与盖茨基金会多年合作的成果，对取得的务实成效给予了高度肯定，相信这些合作成果和经验为未来的进一步合作奠定良好的基础。李波院长表示中检院与盖茨基金会有着共同的目标和愿景，希望通过开展国际交流与合作，向非洲国家分享我国药品检验技术和质量管理经验，很高兴能够与盖茨基金会共商中非合作实验室能力建设，希望盖茨基金会成为我们对非合作的桥梁和重要合作伙伴，共同从非洲当前需求入手，以实际问题为导向，切实帮助非洲国家解决

困难，同时着眼长远，与非洲国家建立互信，不断拓展深化中非合作，持续提升非洲实验室能力建设，保障非洲人民用药安全。王翔宇副主任表示世界卫生组织、盖茨基金会对中检院强大的批签发和药品检验检测能力有着非常高的认可和期待。世界卫生组织和盖茨基金会都有意愿帮助非洲建立药品监管体系，其中实验室板块是我国希望重点提供帮助的优势领域。盖茨基金会愿意支持我们开展中非实验室能力建设，希望通过本次交流，明确合作意愿。桓世彤先生代表盖茨基金会感谢中检院帮助非洲开展药品实验室能力建设的积极意愿，中国药品监管已和国际先进接轨，拥有强大的药品检验实验室网络，中检院是中非药品监管实验室板块合作的最佳人选，盖茨基金会希望未来与中检院共同努力，构建可持续发展的对非合作项目。随后，与会双方围绕在非洲落地实验室能力建设，包括帮助非洲建设检验实验室、提升非洲本地疫苗批次测试和放行能力、加强打击假冒伪劣药品能力、派出中国实验室专家去非洲做当地能力建设、接纳非洲学员到中国接受培训，以及其他中非实验室合作领域中国比较优势等方面进行了充分的交流和探讨，达成了初步合作意向，并明确了下一阶段的工作方向。张辉副院长，生物制品检定所、化学药品检定所、质量管理中心和国际合作处有关负责同志陪同参加了会见。

张辉副院长会见全球疫苗
免疫联盟官员一行

2023年4月3日下午，张辉副院长会见了到访的全球疫苗免疫联盟（GAVI）战略创新与新投资者中心主任张丽女士一行。国家药监局科技和国际合作司（以下简称"国家药监局科技国合司"）副司长刘景起，人力资源和社会保障部国际合作司国际职员和国际条约处处长王冠男等一行陪同来访。张辉副院长对张丽女士一行到访表示欢迎，他表示，中检院对同国际组织的合作始终

持开放态度，愿意通过务实合作为推动构建人类命运共同体贡献中国力量，并希望通过与 GAVI 人员交流的工作机制为契机，未来得到 GAVI 的更多业务指导，进一步提升中检院国际化视野，促进检验事业的发展。交流过程中，刘景起副司长回顾了国家药监局与 GAVI 的过往合作，高度评价了 GAVI 在加强中国新冠疫苗对外出口，提升中国疫苗的国际威望和信任度方面的贡献。王冠男处长介绍了人社部向国际组织选派人才的人力资源项目情况，并表示将进一步支持疫苗领域人才赴国际组织借调。随后，生物制品检定所徐苗所长介绍了生检所组织架构、疫苗批签发和开展国际合作的有关情况。张丽女士就国家药监局、人社部和中检院对 GAVI 的支持表达了感谢，高度肯定了聂建辉同志借调期间的工作成绩，并介绍了 GAVI 战略创新与新投资者中心的工作职责，以及使用捐助者融资支持全球疫苗采购或捐助相关情况。双方就进一步完善合作机制、建立常态化合作，以及共同关注的疫苗安全和质量监管、中国疫苗参加世界卫生组织预认证、如何推进中国疫苗更好地进入国际采购市场等议题进行了深入交流。会后，张丽女士一行参观了生物制品检定所疫苗检定实验室。生物制品检定所、国际合作处有关负责同志陪同参加了会见。

李波院长会见俄罗斯联邦政府
预算机构科学中心官员

2023 年 4 月 19 日下午，李波院长会见了到访的俄罗斯联邦政府预算机构科学中心主任 Valentina Kosenko 女士等一行 5 人。清华大学俄罗斯研究院秘书长刘伟女士一行陪同来访。双方就在药品监管领域的合作后续可能的技术交流领域与方式进行了交流探讨。李波院长对俄罗斯联邦政府预算机构科学中心主任一行到访表示欢迎，同时表示双方组织结构和职能基本一致，在化学药品和生物制品的质量评价研究方面有着广泛的合作基础与发展前景，通过开展国际交流与合作，可以建立互信，不断拓展深化中俄合作，持续提升双方实验室能力建设，保障各自国家人民用药安全。Valentina Kosenko 女士代表俄罗斯联邦政府预算机构科学中心感谢中检院的邀请，通过参观交流俄方对中检院的人员设施留下了深刻的印象，中检院在化学药品和生物制品的质量评价研究方面拥有出色的检验能力，开展了广泛的科学研究，希望未来与中检院共同努力，构建可持续发展的中俄合作项目。随后，与会双方围绕在标准物质研制、实验室能力建设、人员培训等方面进行了充分的交流和探讨，达成了初步合作意向，并明确了下一阶段的工作方向。会后，俄方先后参观了中检院标物中心、化学药品检定所、生物制品检定所和 P3 实验室等多处实验设施。生物制品检定所、化学药品检定所和国际合作处有关负责同志陪同参加了会见。

李波院长会见世界卫生组织（WHO）监管
和预认证司司长罗热里奥·加斯帕尔一行

2023 年 6 月 7 日下午，李波院长会见了到访的 WHO 监管和预认证司司长罗热里奥·加斯帕尔一行。国家药监局科技国合司副司长刘景起等陪同来访。李波院长对加斯帕尔司长一行新老朋友来访表示欢迎，对 WHO 专家、国家药监局科技国合司的长期支持和帮助表达了感谢，并介绍了中检院的主要职能，回顾了与 WHO 长期以来的良好合作关系。李波院长表示中检院既是 WHO 坚实的合作伙伴，也是合作的获益者，中检院的发展和进步离不开 WHO 的支持与帮助，愿意与 WHO 在国家监管体系（NRA）评估等领域扩大合作。刘景起副司长对 WHO 在我国疫苗监管体系评估中的指导、支持和关心表示了感谢，全面回顾了国家药监局与 WHO 在疫苗监管、产品预认证、供应链安全、药物警戒等方面开展的合作，高度肯定了中检院在与 WHO 合作取得的成果。随后，生物制品检定所、化学药品检定所和质量管理中心相关负责同志分别汇报了中检院疫苗批签发、化学药品检验、实验室预认证和实验室管理体系相关情况。

加斯帕尔司长对我国疫苗监管体系评估的成绩及在国际监管合作方面所做出持续努力和支持表示了赞赏，他指出中国的发展离不开世界，世界的发展也需要中国力量，并高度评价了中国在全球抗击疫情过程中对全球医疗产品可及性做出的贡献。他指出全球基准评价工具（GBP）既是能力建设的工具，也将帮助各国建立良好的监管体系，并强调了成熟的药品、疫苗和医疗器械监管体系对推进医疗产品可及性、构建全球卫生安全体系和应对未来类似疾病大流行的重要意义。WHO 下一步工作将继续推进中国疫苗监管领域加入 WHO 列名当局（WLA），并寻求扩大监管范围到化学药品领域。交流过程中，双方还就疫苗和化学药品实验室预认证、实验室质量管理体系建设、标准物质研究制备和分发、本地化生产，以及为中低收入国家建立药品监管体系提供人员和技术支持等议题交换了意见。会后，加斯帕尔司长一行参观了呼吸道病毒疫苗室、细菌多糖与结合疫苗室、化学药品室和药理室。张辉副院长、国际合作处、生物制品检定所、化学药品检定所、质量管理中心有关负责同志陪同参加了会见。

张辉副院长会见盖茨基金会北京代表处首席代表和非洲药品管理局特使一行

2023 年 6 月 30 日下午，张辉副院长会见了到访的盖茨基金会北京代表处首席代表郑志杰先生和非洲药品管理局（AMA）特使米歇尔·西迪贝先生一行。张辉副院长表示中检院与盖茨基金会有着长期良好合作关系，在对非合作方面目标一致，中非双方在药品监管领域存在良好的合作基础和广泛空间，中检院愿意以非洲药品质量论坛（AMQF）为平台和契机，共同努力，积极支持非洲药品检验实验室建设，与非洲同行在药品

检验领域开展交流与合作，提供技术支持。随后，质量管理中心、生物制品检定所、中药民族药检定所相关负责同志就中检院质量管理体系、疫苗批签发、传统药质量控制相关情况进行了介绍。郑志杰先生表示随着对中检院的深入了解，对中非药品监管领域的合作充满信心，希望与中检院共同谋划对非合作项目，切实推进非洲实验室能力建设。非洲药品管理局特使米歇尔·西迪贝先生和非洲药品质量论坛主席博纳文特·奇林德先生对中检院的发展历程、取得的成就及中国强大的实验室质量管理体系表示赞叹，希望能够学习中检院先进的药品检验技术，并借鉴中国经验在非洲建立起协调统一的实验室质量管理体系。会谈中，与会各方就提升非洲实验室能力建设和管理、药品检验技术人员培训、疫苗批签发和药品检验技术交流、标准物质、传统药发展、非洲药品本土化生产等进行了坦诚、深入和建设性的交流。会后，来宾参观了生物制品检定所艾滋室。

国家药监局科技国合司刘袁处长，以及中检院中药民族药检定所、生物制品检定所、质量管理中心和国际合作处有关负责同志陪同参加了会见。

路勇副院长会见欧洲化妆品协会及中国欧盟商会代表一行

2023 年 7 月 13 日下午，路勇副院长会见了到访的欧洲化妆品协会法规事务及国际事务总监 Gerald Renner 及中国欧盟商会代表一行。

路勇副院长表达了对 Gerald Renner 一行到访的欢迎，回顾了中检院与欧洲化妆品协会、中国欧盟商会的友好合作历史，并指出对未来双方进一步加强交流合作的展望。

Gerald Renner 先生对我国近年来化妆品安全评估技术发展及双方友好合作表示赞同，简要介绍了欧盟近期化妆品法规重要变化及相关技术进展，并表示希望进一步加强中欧技术交流，延续

自 2015 年正式开启的中欧化妆品安全评估合作。

会谈中，双方还就未来中欧化妆品技术交流合作、化妆品安全评估培训等有关事宜进行了充分沟通。

化妆品评价中心、国际合作处有关负责同志陪同参加了会见。

路勇副院长会见韩国化妆品协会及韩国驻华大使馆代表一行

2023 年 7 月 20 日上午，路勇副院长会见了到访的韩国驻华大使馆食药参赞李度基及韩国化妆品协会代表一行。

路勇副院长表达了对食药参赞李度基一行到访的欢迎，回顾了中检院与韩国驻华大使馆、韩国化妆品协会的友好合作历程，并指出对未来双方进一步加强技术交流合作的展望。

李度基先生对我国近年来化妆品安全评估技术发展以及双方友好合作表示赞同，简要介绍了韩国化妆品协会对明年我国将施行完整版安全评估报告的关注，并表示希望进一步加强中韩技术交流。会谈中，双方就未来中韩化妆品技术交流合作、完整版化妆品安全评估报告面临的相关问题等有关事宜进行了充分沟通。

化妆品评价中心、化妆品检定所、国际合作处有关负责同志陪同参加了会见。

李波院长会见香港特别行政区政府卫生署林文健署长一行

2023 年 9 月 3 日上午，李波院长会见了来访的香港特别行政区政府卫生署林文健署长一行。李波院长对林文健署长一行来访表示了欢迎，回顾了近年来中检院与香港特别行政区政府卫生署在中药标本馆、香港中药材标准研究领域交流合作的丰硕成果，并表示将全力支持香港建立中药标本馆及相关设施，积极落实赠送标本的有关事宜。

林文健署长表示，中医药是香港医疗体系的重要部分，目前香港正在筹建特区政府中药检测中心，推进中药标本馆及其数字化建设，感谢国家药监局和中检院对香港中医药发展的大力支持，并希望未来继续加强上述领域的交流合作。此外，双方还就彼此关切事项交换了意见，同意在现有合作的良好基础上，进一步探索在医疗器械、疫苗和药品等领域合作机制，不断提升检验检测能力，共同助力内地和香港医药产业的创新发展。会后，林文健署长一行参观了中药标本馆。

安抚东院长会见俄罗斯卫生部联邦政府预算机构科学中心专家一行

2023 年 12 月 13 日，安抚东院长会见了俄罗斯卫生部联邦政府预算机构科学中心 Vadim Merkulov 博士一行 5 人。安抚东院长表达了对俄方一行到访的欢迎，回顾了中检院与俄方的友好合作历程，并指出中检院与俄方在多个领域都有着广泛的合作空间，未来双方应继续加强交流与合作，共同推动各领域的互利共赢。双方就生物医药产品质量研究领域的发展历史、监管职能和组织架构等议题进行了深入探讨，并表达了在生物制品质控领域开展合作的意愿。会后，俄方专家参观了生检所虫媒病毒疫苗室、呼吸道病毒疫苗室和细胞资源保藏中心，就生物制品的检测技术、质量控制标准、实验室管理等方面进行了交流，并探讨了未来可能的合作方向。

张辉副院长、生物制品检定所、国际合作处有关负责同志陪同参加了会见。

第十部分　信息化建设

信息系统建设与维护

国抽系统整合项目

对现有四大类 10 个应用系统进行全面梳理和重新规划，采用最新技术手段重新开发建设一个基于统一数据标准、统一技术架构、统一用户认证的国家抽检系统，实现全流程业务电子化办理，并实现数据自动上报至国家药监局信用档案资源目录。

完善化妆品智慧申报审评系统

将化妆品审评相关技术文件进行了电子化、格式化处理，在此基础上建立了 29 个化妆品专业基础数据表、6 个知识库；开发了 30 余个辅助受理、审评功能，显著提升了受理、审评效率；优化、完善了特殊化妆品注册、新原料注册、新原料备案共 15 个核心业务流程和 80 余个功能，保障了业务的平稳、高质开展；实现了与电子档案系统的对接，完成 46 个特殊化妆品产品的电子归档，为实现化妆品审评全程电子化奠定了技术基础。

保障生物制品批签发系统业务平稳运行

配合生物制品检定所完成了 18 家机构、15 个疫苗品种的下放，保障了全国生物制品批签发疫苗下放工作平稳、有序开展；优化了预约送检、发补材料等 8 个功能模块相关功能、流程，推动了对批签发工作的提质增效，全院 2023 年累计签发 4700 余批检品，全国完成 14000 余批次电子证明文件的制发；启动了全国生物制品批签发管理平台建设工作，到两家检验机构（上海、浙江）实地调研，召开了由十家授权批签发机构参加的需求调研会议。

全面加强网络安全保障能力

结合《药品监管数据分类分级管理规则》，开展核心业务系统（化妆品智慧申报审评系统）数据安全风险评估工作；完善了核心数据备份方式，延长备份数据保留时间至一年以上，在本地备份的基础上增加异地机房备份，备份数据范围扩大至应用程序、应用日志、非结构化文件等；增加了业务系统数据库配置访问白名单，限制可连接的服务器范围，对数据库用户进行权责分离。

完善了《信息安全管理手册》内容，制定了全年网络安全计划，以多种形式开展了网络安全培训工作；结合网络安全攻防模拟演练和国家药监局护网行动，有针对性地解决"两高一低"安全问题，提高了网络安全意识和数据防护标准；完成本年度相关设备和续保采购工作，延长了现有网络安全设备的使用寿命；开展了新上线业务系统安全评估工作，共产生 24 份评估报告，处理了百余项不同风险程度的漏洞和问题，完成了对核心业务系统和办公系统的年度等级保护测评。

智慧监管平台建设

化妆品审评智慧监管

化妆品智慧申报审评系统一期和二期建设工作实现了特殊化妆品注册、化妆品新原料注册及备案工作的全方位、全过程的线上办公。实现了从申报、受理、审评、审批、制证、归档的全程电子化，是国家药监局第一个实现全程电子化的审评类业务系统，在提高资料流转效率的同时，节约了大量的社会资源。开发了部分智慧受理与审评功能，较大地提升了审评的效率与质量，为化妆品审评工作零积压发挥了巨大助力。

生物制品批签发智慧监管

开发了生物制品批签发管理系统电子制证模块，在全国 18 个已授权的批签发机构进行了安装部署，已制发 14000 余批次批签发电子证明文件。通过该模块功能的开发及应用极大提高了全国批签发制证工作的效率，同时电子证明文件的即时送达帮助批签发企业能够第一时间地开展后续的销售。

进口药品相关工作

进口药品检验报告书共享平台对接全部 28 家口岸所与海关（通过国家药监局），实现了药品和药材进口检验相关数据及文件跨部门、跨层级、跨地域自动流转，已累计汇集进口药检验数据 504962 批次、检验报告 24679 份。

图书档案管理

档案归档和纸质档案数字化工作

开展档案的整理归档和数字化扫描工作，为全院 32 个部门、科室整理装订档案近 22940 册，扫描档案 310 万页。对第三方服务团队进行档案管理制度和工作流程培训，一是为科室做好档案整理服务，确保归档档案完整有序；二是要求工作人员对每批次档案扫描图像进行质量检查，确保档案系统挂接数据完整、安全、可靠。

库存资料和图书资产清点盘查

制订《中国食品药品检定研究院图书文献资源管理办法》，组织全院宣贯培训。对中检院图书类固定资产进行数量和价值的全面清点，对每册图书实体和资产价值进行清点及核对，共盘点图书资产 60339 册，图书类固定资产价值 23810179.45 元。

进口药品档案委托管理工作

今年继续按国家药监局的委托，对进口药品档案进行保管和提供利用服务，截至 2023 年中检院暂管进口药品档案共 70992 卷，存放于中检院院属企业档案托管库房。

图书档案日常管理和服务工作

2023 年接收档案 29209 册 163613 件 2979 本附件，比去年上涨超过 40%。提供档案利用 593 人次 3833 册，比去年上涨近 3 倍。分别组织大兴、天坛两址销毁工作 4 次，销毁文件资料 26100 公斤，完成 1.5 万字大事记组稿。全年借出图书 257 册，还书 218 册，新入库图书 266 册，共有 275148 人/次登录中检院各数据库利用文献，下载和浏览文献 470638 篇，比去年上涨近 20%。

杂志编辑出版工作

保证两刊杂志高质量出版

《中国药事》编辑出版 12 期，刊登 177 篇文章，共 1474 页，约 295 万字。《药物分析杂志》编辑出版 12 期，刊登 252 篇文章，共 2200 页，约 440 万字。《中国药事》所发文章涉及作者共 883 人次，《药物分析杂志》所发文章涉及作者共 1480 人次。

杂志编辑部被评为 2023 年度优秀科室

《药物分析杂志》继续被收录为中国中文核心期刊，入编 2023 年版《中文核心期刊要目总览》；持续被收录为"中国科技核心期刊"（中国科技论文统计源期刊），15 篇文章入选 2023 领跑者 5000（F5000）——中国精品科技期刊顶尖学术论文；继续被收录为中国科学引文数据库（CSCD）来源期刊、《中国学术期刊影响因子年报》统计源期刊；受邀参加中国科协举办的"科技期刊双语传播工程"，推荐的20篇论文全部被选中并在"科创中国—结构化论文双语传播工程"平台推广。

《中国药事》持续被收录为"中国科技核心期刊"（中国科技论文统计源期刊）、《中国学术期刊影响因子年报》统计源期刊。

扩大期刊社会影响力

积极组织策划具有学科前瞻性、科学性、实用性的专栏。《药物分析杂志》已刊登了"生化药品质量分析专栏"，并将在今年刊登"基因治疗制品质量评价技术与方法专栏（一）"和"基因治疗制品质量评价技术与方法专栏（二）"。《中国药事》已刊登了"中成药掺伪打假研究专栏"等5个专栏。

第十一部分　党的工作

党务工作

政治建设

开展习近平新时代中国特色社会主义思想主题教育。制定主题教育实施方案及 40 项主题教育任务清单；组织 67 名处级以上干部参加主题教育读书班；领导班子成员带队开展专题调研，形成 5 篇高质量调研报告；建立 47 项办实事项目，制定 66 项落实措施，全部落实完成；召开专题民主生活会和组织生活会，检视差距不足，开展批评和自我批评；开展主题教育"回头看"，梳理检视问题整改落实情况并强化督促落实，确保问题整改到位。全力做好巡视工作。配合国家药监局党组开展巡视工作，制定配合国家药监局党组巡视工作方案并建立组织体系；组织各部门为巡视组提供调阅材料 6 批次千余份；国家药监局党组巡视反馈会议后，建立巡视整改领导机构。推动实施党委领导下的行政领导人负责制。制定《实施中检院党委领导下的院长负责制工作方案》，研究修订《党委工作规则》《院长办公会议事规则》，制定"三重一大"事项目录，明确议事范围和决策程序。做好职工思想动态工作。收集职工思想动态信息 3 次，共收到职工反映问题 34 条，分解至各责任部门，打通职工诉求通道，解决职工合理诉求。

思想建设

深入学习贯彻党的二十大精神。制定以二十大精神为主要内容的院党委理论学习中心组年度计划；组织 195 名院科室副主任以上干部、在职支部委员参加国家药监局党校组织的党的二十大精神集中轮训，组织 466 名在职党员参加党的二十大精神专题网络培训。强化党员教育培训。全年共组织 517 人次参加国家药监局党校举办的各类专题网络培训，249 人次参加国家药监局党校举办的党的二十大精神集中轮训和延安精神专题研修班。抓好党员个人自学。为全体党员配发《习近平著作选读》《习近平新时代中国特色社会主义思想专题摘编》等理论学习用书，鼓励党员职工积极参加"学与健"活动。

组织建设

增强基层党支部政治功能和组织功能。全年指导 24 个党支部开展支部换届改选工作，4 个党支部开展支委补选、书记任命工作，发展党员 27 名，组织 21 名发展对象参加培训、完成政审，转接组织关系 80 余份，收缴党费共计 54.1 万元。健全党支部自身建设。计财处党支部获评中央和国家机关"四强"党支部，计财处党支部、包材所党支部、生检一支部获评国家市场监督管理总局（以下简称"市场监管总局"）"四强"党支部。推行组织生活"三五工作法"，起草《中检院基层党组织工作规范和档案标准（试行）》，从组织设置、组织生活、党员管理、考核表彰、制度保障等方面规范工作程序，构建了支部工作 68 个工作模板。强化督导检查。通过党建述职评议、支部工作交互检查、半年工作总结汇报等形式，督促基层党支部认真落实"三会一课"、组织生活会、民主评议党员和主题党日等党内政治生活制度，持续提升支部工作质量。

群团统战

做好工会工作。开展文体活动，举办 2022 年度表彰联欢会，组织职工开展春秋游活动，举办

24式太极拳培训班，选送27幅作品参加国家药监局干部职工书画摄影比赛；广泛动员职工积极参加工间操，参加中央和国家机关第二届运动会，举办全院第三届职工运动会；组织开展第二届"我为安全代言，隐患就是事故"主题演讲比赛活动。健全工会组织，补选工会委员，选举工会主席、副主席和女工委主任、经审委主任；走访慰问帮扶共计860余人次，累计发放慰问金、补助43.6万元，发放重要节日职工慰问品406.3万元，为8名职工解决子女入园困难问题。助力乡村振兴，购买脱贫地区农产品236.14万元；组织开展"救助困境母亲行动"公益活动，职工捐款37270元；参与国家药监局"公益捐步助学"活动。

抓好团青工作。推进团委换届选举工作；组织青年理论学习小组成员开展"讲述党史故事"主题活动；组织开展青年理论学习小组学习，开展"院长谈心日"活动；与南水北调集团团委联合开展"五四精神传薪火，砥砺奋斗正青春"主题团日活动；组织生物制品检定所青年参加市场监管总局"奋斗者　正青春"主题拍摄活动。

做好统战工作。制定《中检院协助民主党派发展新成员工作流程》，及时统计更新我院民主党派人员信息，推选生物制品检定所叶强认定为无党派人士、实验动物资源研究所范昌发为大兴区政协委员。

纪律检查

严格政治监督

认真学习贯彻习近平新时代中国特色社会主义思想和党的二十大精神。坚持把主题教育、纪检干部队伍教育整顿与学习贯彻党的二十大精神紧密结合，督促党员干部不断夯实坚定拥护"两个确立"、坚决做到"两个维护"的思想根基，切实用党的创新理论武装头脑、推动工作。做好国家药监局党组巡视整改监督。2023年9月，针对巡视组指出的我院个人重大事项报告、办公用房等问题，出台《中国食品药品检定研究院防范利益冲突事项报告实施办法》，进一步规范个人填报和部门风险评估事项，配套升级信息化系统；开展全院办公用房使用情况检查，聚焦处级领导干部，确保规范使用。常态长效深化落实中央八项规定精神。多次下发《关于违反中央八项规定精神问题的通报》，要求各支部组织学习，扎实开展教育提醒；针对节假日等关键节点下发廉洁自律通知，持续发力纠"四风"树新风。

强化专项监督

强化内控和审计监督。开展内控风险评估，聘请第三方审计公司，对我院2022至2023年度内控工作情况开展评估和评价，对院"210项目"进行竣工决算审核，对院新址东区外墙修缮、实验室维护维保等3个项目进行结算审核，审减金额约12万元，审减率达9%。开展违规购买股票专项治理。在全员申报的基础上，明晰界定业务管辖范围，明确限期整改要求，全院106名干部职工按规定要求如期整改，其中，105名采取"第一种形态"进行批评教育、责令检查及谈话提醒，对1名情节严重的退休职工进行立案调查，收缴违法所得，推动"十条禁令"禁而生威。

依规执纪审查

依规依纪对全年收到的30件信访举报（含巡视移交6件），9件问题线索进行处置核查，严肃查处违规违纪行为，其中函询5件次，初核5件次，立案3件，给予党纪处分3人次，第一种形态处理112人次（含违规购买业务管辖范围内股票人员105人）。做好重点案件查办。按照国家药监局和驻市场监管总局纪检监察组要求，就2022年发生的留样失窃案件，对综合业务处3名处级干部进行问责。

深化廉政教育

深入开展警示教育和经常性纪律教育。全年

编发中检院党风廉政教育资料 3 期，组织召开专题警示教育会 2 次，通报市场监管总局和国家药监局等警示案例通报 12 期。2023 年 9 月，开展院廉洁教育月活动，以院纪条规为基础自编考题，以考促学，督促干部职工学习身边的规矩。12 月，邀请人社部相关领导解读新出台的《事业单位工作人员处分规定》。紧盯重点人群和"关键少数"，全年组织 11 个业务部门观看警示教育片、部分领导干部参加违法犯罪人员的现场庭审、院领导及处级干部参观大兴团河监狱警示教育基地等活动，为 2020 年以来新入职员工 200 余人上廉洁从业"第一课"，对 8 名新任职领导干部进行任前廉政教育集体谈话，不断落实落细教育警醒。

加强自身建设

谋划全年工作。传达学习二十届中央纪委二次全会和国家药监局党风廉政建设工作会议精神，制定印发《中国食品药品检定研究院 2023 年党的纪律检查工作要点》，细化 20 项重点任务，明确责任部门和完成时限。加强业务培训。组织全院纪委委员、支部纪检委员和纪检干部分两批参加中央和国家机关纪检监察干部监督执纪执法业务培训班，不断提升监督执纪政治素养和业务能力。构建学习型党组织。建立"双周课堂"制度，组织专职纪检干部围绕政治素质、业务能力、检验检测业务定期化开展专题学习，加强队伍能力建设；制定专职纪检干部日常行为"六规范"，明底线、强素质、作表率，提升自我约束和监督。

干部工作

领导干部任免

根据《党政领导干部交流工作规定》《中检院干部岗位交流工作办法（试行）》，结合工作需要，经 2023 年 9 月 5 日第 26 次党委常委会会议研究，任命：

朱炯为医疗器械标准管理研究所所长；

徐苗为技术监督中心主任。

免去以上两位同志原任职务，生物制品检定所由副所长李长贵同志主持工作。

（中检党〔2023〕85 号）

因工作需要，经 2023 年 11 月 16 日第 33 次党委常委会会议研究，任命：

李景云为食品化妆品检定所生物检测室副主任；

程显隆为中药民族药检定所中药材室副主任；

毛群颖为生物制品检定所肝炎和肠道病毒疫苗室副主任；

权娅茹为生物制品检定所呼吸道病毒疫苗室副主任；

于传飞为生物制品检定所单克隆抗体产品室副主任；

柯林楠为医疗器械检定所生物材料室副主任；

曲守方为体外诊断试剂检定所非传染病诊断试剂室副主任；

戎善奎为医疗器械标准管理研究所技术研究室副主任。

以上 8 名同志实行任职试用期一年。

（中检党〔2023〕100 号）

因工作需要，经 2023 年 11 月 24 日第 34 次党委常委会会议研究，任命：

姚尚辰为化学药品检定所综合办公室副主任。

免去该同志原任职务。

（中检党〔2023〕103 号）

根据工作需要，经 2023 年 11 月 13 日第 33 次党委常委会研究，任命：

项新华为检验机构能力评价研究中心（质量管理中心）主任；

刘丹丹为办公室副主任；

巩薇为实验动物资源研究所副所长；

周晓冰为安全评价研究所副所长。

以上 4 名同志实行任职试用期一年。

（中检党〔2023〕108 号）

第十二部分　综合保障

综合业务

加快推进院级重点工作，服务全院中心工作

落实市场监管总局和国家药监局有关要求，进一步规范留样管理，加强样品全周期管理。一是完善样品及留样管理制度，发布关于进一步加强样品全周期管理的指导意见，并开展相关培训，指导规范样品从接收到销毁全周期管理工作。二是开展样品管理制度执行情况监督检查，组织开展样品管理制度执行情况自查，对各业务所的样品和留样管理情况进行专项检查和专项交互检查，针对存在的问题组织整改落实。三是加强留样定期抽查盘点。每季度开展高值留样抽查盘点，每半年开展普通留样抽查盘点，全年累计盘点留样约 3 万批次，实现高值留样盘点全覆盖，普通留样按比例覆盖。四是升级改造留样信息管理系统。全面梳理管理要求，重构管理模式，优化管理流程，实现各环节操作有记录可追溯，信息记录与留样实物同步更新，提升留样管理规范性和时效性。

督办优先审评药品注册检验进度，更好发挥检验技术支撑作用。2023 年院内发布 11 期药品优先审评进展院内通报，并向药审中心同步反馈；各业务所积极响应，完成了 52 个优先审评品种的注册检验。

修订药品注册检验工作规范，提高注册检验的质量与效率。

通过外网发布通知、发征求意见函、座谈会等方式，征集 600 余条意见；通过对意见的梳理和分类，依据药品注册检验的新要求，结合实际工作情况，提出规范的修订建议稿。

开展业务专项和管理协调工作，服务检验和监管

"两品一械"补充检验项目与方法管理。2023 年，中检院持续发挥"两品一械"补充检验方法秘书处统筹协调作用，组织专家协商讨论拟定了"人参及含人参制剂中拟人参皂苷 F11 补充检验方法"和"含金银花制剂中灰毡毛忍冬皂苷乙补充检验方法"的统一标准限度；配合国家药监局舆情处置，及时报送他克莫司补充检验方法，为化妆品安全监管提供技术支持；优化管理流程，建立化妆品补充检验方法与安全技术规范的协调机制。

全年组织审评 63 个药品方法，驳回 13 个，获批 4 个；组织审评 17 个化妆品方法，驳回 4 个，获批 2 个。方法审核工作整体呈现审查多、驳回多、获批少的特点，一方面体现出中检院秘书处尽职尽责、严格把关，另一方面需起草部门加强与监管部门就方法监管必要性、执法适用性等方面的沟通，提高方法审评通过率，避免因各方意见不一致导致工作停滞，方法无法获批。

牵头药品标准管理工作。一是加强药品注册标准统一管理，方便业务部门查阅药品注册标准。中检院于 2018 年上线了"药品标准管理系统"，主要收集药品注册标准（散页标准），工作模式为：将国家药监局受理和投举中心发放的纸质药品注册标准统一扫描入系统，建立索引，供业务部门查阅。2023 年，在库标准 21451 项，主要是 2018 年至今的药品注册标准。随着 2022 年 11 月国家药监局落实国务院"放管服"改革要求，统一发放药品电子注册证，投举中心不再下发纸质药品注册标准，而是统一从国家药监局"药品品种档案系统"中查询。2023 年中检院获

取纸质标准的数量从 2022 年的 4934 份减至 212 份。二是承担国家药典委员会国家药品标准提高课题，发挥中检院在药品标准制修订方面技术优势，掌握药品标准变化动态。2023 年，中检院共承担药品标准提高课题 53 项，较 2022 年增加 26 项，包括中药 8 项、化学药品 16 项、生物制品 22 项、包材辅料 5 项、标准物质 2 项。其中 A 类课题（国家药典委员会直接拨付研究经费）23 项，较 2022 年增加 2 项；B 类课题（我院自筹研究经费）30 项，较 2022 年增加 24 项。

兼职检查员归口管理。落实《我院兼职检查员管理办法》有关要求，做好兼职检查员的统一协调和检查任务统计工作。配合核查中心核实完善我院兼职检查员人员信息 129 人次、组织培训报名 22 人次。积极配合药品医疗器械化妆品审核查验工作，选派兼职检查员参与药品临床试验现场、化妆品生产现场、器械生产现场等核查检查工作。目前中检院拥有检查员资质 197 人，包括药品 146 人，医疗器械 40 人，化妆品 11 人。2023 年累计派遣各类兼职检查员 58 人次，其中国家级兼职检查员 45 人次，专家 13 人次，工作累计时长 214.5 天。随着新冠疫情的政策调整，中检院选派兼职检查员参与核查的人数和总时长呈现快速增长趋势。

组织协调业务往来，发挥业务牵头作用。妥善答复处理地方司法机关和监管部门有关假劣药认定检验咨询、协助国家药监局提出检验报告签发人签章合规性答复口径、协调院内相关部门，与国家药监局做好沟通，妥善处理新的批签发电子印章启用事宜。

优化检验业务管理。实现合同检验、复验/复检、药品注册检验资料二次审核及协检科室线上资料审核，提高受理工作质量与效率；在检验报告首页增加检验开始日期和结束日期，满足 CNAS 复评审整改要求；配合接收精麻药室非精麻类留样，做好 WHO-PQ 复审准备工作；完成天坛院区受理点与大兴院区受理点集中统一办公，统筹人力资源，进一步规范中检院业务受理和留样管理。

做好客户服务。组织召开医药外资企业座谈会，试行预约送检，明确检验报告退回修改要求和流程，为检验申请人进一步做好服务。共收到 1110 条评价意见，申请人对中检院服务态度、服务质量和服务时效的满意度均达 99% 以上。

参与国家药监局政策法规修订工作。牵头配合国家药监局开展药管法实施条例、危害药品犯罪的"两高"司法解释、行政执法与刑事司法衔接办法、假劣药认定指南和药品标准管理办法的制修订工作，积极反馈检验机构的合理化建议。

仪器设备

仪器设备固定资产盘点

5 月初，针对院内各部门使用年限超过 15 年的老旧设备进行资产盘点。10 月，开展了全院 2023 年度仪器设备资产盘点，此次盘点以各部门自盘和全院抽盘相结合。全院 69 个部门进行了全面自盘，并对食品化妆品检定所、中药民族药检定所、化学药品检定所微生物室、生物制品检定所单抗室、医疗器械检定所光机电室等 10 个部门进行了抽盘，做到了账、卡、物相符统一，确保设备国有资产可控不流失。

截至 2023 年底，全院仪器设备固定资产总量已达 21806 台（套），总值共计约 22.71 亿元。

仪器设备信息化建设

本着"高效、方便、快捷、合理"的使用目的，在实用性、功能性和便捷性等方面再次对仪器设备管理系统进行细节优化和提升。在原有功能基础上，共优化采购、维修（护）、计量、处置、供应商评价和移动端等共计 13 个模块，50 余项功能，特别优化了数据查询统计功能，进一步提升用户体验，大力提高仪器设备全过程管理效率。

仪器设备全周期管理

采购仪器设备 1257 台（套）、金额约 2.05 亿元；完成设备验收 1086 台（套）、金额约 2.7 亿元；完成设备计量 4373 台（套）、期间核查 203 台（套），环境类设备性能验证 764 台（套），安全类设备检测 429 台（套）；维修维护设备 8337 台（套）、金额约 0.38 亿元。本年度新增仪器设备固定资产 904 台（套）、金额约 2.11 亿元；报废仪器设备 646 台（套）、金额约 0.32 亿元。

组织开展 2023 年度仪器设备供应商评审，共有 3 家单位通过初评审、13 家原入围单位通过复评审、4 家原入围单位被取消院仪器设备入围供应商资格。

仪器设备制度建设

为进一步规范和完善中检院仪器设备管理工作，落实质量管理和内部控制的要求，建立健全仪器设备管理制度，组织开展规章制度制、修订工作。制定《中检院仪器设备院经费使用管理规定（试行）》《中检院大型仪器设备使用率评价管理指导意见》，修订《中检院固定资产管理办法》《仪器设备采购管理规定》《仪器设备管理员管理规定》《仪器设备评审专家库管理规定》，改版《仪器设备维修维护管理规定》。

人事管理

公开招聘

编内招聘方面，经国家药监局审批招聘共计 25 个岗位，应届毕业生 24 人（京内、京外生源各 11 人），社会在职人员 2 人，高层次技术人员 2 人。共收到报名简历 1251 份，共有 1039 名人员符合要求，442 人参加笔试。经面试、体检及考察等环节，最终录用 24 人，其中，应届毕业生 16 人（9 京内，11 京外），社会在职 2 人，高层次技术人才 2 人。计划完成率达到 92.31%。

技术职务评审

按照《关于组织开展 2022 年度职称评审工作的通知》（药监人函〔2023〕1 号）的有关要求，依据《国家药品监督管理局直属单位专业技术职务任职资格评审办法》（药监综人〔2018〕38 号），配合国家药监局人事司在 2023 年 7 月份完成了 2022 年度国家药监局直属单位专业技术职务任职资格评审工作。2022 年度业绩成果替代论文工作共计认定 4 项，共收到专业技术职务任职资格申报材料 78 份，审核后符合申报要求的 75 份。评审通过 35 人，通过率 46.7%。

表彰奖励

为表彰先进，树立典范，进一步增强责任感、使命感和荣誉感，经党委常委会研究决定：评选安全评价研究所等 10 个部门为"2023 年度先进集体"；评选食品化妆品检定所生物检测室等 20 个科室为"2023 年度优秀科室"。给予何欢等 21 名工作人员记功奖励；给予王迎等 258 名工作人员嘉奖奖励。评选化学药品检定所和质量管理中心等 2 个部门为"WHO - PQ 先进集体"；评选姚尚辰等 26 名工作人员为"WHO - PQ 先进个人"。

研究生管理

2023 年共招收统招硕士研究生 18 名，其中录取统考生 15 人，录取推免生 3 人；挂靠北京协和医学院招收博士研究生 3 名。

2023 年度全国研究生教育评估检测专家库维护更新，共更新 35 名专家信息，其中硕士生导师 28 人，博士生导师 7 人。开展全院研究生导师第二期培训工作，共 127 名导师参加。开展第四批研究生指导教师资格遴选工作，共 41 人获批中检院研究生指导教师资格。开展师德师风建设工作推进暨师德集中学习教育和专项整治"清朗净化"行动。

发布《中国食品药品检定研究院硕士研究生培养方案和培养手册（2023版）》。

中检院课程体系建设，9月22日起中检院研究生选修课程系列开讲，共请三位专家进行讲授，参加上课学生达到370人次，外来进修人员近百人次。

举办2023届硕士研究生学位委员会和毕业典礼暨学位授予仪式。2020级统招硕士研究生18名毕业，并全部授予理学硕士学位。

硕士生54人，博士生6人参评获得研究生奖学金，5名同学获得优秀班干部，12名同学获得先生学生。

2023年底在院联合培养研究生138人，其中基地生72人，非基地生66人；博士生14人，硕士生124人。

中国药科大学基地导师增报26人，非基地联培研究生校外导师增报14人。

与北京工商大学签署研究生人才和培养基地协议书。

与中国药科大学举行研究生联合培养基地交流座谈会。

博士后管理

2023年，在站博士后31人，16位博士后人员进站，6位博士后人员出站。

员工培训

汇总统计员工年度培训情况，2023年共有在岗员工1292人达到全年培训学时要求，完成培训9.64万学时。

采用线上线下形式举办两期入职培训，覆盖综合知识、安全管理、质量管理、行政管理等公共科目和专业科目内容。2023年参加培训262人，并留有完整的培训档案记录。使新入职员工

全面了解中检院的业务工作，促进新员工快速适应工作角色，提升药检人意识。

2023年，中检院职工申请在职学历教育共11人，3人完成在职学历学位教育毕业。

财务管理

财务制度建设

2023年7月正式印发并施行《中检院对外投资管理办法（试行）》（中检财〔2023〕7号）。

中央预算管理一体化系统

首次启用中央预算管理一体化系统支付，编制财务报告、预算执行、预算绩效管理。

开展财政部预算管理一体化资产系统数据导入及完善，在国家机关事务管理局资产系统中成为首家实现历史数据迁移的事业单位，进一步明确新要求下资产管理工作机制。

完成中央专项支出标准体系建设

组织完成中检院剩余60%中央专项，即"质量安全与能力建设""新冠疫苗批签发""化妆品检定与监管体系建设""化妆品风险监测""国家啮齿类实验动物资源库"五个中央专项的支出标准建设工作。

审计相关工作

组织接受国有资产管理专项审计，国家药监局财经纪律专项整治自查、复查，审计署预算执行审计。

预算绩效评价

首次组织开展对中检院2022年整体情况、三个院内专项（设备、修缮、信息化）以及化妆品3个中央专项绩效评价工作。

安全保障

完善制度体系，管理有章可循

建立健全四大安全管理体系（安全管理主体责任体系、日常安全管理体系、安全检查标准体系、安全检查记录追溯体系），组织召开座谈会研讨，将《安全管理工作规则》和《安全检查管理办法》进一步具体化，便于实施，规范安全全流程管理；按照院领导指示，制定安全工作"十个带头"岗位职责，健全完善全员安全工作责任制，要求各级领导认真落实；编订《安全应急预案手册》，规范各部门演练流程。

强化监督检查，督促问题整改

以每日风险隐患排查为基础，推动全院安全治理工作向事前预防转型。根据安全委员会2023年工作部署，结合年度安全检查计划，相继组织开展了春节前、两会前、五一前、暑期集中休年假前、十一前等院领导带队安全检查，全年共计检查180次（院领导带队检查5次，院领导"四不两直"检查68次，安保处督查106次），共计发现安全隐患269次（同比下降44%），下发安全问题告知单28份，整改回馈23份，完成整改257处，整改率达到95.5%（未整改的主要是硬件设施方面）。日常安保人员巡查发现跑冒滴漏8次，大兴院区4次，天坛院区4次，均及时告知有关部门，并督促进行了处置。在全院各部门的共同努力下，全年未发生安全事件，有力保障了我院检验检测工作顺利开展。

加强安全培训，夯实管理基础

为不断提升干部职工的安全防范意识，充分利用宣传栏、宣传屏及微信群发布安全事故案例、安全工作常识、风险提示，通过多种媒介向广大干部职工进行安全宣传教育，使大家进一步增强对风险隐患的识别与防范意识，达到了宣传教育的目的。为有效提升干部职工安全技能，有计划地开展了5次专项培训和1次演讲比赛，累计培训人员2500余人次。包括：反诈骗知识培训、生物安全培训、辐射安全培训、危化品安全培训、消防安全培训、第二届"我为安全代言，隐患就是事故"主题演讲比赛。并协助多个部门完成了安全应急演练，提高了大家的安全防范能力。

认真迎接检查，提升管理水平

2023年相继迎接了国家卫生健康委、北京市应急管理局、国家药监局"四不两直"检查组、大兴区卫生健康委、大兴区治安支队、大兴区消防救援支队、北臧村派出所、医药基地管委会、东城区应急管理局、东城区卫生健康委、东城区治安支队、东城区消防救援支队、天坛派出所等到中检院安全检查共计62次。通过接待执法检查，为大家提供了一个相互学习、相互进步的平台，提高了大家对安全隐患的认知能力，提升了中检院安全管理规范化制度化水平。

强化主动担当，做好安全保障

一是完善设备设施，提升防范等级。根据国家药监局和公安部门要求，完成院区部分重要物资库房加装监控和应急照明工作；完成大兴院区中控室整体环境改造、主干道路加装监控立杆扩大覆盖区域改造；完成危险物品库（放射源库、剧毒化学品库、易制爆危险化学品库等）的年检和安防系统维保工作；完成年度消电检工作，并对发现的不符合项进行维修改造；对日常出现的门禁、监控、应急指示灯等故障及时进行维修更换，为中检院各项工作正常运行做好安全保障。二是落实行业要求，履行安全监管。持续做好各类特殊实验室和工作场所的备案审批工作。完成一二级生物安全实验室备案变更共计152套（其中一级生物安全实验室58套，二级生物安全实验室 94 套）；完成易制爆危险化学品、剧毒化学品库的年检及备案变更工作，保证相应危险化学品的正常供应。根据国家药监局和公安部门检查要求，加大对高致病性病原微生物存储场所的安防投入，加装了红外入侵报警、人脸识别和门禁装置；加强 P3 实验室的监管，协助完成 4 批次高致病性病原微生物转运和菌（毒）种库搬迁工作，协助 P3 实验室延续 1 种并新增 6 种高致病性病原微生物实验活动审批，保障 P3 实验室实验活动的正常开展。按照《北京市实验室危险化学品安全专项治理工作方案》要求，扎实推进危险化学品专项治理工作，中检院危化品安全设施不断提升，配备了气体浓度报警器 177 个、防爆气瓶柜 13 台，购置洗眼装置、防遗撒托盘等，进一步规范危险化学品安全管理。组织辐射工作人员进行个人剂量监测、定期职业健康体检，完成辐射场所检测、辐射职业健康备案等工作，有效保障辐射从业人员的健康。三是关注重要节点，保障院区安全。在春节、两会、十一等重要活动节点发布安全管理工作要求，落实安全管理主体责任，全年共发布安全管理通知 12 个。同时，加强值班值守和自查巡视，做好危险物品的"四停一封"及日报告等相关工作，为营造良好的治安环境贡献力量。四是提升服务意识，做好收发接待。为落实上级部门要求，强化外来人员管理。更新了大兴、天坛办公区人员出入道闸和访客登记系统，实现外来人员进出院区全程记录。认真做好来访人员和物资管理工作，全年共收发各类报刊和杂志 62 种，20 万余份；快递 4 万余件，无一差错。接待外来人员 4 万余人次，外来车辆 1.2 万余辆；并妥善处置上访事件 1 起。通过不断提升安全服务意识，提高安防设施水平，切实保障了进入院区的人员和物品的安全。

2023 年在院党委的精准指挥和全院各部门的通力协作下，坚持"安全第一，预防为主"的方针，实现了全院安全生产"零事故"的工作目标。

后勤保障

制度建设

2023 年 2 月 16 日印发《中国食品药品检定研究院政府采购管理办法》；2023 年 11 月 24 日印发《中国食品药品检定研究院节能减排管理办法（试行）》；2023 年 12 月 11 日印发《房屋修缮改造工程项目管理规定》；2023 年 7 月 11 日印发《中检院小额采购项目管理规程》；2023 年 10 月 23 日印发《医疗废物清运工作规程》；2023 年 11 月 23 日印发《应急抢修项目采购程序》，进一步加强后勤中心制度建设。

办公区改造

2023 年 3 月至 6 月，组织完成了大兴办公区西区预留地项目工程施工，合同金额 319.52 万元。项目竣工后为新址增加 141 个小型车位、6 个大型车位和 4333 平方米绿化面积，中检院大兴办公区停车难问题基本缓解。

2023 年 1 月 28 日，中检院顺四条办公区升级改造项目可行性研究报告获得国家药监局批复，审定项目总投资 2819.64 万元。2023 年 8 月 22 日，项目初步设计方案及概算获得国家药监局批复，批复项目概算总投资 2905 万元，全部由中央预算内投资安排。2023 年 9 月完成施工图设计工作，10 月 10 日发布项目施工总包招标公告，12 月 15 日签订完成项目施工总承包合同，合同金额 2262.64 万元。

2023 年天坛办公区完成了药检楼卫生间改造，食品化妆品检定所办公区、安保宿舍迁移改造，架空线路整改，部分路面修缮，员工餐厅局部整修，临时建筑拆除，共 6 项改善工程，达到了质量、效率、效果的有机统一，赢得了职工的肯定和好评。

提升大物业管理服务质量

2023 年中检院大幅度提高物业管理各层面的服务水平，实现大物业管理：水电汽热冷运行、维修、保洁、会议服务、能耗指标申报、水电暖缴费等"三保一服"物业范畴；落实安全监管措施，协调属地发改委、环保、市场、卫生监督、街道办等部门检查接待整改；推动老旧小区改造、物业社会化等；重点运行设施巡检、燃气设施设备、高压配电设备、冷站及冷水机组、锅炉等，处理发现问题 106 项；送检避雷针年度检测、高压配电室打压清扫、电梯定期年检、锅炉安全阀（热站分汽缸、蒸汽减压站）等 400 余台套。

节能减排措施

2023 年后勤中心积极响应上级部门，做好年度节能减排工作考核、节能宣传周、节能意识培训、《中检课堂》节能宣传周等。2023 年 5 月 31 日至 6 月 2 日，组织开展了对深圳市药品检验研究院、深圳建科院未来大厦、厦门市食品药品质量检验研究院、厦门 ABB 工业中心等 6 家单位节能减排工作贯彻落实情况的调研。

实验室维保及 WHO－PQ 评审

2023 年 4 月，完成了中检院实验动物屏障环境设施维保项目招标采购工作，北京建工总机电设备安装工程有限公司中标，服务周期三年。

2023 年 5 月，完成了中检院生物安全三级实验室 140KVA 和 210KVA 两组 UPS 电池组的招标工作，北京亿盛天成科技有限公司中标，10 月完成更换安装。

2023 年 8 月，完成了中检院生物安全二级实验室维保服务项目招标采购工作，中国电子系统工程第二建设有限公司中标，服务周期三年。

2023 年 12 月，完成了中检院生物安全三级实验室维保服务项目招标采购工作，中国电子系统工程第二建设有限公司中标，服务周期三年。

2023 年 12 月，参与化学药品检定所 WHO－PQ 评审工作，对主责范围内的医疗废弃物灭菌及验证、滴定液配制、纯化水制备等评审环节进行现场答辩。

第十三部分　部门建设

食品化妆品检定所

化妆品标准制修订

组织开展《化妆品中月桂酰精氨酸乙酯HCL的检测方法》等68项标准的制修订工作，其中包括牙膏相关标准48项。对《28天重复剂量吸入毒性试验》等40项已完成研究的项目进行了结题审议，其中35项结题通过并在中检院网站公开征求意见。对《牙膏中游离甲醛的测定》《光反应性活性氧（ROS）测定试验》等55项已完成公开征求意见的项目进行了全体标委会审议。发布《油包水类化妆品的pH值测定方法》等23项标准。

化妆品标准化技术委员会组建工作

协助国家药监局进行组建化妆品标准化技术委员会相关工作，完成了候选委员资料的接收、公示信息意见反馈收集等工作。在化妆品监管司指导下形成了《化妆品标准化技术委员会章程（报送稿）》《化妆品标准化技术委员会委员管理办法（草稿）》《化妆品安全技术规范制修订工作程序（草稿）》等相关管理文件，并报送化妆品监管司。

化妆品国际法规标准追踪

完成并报送了4期国际化妆品技术标准追踪季度报告，涉及原料109种，包括4-甲基苄亚基樟脑等80种收录于技术规范或已使用目录的原料，以及染料木黄酮等29种在我国法规标准中未涉及的原料。

化妆品风险监测

2023年国家化妆品安全风险监测共完成儿童类、宣称祛痘类、祛斑美白类、舒缓类、清洁类、防脱发类、芳香类、美容修饰类、染发类、烫发类、牙膏等11个类别4860批次及易致敏原料的人体安全性研究1384例任务。与往年相比，监测规模基本保持稳定；监管部门和检验机构协同的工作机制进一步完善；化妆品安全风险分级分类更加明确；探索性研究省份和批次显著增加；首次开启了通过斑贴试验验证原料致敏风险的模式。

标准物质研制与实施能力验证计划

全年计划研制60批标准物质，其中食品生物类20批、食品理化类4批、化妆品理化类36批，并努力在行业内进行推广应用。

按年度计划组织实施化妆品、食品共16项能力验证计划，其中，化妆品领域报名参加实验室700余家次，食品领域报名参加实验室200余家次。

特殊食品检验及相关工作

一是开展食品国家抽检中的保健食品大类牵头机构年度工作，主要包括年度计划方案、非法添加专项方案的编制，对各承检机构进行数据核查，核对抽检公示信息，撰写各类抽检监测报告，制作保健食品抽检教学视频等。二是通过投标再次获取食品国抽承检资格和任务，食品化妆品检定所（以下简称"食化所"）完成保健食品、功能食品抽样和检验共100余批次（约15000项次）。三是2023年7月，食化所再次中标了市场监管总局食品审评中心的特殊食品（配方）注册（复核）检验项目（3年期），全年共进行特殊食品注册检验150余批次（约9000项次）。

2023年度主要开展了化妆品新原料、新食品原料、保健食品等的注册和委托毒理学检验。例如，开展熊胆粉的化妆品新原料转化、塔格糖的新食品原料研究开发等，已完成多项试验，如急性经口/经皮、多次皮肤刺激、急性眼刺激性/腐蚀性、皮肤变态反应、皮肤光毒性、皮肤光变态反应等试验等。

中药民族药检定所

中药标准物质研制和质量监测工作圆满完成

2023年，中药民族药检定所（以下简称"中药所"）完成中药化学对照品标化103批，其中6批为首批研制。完成对照提取物标化4批，其中首批研制1批（葡聚糖500）。完成对照药材标化77批，其中首批研制15批。并对60种对照药材和132种中药化学对照品进行了质量监测，发现稳定性问题5个批次，对发现的问题及时换批确保中药标准物质100%供应。

国家药品抽验任务圆满完成

完成国家药品抽检麸炒薏苡仁及麸炒薏苡仁配方颗粒、女贞子饮片、五味清浊制剂标准检验任务，共计340批。开展女贞子26批、薏苡仁28批中药材质量监测。其中薏苡仁5批次不符合规定，不合格率为18%。围绕安全性、炮制规范性、转移率、基原调研、质量均一性、重金属和无机元素等方面开展探索性研究。麸炒薏苡仁中黄曲霉毒素及玉米赤霉烯酮的筛查研究结果表明存在一定的安全风险，建议加强质量控制和安全监管。

中检院与香港特别行政区卫生署在中药标准领域合作取得新成果

中检院中药所承接国家药监局港澳台办公室与香港特别行政区政府卫生署相关合作的联络工作。组织参加香港中药材标准第56次科学委员会会议。继续推进香港中药材标准项目共计9种药材的研究工作。2023年完成了乳香、凌霄花、藿香、白芷、菊花5个品种研究，其余4个品种——常山、旋覆花、素馨花和苦楝皮研究项目正在有序推进。

《95部颁藏药标准》修订工作顺利开展

自2020年开始，受国家药监局药品注册管理司的委托，中药所在技术层面协助五省区藏药标准协调委员会（以下简称"藏药协调委员会"）推进《95部颁藏药标准》提高工作。此项工作已列入"十四五"国家药品安全及促进高质量发展规划、国家药监局重点实验室和中检院2023年重点工作任务。2023年，中检院参与了藏药协调委员会在甘肃省甘南州、西藏自治区山南市及四川省成都市举办的三次重要会议，协助协调委员会审定了《〈95部颁藏药标准〉修订技术指导原则（试行）》，并完成了2023年申报的51个藏药品种的审核。同时加快推进部颁藏药修订品种相关的对照药材研制工作，截至2023年底，已完成了蒺藜子、打箭菊、藏茴香、黄葵子等10余个藏药对照药材品种的研制。

能力验证工作

中药所完成NIFDC-PT-408 HPLC法测定栀子中栀子苷的含量能力验证、NIFDC-PT-410 PCR-RFLP法检测川贝母能力验证、NIFDC-PT-455金银花等药材及饮片显微鉴别能力，建立了16个能力验证体系文件。天然药物室组织测量审核1项（菊花禁用农药残留量），组织能力验证2项（人参中五氯硝基苯测定，栀子中重金属及有害元素测定）。中成药室组织实施了"藿香正气水中甲醇量的测定"能力验证项目（NIFDC-PT-411）。

2023年度国家重点研发计划"中医药现代化"重点专项实现立项

2023年11月30日，"基于可视化信息化智能化的中药质量现场快速检测技术及应用研究"（编号：2023YFC3504100）项目获科技部国家重点研发计划"中医药现代化"重点专项的立项，项目总经费 3348.87 万元，其中中央财政经费 1998.87 万元。执行年限：2023 年 11 月至 2026 年 11 月。该项目设置了 5 个课题。中药所程显隆研究员（课题 5 负责人）、王莹副研究员（课题 3 负责人）获批国家重点研发计划课题资助。项目拟针对中药质量控制检测技术方法复杂、检测成本高、耗时长、已经不能满足中药生产、流通、使用、监管等环节的实时检测需求，也远远落后于当今数字化、信息化、智能化检测发展趋势等行业问题，开展研究工作。项目预期形成的新技术、新方法、新工具、智能化数据库、云检索平台等成果，将直面一线产业需求，推广应用到全国药品检验机构、中药企业，形成自上而下的网络化快检应用模式，对于保证中药产业链的健康高效运行、提高监管效率、促进中药产业高质量发展具有重大意义。

全国中药数字化标本馆建设规划与技术标准研究工作启动

为落实《"十四五"国家药品安全及促进高质量发展规划》，2023 年中检院启动全国中药数字化标本馆建设规划与技术标准相关研究工作，并于 11 月 24 日在北京市召开中药民族药标本馆创新建设工作会议，以期为中药智慧检验提供更多新工具和新手段。中检院前期历时 7 年，先后组织 32 家省市药检机构开展了中药数字化标本馆的相关探索实践，为药检系统培养了一批中药标本鉴定和数字化人才，取得一系列进展。为了更好地整合全国中药标本数字资源、建立"全国一盘棋"共建共享的数字化标本馆管理和应用体系，在前期实践探索基础上，中检院 2023 年组织编写了《药检系统中药民族药标本馆建设规范纲要》，并组织召开专题会议，听取专家意见，确立了开展全国中药数字化标本馆建设规划与技术标准研

究的重要目标。这项工作的开展标志着全国中药标本馆创新建设迈入新阶段，具有里程碑意义。

中药所组织开展《中国药典》理论知识大比武活动

2023 年 10 月 23 日，中药所组织开展《中国药典》理论知识大比武活动。为提升中药检验检测及相关研究的基础理论水平，认真践行"科学、公正、独立、权威"的质量方针，更好地为社会提供准确可信的检测及科研数据，中药所开展了为期一个月的《中国药典》（2020 年版）一部和四部基础理论知识学习活动。全所 43 名年轻员工和技术骨干，24 名在培养硕博研究生、博士后共计 67 人作为本次学习活动的代表参与了考核活动。在全所范围内开展《中国药典》理论学习比武活动，是在新发展形势下加强人才队伍建设，提升质量管理的重要举措。

国家药品监督管理局药品监管司陈英松副司长一行来中检院进行国家中药材质量监测调研

2023 年 6 月 20 日，国家药监局药品监管司陈英松副司长、胡增峣处长等一行 3 人到中检院调研国家中药材质量监测工作情况，中药所主要负责人和技术监督中心主要负责人，以及两个部门相关人员也参加了调研座谈。国家药监局调研组首先参观了中药所标本馆，标本馆主任负责人介绍了标本馆的情况及数字化标本馆的未来发展。会议就完善国家中药材质量监测机制、制定统一规范的中药质量信息数据标准和统计调查方案、数据库的构建、起草 2024 年中药材质量监测方案等方面进行了详细的讨论。

国家药品监督管理局药品注册管理司副司长王海南一行来中检院中药所调研指导工作

2023 年 10 月 23 日，国家药监局药品注册管

理司副司长王海南和中药处有关负责人到中药所调研指导工作并召开座谈会。《"十四五"国家药品安全及促进高质量发展规划》中明确提出要建立国家级中药民族药数字化基础数据库。王海南重点听取了中药民族药数字化基础数据库建设进展情况，并就相关工作的顺利推进提出了建设性的意见和建议。会议还就进口药材检验、民族药标准研究等事项进行了充分的交流。

国家药品监督管理局药品注册司就民族药发展思路组织座谈交流

2023 年 4 月 23 日至 25 日，中检院在湘西土家族苗族自治州首市召开了国家药监局药品注册司专项三期项目阶段性会议。其间，国家药监局药品注册司王海南副司长借助民族药示范性研究平台与中检院中药所、药品检验系统民族药专业委员会委员、药品注册司专项的相关负责人，以及当地土家族和苗族民族药学术代表近 40 人就有关民族药发展思路进行了座谈交流。会上探讨了民族药的资源保护和规范化种植、对缺乏民族医疗理论体系依靠口口相传的民族医药的记录、保护和传承、民族药国家标准和地方标准提升的相关问题、建立反映民族特色的民族药质控方法和标准体系、示范性研究品种成果转化等问题。

2023 年中成药掺伪打假专项研究启动会顺利召开

2023 年 3 月 31 日，由中检院主办的 2023 年中成药掺伪打假专项研究启动会顺利召开。会议采取线上模式，16 家参加单位主管领导、项目负责人及主要参与人员共 41 人参加了本次会议。会上，中检院首先对本年度掺伪打假专项研究工作进行了部署，重点聚焦中成药中马兜铃酸检测，人参、紫苏叶油、广藿香油、鲜竹沥、海藻和苍术等品种的掺伪检测研究。介绍了马兜铃酸和人参专项研究的技术要求和注意事项，特别强调仪器灵敏度、基质干扰及结果判断等问题。

多年来，依托本专项，各参加单位研究并发布的多项补充检验方法，为打击中成药掺杂使假行为提供了有力的技术支撑，形成了强效的震慑效应。

中药所组织召开"食品安全国家标准GB 2763 农药最大残留限量标准转化"国家药品监督管理局重点实验室开放课题技术研讨会

2023 年 2 月 28 日，中药所组织的国家药监局中药质量研究与评价重点实验室开放课题"《食品安全国家标准　食品中农药残留最大残留量》（GB 2763—2021）中药品种的最大残留限量标准转化"技术研讨会采用线上形式召开。该课题于 2023 年 1 月立项，主要对 GB 2763 标准中涉及中药品种的农药残留限量转化问题进行研究。会议内容包括课题立项背景和基本情况，课题整体思路及《中国药典》（2025 年版）编制大纲中的要求。

中药所组织召开"禁用农药残留量测定法标准提高"国家药品监督管理局重点实验室开放课题技术研讨会

2023 年 2 月 28 日，中药所组织的"禁用农药残留量测定法标准提高"国家药监局中药质量与评价重点实验室开放课题技术研讨会采用线上形式召开。会议内容包括课题的立项背景和基本情况介绍，课题整体思路及《中国药典》（2025年版）编制大纲中的要求说明。各参加单位围绕《中国药典》（2020 年版）"禁用农药残留量测定法"实施以来遇到的问题和积累的经验进行了探讨分享，并对现有方法应如何完善提出了建议。

中药所组织召开"高风险重金属及有害元素残留药材及饮片风险评估"课题技术研讨会

2023 年 3 月 14 日，中药所采用线上形式组织召开 2023 年国家药典委员会标准提高课题"高风险重金属及有害元素残留药材及饮片风险评估"技术研讨会。该课题于 2023 年 2 月立项，课题的实施对于健全中药外源性有害残留物技术及限量标准体系、提高中药药用安全具有重要意义。会议介绍了课题的研究目的、研究内容、技术路线、考核指标、年度研究计划等情况。各参加单位围绕《中国药典》（2020 年版）实施以来重金属及有害元素检验，标准实时积累的经验以及遇到的问题进行了探讨分享。

2023 年药检系统民族药学术座谈会在云南省举办

由中检院中药所主办，《中国药事》编辑部协办，云南省食品药品监督检验研究院承办的"2023 年药检系统民族药学术座谈会暨优秀论文交流会"于 2023 年 9 月 19 日至 20 日在云南省腾冲市召开。本次民族药学术座谈会旨在梳理民族药十年发展现状，弘扬民族医药传统文化，促进我国民族药事业发展，提高民族药研究水平。

中检院组织召开《中国药典》（2025 年版）国家药品标准制修订课题——"高风险重金属及有害元素残留药材及饮片风险评估"中期会议

10 月 7 日至 9 日，由中检院中药所牵头的 2023 年国家药品标准制修订研究课题［《中国药典》（2025 年版）项目］——"高风险重金属及有害元素残留药材及饮片风险评估"中期研讨会在深圳市药品检验研究院顺利召开。会议就课题的研究背景、研究任务做以详细解读，并提出了时限要求和完成目标。各研究单位随后对具体研究内容进行了专题报告，报告内容主要集中在现有标准检测方法的适用性、高风险品种重金属及有害元素污染情况筛查结果，以及课题研究存在的问题等三个方面。本次会议对于推进课题的结题工作奠定了良好的基础，对于健全中药外源性

有害残留物技术及限量标准体系、提高中药药用安全具有重要意义。

化学药品检定所

化学药品标准的制修订及化学药品标准物质的供应

2023 年已完成国家药典委员会 ICH Q4B 指导原则转化，放射性药品化学前体质量控制指导原则研究和建立，细菌内毒素检查法应用指导原则修订等 14 项国家药典委员会课题，新申报课题 20 个。做好《中国药典》（2025 年版）实施前各项准备工作。

积极开展标准物质的研制工作。2023 年共研制标准物质 292 个，其中首批完成 75 个，换批完成 217 个，完成年度计划任务量的 143%。化学药品检定所（以下简称"化药所"）现有标准物质 2205 种，占全院 45%，保供率持续保持在 100%。

WHO – PQ 复评审工作

为顺利推进 WHO – PQ 各项工作的实施，保证有关要求的落实，第一时间成立化药所 PQ 工作小组。结合主题教育内容，开展 PQ 专项工作调研。积极配合质量管理中心，与信息中心、后勤服务中心、仪器设备中心等相关部门以支部联学、会议沟通等形式共同研究 PQ 准备中各项问题解决落实措施，为 PQ 现场检查做好充足准备。12 月 11 日至 14 日顺利完成 PQ 复评审，实验室部分获得 WHO 专家高度认可。

全面加强实验室安全管理

坚持问题导向，推进安全隐患排查。积极参加"我为安全代言，隐患就是事故"的主题演讲比赛。开展全面风险排查工作，对危险化学品、放射源、毒麻精等实验室安全重点部位，各类库

房，以支部纪检委员带队，认真开展安全风险自查，强化重点要害部位的日常管理，加大检查力度，对发现的风险隐患及时报送相关部门开展整改工作，确保实验室处于安全稳定受控状态。为检验检测工作做好安全保障。

持续开展能力验证项目

组织氮含量测定、残留溶剂、细菌内毒素光度法检测能力验证工作。

加强放射性药品实验室建设

持续关注欧美国家、世界卫生组织、国际原子能机构等机构放射性药品研发进展，积极参加放射性药品国际能力验证工作。

对国内放射性药品检验需求开展调研，通过召开内部讨论会，组织专家访谈，深入生产企业、科研院所、检验机构、医疗机构等一线开展调研等多种形式，面对面了解核素生产、放射性药物研发、放射性药品生产、检验实验室建设和医疗机构临床使用等情况，全面梳理分析我国放射性药品检验机构能力状况。研究起草《关于改革完善放射性药品审评审批管理的意见》检验能力建设的细化落实措施、《放射性药品检验机构评定工作程序》《关于含放射性核素产品管理属性问题的研究报告》等。

主动对接有建设需求药品检验机构，指导开展放射性药品检验实验室建设工作，促进放射性药品的研发进展。

国际合作取得新成效

在世界卫生组织（WHO）、国际原子能机构（IAEA）、欧洲药品质量管理局（EDQM）、美国药典会（USP）等国际舞台持续开展专业技术交流，全年共有19次国际交流，在放射性药物领域、假劣药检验检测工作、化学药品中遗传毒性杂质检测评估、ICH Q4B协调工作、热原检测技术等诸多方面达成共识。

代表中国发出我们的声音，让国际了解到我国的最新研究，积极主动地参与到国际法规的具体制定之中，如报告基因热原检测技术已经率先被收载到《中国药典》中，成为全球第一个被收载的新热原检测方法。

逐步建立起与国际组织和相关国家的联系渠道，与俄罗斯联邦政府预算机构科学中心开展了互访交流，达成合作意向协议。为今后更好的合作和交流打下坚实基础。

以重点实验室为依托，为药品监管做好技术储备

以重点实验室建设为平台，继续加强科研课题的申请力度，落实项目负责人管理制度，开展化药所内学科建设研究工作，按照化药所学科发展方向研究确定了32个学科建设课题，围绕药品创新发展和监管科学的战略需求，重点开展了基于功能基因组学与蛋白组学技术的基因治疗类化学药品有关物质的遗传毒性风险评估、化学药品中高风险聚合物杂质的形成机制与化学结构研究、基于同位素质谱技术的标准物质同位素指纹特征探索、放射性药品检验实验室能力建设规范等药品监管技术支撑领域原创性研究和技术攻关。

围绕国家药监局药品审评中心发布的技术指导原则，开展了缓释制剂、肠溶制剂的乙醇剂量倾泻试验。围绕胃肠道局部作用复杂仿制药的等效性评价，开展了以磷结合试验为主的多种体外试验进行参比与仿制制剂的生物等效性研究。

2023年共发表学术论文93篇，其中SCI 14篇；申请专利9个；出版专著4本。

开启智力援疆援藏新模式

积极开展对外培训工作。已开展"全国热原物质检测技术培训班""生物活性测定法建立与验证培训班"等4个线下培训班，培训业内专业技术人员近千名。

发挥全国药检技术引领作用。积极支持地方

药检院能力建设，接收来自 11 个省市药检院的 14 名进修人员，围绕实验技术、方法研究等内容开展带教工作。

接收西藏自治区食品药品检验研究院、新疆维吾尔自治区药品检验研究院 3 名技术骨干进修。就实验室安全和质量管理、相关仪器的使用和维护保养方法、相关方法学验证程序等方面进行了系统培训。

选派技术干部参加国家药监局为期半年的技术人才组团式援藏工作。选派 7 名技术专家参加西藏自治区食品药品检验研究院业务大讲堂，进一步提升西藏自治区药检的综合实力与水平，帮扶提升西藏自治区食品药品检验研究院化药室的检验及研究能力和科室质量管理水平，探索建立智力援藏的新模式。

生物制品检定所

继续做好新冠病毒疫苗检验工作

2023 年以来，中检院共完成 19 款、247 批次新冠疫苗注册检验，统筹全国各机构签发 449 批、1.1 亿剂次新冠疫苗，为包括新冠变异株疫苗在内的疫苗产品研发和审评审批提供技术服务支撑。

顺利完成高致病菌（毒）搬迁工作

为有效防范化解首都核心地区生物安全风险，2023 年 4 月中检院启动天坛院区菌（毒）种搬迁至大兴院区的工作。按院领导要求，经周密部署和风险分析梳理，制定了"中检院天坛院区菌（毒）种运输作业指导书"，通过了专家论证、卫生健康行政主管部门审批等环节，完成各项审批程序及数万支菌种清点和运输包装。2023 年 12 月 6 日，在国家卫生健康委，北京市卫生健康委，东城区、大兴区卫生健康委，北京市公安局的指导和大力配合下，中检院精心准备、周密部署、

科学论证、多方协调、统筹搬运，圆满完成了天坛院区数万只高致病性菌（毒）种库整体搬迁至大兴院区的转运工作。这是 1949 年以来最大规模的一次高致病菌（毒）种整体转运工作。

加强和完善批签发管理工作

在保障新冠疫苗应急检验的同时，确保常规疫苗批签发工作正常开展。截至 2023 年 12 月底，统筹全国签发疫苗 4480 批、合计 5.78 亿支；签发血液制品 7967 批、合计 1.45 亿瓶。持续加强批签发培训工作，开展了 4 期生物制品批签发相关集中培训班，共计培训省院技术人员 110 余人次，另通过中短期进修方式培养省院技术人员 44 人；按照国家药监局要求，推进河北省药品医疗器械检验研究院等 12 家省级药品检验机构获得 19 个疫苗品种的批签发授权并开始承担批签发工作。目前，疫苗批签发机构已由疫情前的 2 家（中检院和上海市食品药品检验研究院）扩增至 17 家。

落实优先检验，保障临床急需药品可及性

通过优化流程、完善制度、在最大限度降低廉政风险的前提下，缩短检验时限，加速临床急需的境外新药和国产生物药快速上市。加快完成临床急需、罕见病、儿童用药等优先审评相关注册检验 17 个品种、78 个批次，其中包括阿达木、达妥昔、那西妥、司库奇尤 4 种儿童用药，以及依库珠、司妥昔、布罗索尤、萨特利珠等 13 种罕见病用药，保障临床药品可及性、服务人民用药需求。

开展"打假"检验，服务国家药品监督管理局药品安全巩固提升行动

积极落实国家药监局关于药品安全专项整治行动以及药品安全巩固提升行动的总体部署要求，开展了"制假"问题突出的生物医药产品司法等委托检验 400 余批，其中 398 批为肉毒毒素产品，为去年肉毒毒素检验量的 4 倍。

扎实推进实验室建设

2023 年 3 月 15 日，药品监管科学全国重点实验室（以下简称"全重实验室"）获批。2023 年 4 月 19 日，国家药监局批复成立了全重实验室管理委员会。8 月在国家药监局综合司的指导和协调下完成了第一批 53 个课题的预算立项，2024 年度预算金额 4000 万（其中，中检院自有资金 3300 万，外拨经费 700 万）。

中检院生物安全三级实验室自 2023 年 1 月 20 日取得 12 种高致病性病原微生物的实验活动资格，已完成 10 余次体系文件的制修订；接收高致病性菌（毒）种 4 批次，共计 900 余支，开展了新冠疫苗的评价及卡介苗对结核耐药菌株的保护作用评价研究等 7 个项目组的相关检验和科研工作；接待俄罗斯卫生部、住房和城乡建设部、四川大学华西医院等单位参观共计 9 次；接受大兴区卫生健康委等外部检查 2 次；开展了 6 次生物安全相关培训，培训人员共计 100 余人次。

医疗器械检定所

实验室认可暨资质认定及能力建设工作

医疗器械检定所（以下简称"器械所"）积极推进检验能力提升项目和迁建二期项目建设，围绕高风险防控和高技术创新发展重点，充分发挥中检院国家队创新引领优势，持续推进检验能力提升。

组织完成 17025 扩项复评审、CMA 双随机检查，17025 院内审、PTP 院内审。无源领域 CNAS 和 CMA 扩项 3 个对象，3 个项目；变更 18 个对象，23 个参数。有源领域扩项 12 个检测对象，25 个标准，变更 157 项，涉及 93 个标准。其中新发布的 GB 9706 系列标准扩项 16 个，并对医疗器械可用性方面标准进行了能力扩项。

目前，无源承检能力 417 项，有源承检能力 1485 项，实现生物学评价及常规有源领域能力全覆盖，并在组织工程、辅助生殖、人工器官、药械组合、人工智能、医用机器人等新兴领域处于行业领先地位。

检验工作质量效率不断提升

聚焦创新检验，支撑监管需要，2023 年内受理各类检品 1149 批，签发检验报告及业务发文 949 份，签订四技合同 446 份，非四技合同 110 份。收检同比增长 3.9%，报告增长 7.2%，有力支撑全程监管。签发新版 GB 9706 系列标准相关报告近 400 份，积极落实重大新标准实施需求。

标准化能力建设及标准制修订工作

持续加强 6 个分技委/归口单位的管理，开展秘书长能力提升行动，加强前沿技术调研和标准体系规划研究，持续推进 6 个分技委/归口单位管理及标准制修订工作。完成 2022 年 12 项行业标准报批工作和 2023 年 14 项行业标准的制修订工作。产业急需标准及时推进升级为国家标准。主导制定的 GB/Z 42246—2022《纳米技术纳米材料遗传毒性试验方法指南》国家标准正式发布，成为国际上第一个提出纳米药物和纳米材料遗传毒性试验优化组合的标准。牵头修订 3 项 GB/T 12279 人工心脏瓣膜国家标准，分别是 GB/T 12279.1《心血管植入器械人工心脏瓣膜　第 1 部分　通用要求》、GB/T 12279.2《心血管植入器械人工心脏瓣膜　第 2 部分　外科植入式人工心脏瓣膜》、GB/T 12279.3《心血管植入器械人工心脏瓣膜　第 3 部分　经导管植入式人工心脏瓣膜》。

国际标准化工作

积极推进创新标准的国际化升级，把握新领域国际标准话语权，不断加快国际标准化步伐。组织工程领域牵头的 ISO/WD 7614《脱细胞支架材料的残留 DNA 定量检测》和 ISO/WD 6631

《胶原蛋白特征多肽定量检测》这2项国际标准已进入工作组草案WD阶段，重组胶原蛋白国际标准已完成提案。人工智能领域牵头的IEEE 2802—2022《人工智能医疗器械性能和安全评价术语标准》已于2023年5月5日正式发布，IEEE 3191《机器学习医疗器械临床性能监测》已形成草案，并牵头启动IEC 63524《人工智能医疗器械—肺部影像辅助分析软件—算法性能测试方法》国际标准，是IEC首个面向具体人工智能医疗器械产品测试的国际标准。在组织工程和人工智能标准领域，中国声音和中国智慧已成为最活跃的力量。

标准物质研制和换批工作

持续加强标准物质研制工作。完成BDDE（1,4-丁二醇二缩水甘油醚）标准物质报批和体外细胞毒性阳性对照品研制。坚持长效保供机制，完成环氧乙烷和I型胶原蛋白特征肽对照品换批工作，DEHP［邻苯二甲酸二-（2-乙基己基）酯］、SDS（十二烷基硫酸钠溶液）等正常供应，做好标准物质全品种动态保供，为医疗器械产品和生物材料的质控及监管提供技术支撑。

重点实验室建设及科研成果转化

加强国家药监局医疗器械质量研究与评价重点实验室建设，以重点实验室为平台加强产学研检医各方合作，聚焦战略性、前瞻性技术，促进创新成果转化。围绕10个重点领域，年度内开展了人工血管顺应性、经导管植入式人工心脏瓣膜输送系统微粒脱落、植入物致癌性（转基因动物模型）、培养用液有害降解产物早期胚胎毒性、生物源性产品可沥滤物检测技术和标准化研究、医用机器人质量控制研究、基因组学应用于医疗器械免疫毒性的检测等10项新方法研究，五年任务目标基本达成。

积极承担国家药监局监管科学行动计划项目，完成第二批项目中医用机器人和生物3D打印2个牵头子课题，以及神经修复和软骨支架2项参与子课题任务。牵头申报第三批监管科学重点项目中数字疗法、药械组合和重组胶原蛋白3个项目，参与创新生物材料、类器官等多个项目。有序推进监管科学研究并及时转化为新标准、新工具和新方法。

密切跟踪基础性战略性科技前沿。大力培养学术带头人，打造科研队伍，申报国家及省部级课题，2023年度成功立项3项，结题2项。目前在研项目26项，其中科技部重点研发计划17项。通过科研合作，实现早期介入，产学研检审一体化推进行业创新成果快速及高质量转化。

重点打造人工智能产品全生命周期检测能力。深挖监管急需，通过各级科研项目和中检院关键技术基金支持，按照"标准+平台"发展思路，将标准起草、数据集开发和平台建设有机融合，初步建成引领国际的人工智能医疗器械质量控制检测体系，实现产品质量控制的全过程监管。

高效完成国家医疗器械监督抽检任务

完成2023年度器械所承担的18批动物源性补片和19批电子内窥镜等2个品种的国家医疗器械抽检工作和探索性研究，承担接触镜等产品复检工作，建立加工助剂残留量新方法、色还原性和图像延迟检测新工具，为高风险和量大面广产品质量评估、风险监测和质量改进提供了坚实技术支撑。

开展2024年度高频电刀、乳房植入物和辅助生殖穿刺取卵针等3个国抽品种调研和国抽任务书的起草工作，持续开展上市后风险评估。

成功举办医疗器械安全宣传周系列活动

安全宣传周期间，开展监管科学成果展示、公益讲座、标准前沿介绍和企业座谈交流，线上线下超过2.5万人次观看，及时推广监管科学研究新成果，回应行业对新技术、新方法和新标准的关切，取得良好的宣传效果。

做好重大法规和标准技术支撑

组织开展医疗器械检验及非临床研究质量管理规范（医疗器械 GLP）研究，为《医疗器械监管法》的起草当好抓手。按照新版 GB 9706 系列标准实施方案，印发检验要点，发布送检指南及 42 个检验报告模板和 12 期检验资质公告。通过《中检云课》等多种形式开展培训，充分发挥检验引领示范作用。

积极支持全过程监管

积极派员参加药监系统各类检查。针对创新成果转化、"卡脖子"技术和新版 GB 9706 实施等问题，以调研走访、座谈等多种形式深挖需求，并落实到检验、标准和科研工作中，深入落实为群众办实事，着力推动医疗器械高质量发展。

体外诊断试剂检定所

持续关注病毒变异情况，做好疫情防控工作

结合科技部课题（新冠变异株及重组株对检测试剂影响评价体系的建立），针对我国主要流行的新冠病毒变异株研制了核酸和抗原标准品，对国内已批准上市的 47 个新冠抗原试剂和 36 个新冠核酸试剂产品对突变株检测能力进行了验证和风险评估。

按照国家药监局的部署，2023 年度继续开展了三轮新型冠状病毒检测试剂专项抽检，共抽取样品 247 批次，涉及 105 个注册证、70 个国产企业。结果均符合规定，表明我国新冠诊断试剂总体质量稳定。

牵头制定国家标准《新型冠状病毒全基因组测序通用技术要求》；对前期制定的五项新冠病毒检测试剂国家标准进行了英文版翻译工作。

开展猴痘病毒核酸试剂的检验工作。本年度共完成 7 个品种 24 批次产品的检验工作；自 2022 年至今，共完成 34 个猴痘病毒核酸试剂的检验。同时，申报获批了国家课题。

以服务监管为己任，全力做好重点工作技术支撑

加强核酸血筛试剂批签发能力建设。对开展核酸血筛批签发所需仪器设备进行了安装调试及人员培训，并对企业登记建档资料存在的问题及时沟通协调和督促整改。2023 年 3 月在湖南省长沙市组织了血源筛查用核酸诊断试剂批签发理论及实操培训。组织了国产核酸血筛产品的国家监督抽验，并结合进口产品检验进行质量分析研究。

为推进落实《医疗器械管理条例》第五十三条赋予体外诊断行业的医疗机构自行研制使用体外诊断试剂的实施，按照国家药监局医疗器械注册司《关于做好医疗机构自制试剂产品指导目录制定工作的函》（械注〔2023〕124 号）要求，组织开展医疗机构自制试剂产品指导目录制定的工作方案，协助国家药监局梳理总结试点品种目录的论证要点，并形成《医疗机构自行研制使用体外诊断试剂品种指导目录专家论证会决议》，协助国家药监局梳理总结试点品种，初步形成试点品种目录。

承担了 4 个监督抽检项目和 1 个风险评估项目任务。监督抽检中发现的问题，已向有关部门进行了反馈。另外，完成"血浆中甲型肝炎病毒（HAV）抗体检测"等六个能力验证项目（其中 1 项国家药监局项目）。

医用高通量测序标准化技术归口单位正式启动标准制定工作

首次组织完成 2 项高通量测序行业标准制定。医用高通量测序标准化技术归口成功获批立项 2 项行业性推荐标准，1 项国家推荐标准。这是归口单位成立后首批产出的"成果"，标志着我国在该领域标准化体系建设"零"的突破。在世界标准日之际，对归口单位标准化工作特点制

作了"一图说";归口单位还举办了 3 场技术交流活动,充分发挥了技术引领作用。

承担了 TC136 技委会组织的 6 项行业标准制修订;参与制定国际标准 1 项;参与 2 项国际标准的转化工作;派员参加行业标准的宣贯工作 10 人次。4 人次参加国际会议,参与国际标准讨论。

做好诊断试剂标准化管理工作

全年完成标准物质研制 41 项,其中首批 26 项。研制的同源重组修复缺陷检测国家参考品(360059)、胚胎植入前染色体结构变异国家参考品(360062)、同源重组修复(HRR)基因突变检测国家参考品(360065)等国家标准物质,为新产品上市评价发挥了重要作用。

探索突破标准物质研制技术瓶颈,开展传染病标准物质替代研究。为研究突破原料来源受限及规避生物安全风险,建立量值溯源技术平台,探索 RNA 病毒诊断试剂质量评价替代原料研究。采用蛋白质直接包裹 RNA 系统和利用反向遗传学技术,构建基于黄病毒或甲病毒的重组假病毒包装系统。

药用辅料和包装材料检定所

检验和标准物质工作

2023 年,药用辅料和包装材料检定所(以下简称"辅料包材所")完成各类检验 343 批,其中监督检验 118 批、委托检验 62 批,复检 5 批,注册检验 17 批,协助其他部门检验 141 批。承担全院生物安全类设备的检测,共计 314 台。

2023 年,辅料包材所新研制标准物质 15 个,开展换批 30 个,以及对 39 个在售标准物质进行了质量监测保证了辅料包材所在售标准物质的足量可供。

药用辅料质量研究与评价重点实验室工作

承担的国家药监局食品药品审核查验中心"药用辅料行业生产质量管理规范研究"课题,为国家药监局加强药用辅料生产质量科学监管提供技术支撑,重点实验室科研能力得到锻炼和提升。作为参与单位参加 2 项国家级课题,分别是国家自然科学基金面上项目课题"缓控释制剂结构的体内/外定量关系研究"(牵头单位为中国科学院上海药物研究所)和国家重点研发计划"前沿生物技术"专项课题"mRNA 通用关键技术平台建立及创新药物研发"(牵头单位为四川大学)。

药用辅料和药包材国家药品抽检工作

按照 2023 年国家药品抽检工作方案,开展了 2023 年药用辅料和药包材二个品种的抽检工作。完成了药用辅料丙二醇(共计 64 批)和药包材滴眼剂瓶(共计 28 批)、聚丙烯输液瓶不溶性微粒专项(共计 26 批)的抽检工作的法定检验、探索性研究和质量分析工作。其中聚丙烯输液瓶不溶性微粒专项质量分析报告获得中检院抽检现场评议第一名。

全国药用辅料和药包材能力验证工作

2023 年度,药用辅料方面承担了两个能力验证项目,分别为药用辅料电导率的测定,参加单位 70 家,满意率为 87%。药用辅料运动黏度的测定,参加单位 31 家,满意率为 90%;药包材方面承担了两个能力验证项目,分别为药包材橡胶灰分的测定,参加单位 59 家,满意率为 98%。玻璃颗粒耐水性的测定,参加单位 42 家,满意率为 81%;洁净环境检测方面组织实施了洁净环境压差测定,参加单位 67 家,满意率为 100%。洁净环境温湿度测定,参加单位 57 家,满意率为 100%。洁净环境噪声测定,参加单位 49 家,满意率为 100%。同时今年进行了 12 个项目的测量审核,发出测量审核报告 45 份。

药用辅料、药包材和洁净环境标准制修订工作

药用辅料方面,完成了 3 个药用辅料品种标

准提高及 2 个通则方法的起草工作，已送复核单位进行复核；完成 1 个药用辅料品种质量标准的复核工作，已将复核意见发文至起草单位和国家药典委员会；向国家药典委员会提交 1 个药用辅料品种质量标准研究和 1 个通则方法的结题报告；另有 3 个药用辅料品种质量标准经公示后收录至《中国药典》（2020 年版）增补本，2 个品种进入公示阶段。

药包材方面，牵头承担了国家药典委员会委托的 18 项通用检测方法，3 项通则及 1 项指导原则起草工作。目前，已公示药用玻璃容器通用检测方法 12 项、通则 1 项；正在公示期通用检测方法 4 项、通则 1 项及指导原则 1 项；其余 2 项通用检测方法和 1 项通则均已完成方法草案正在征求意见中。同时，12 项药用玻璃容器通用检测方法已经完成了英文版的翻译工作。受国家药典委员会的委托，组织全国药检院及各药包材检验机构开展药品包装用玻璃容器、橡胶密封件、塑料容器及组件、预灌封注射器等 43 个相关通用检测方法的标准验证工作。作为参与单位参加了 20 余个通则及通用检测方法的起草工作。

洁净环境方面，牵头承担了国家药典委员会委托的《中国药典》通则 0982 "粒度和粒度分布测定法" 第三法光散射法的修订工作。另外牵头承担了《医药工业洁净室（区）悬浮粒子的测试方法》（GB/T 1629—2010）的修订工作，并参与《医药工业洁净室（区）浮游菌的测试方法》（GB/T 16293—2010）及《医药工业洁净室（区）沉降菌的测试方法》（GB/T 16294—2010）的修订工作。

探索支撑监管需要、服务行业发展

为进一步落实《中国药典》药包材标准体系的制修订工作和做好《中国药典》（2025 年版）药包材通用检测方法标准的起草研究工作，分别于 7 月 6 日在北京市，召开 0982 粒度和粒度分布测定法——激光光散射法的修订启动会；8 月 29 日在

山东省济南市，召开医药工业洁净室（区）悬浮粒子的测试方法标准修订讨论会；9 月 6 日在上海市，组织召开了吹灌封（BFS）技术通则专题讨论会；9 月 26 日在四川省成都市，召开药包材通用检测方法标准验证工作讨论会，为《中国药典》新包材标准体系的顺利颁布实施奠定良好的基础。

举办"全国安全用药月"公众开放日活动

2023 年 11 月 29 日，成功举办了 2023 年"全国安全用药月"公众开放日活动。本届安全用药月以"安全用药健康为民"为主题，分别围绕国家药品监督抽检工作及"药用辅料知多少"进行了详细讲解，介绍了药品抽检工作内容、方法及成效，科普了药用辅料知识及用药注意事项。此次公众开放日活动，普及了安全用药的基本常识，进一步加深了社会公众对国家药品质量检验工作和个人安全用药的了解。

实验动物资源研究所

实验动物生产供应服务

2023 年，实验动物资源研究所（以下简称"动物所"）全年实验动物生产 49.9 万只，销售 25.65 万只（其中外销动物 13.84 万只，内供 11.81 万只）。在全院使用科室的配合下，落实大兴新址动物实验设施内 SPF 实验用兔的供应保障工作。

2023 年通过优化产能结构，控外销保内供等综合措施，相比去年同期：总生产动物只数降低 0.22%，总销售数增加 2.07%，院内使用动物中自产供应率提高 5.84%，达到 91.7%。

动物实验服务能力

落实在大兴新址设施全面采用 SPF 兔开展检验检定和科研工作。

2023 年动物实验期饲养量共计 15.6 万只，

其中小鼠 14.5 万只；大鼠 5409 只；豚鼠 4187 只；SPF 级家兔 1545 只，100% 满足了院内常规动物实验需求。

联合培训中心为入院研究生、职工举办四场 119 人次的"动物实验流程指导"培训及现场考核。

实验动物质量检测

2023 年完成实验动物质量检测 2040 只，发出检测报告 275 份。其中，上、下半年各一次北京市实验动物质量抽检工作，共检测实验动物 1279 只，为北京地区实验动物质量监督提供依据。对全年涉及的实验动物检测结果分析显示，中检院生产动物微生物控制质量总体优于社会委托检测动物。

动物源制品检测工作

2023 年完成病毒清除工艺验证、外源病毒检测、支原体检测等动物源性生物制品检测报告 91 份。

洁净室（区）检测工作

2023 年完成对外出具检验报告 30 份；对院内 88 套洁净室开展检测工作，并为院内动物设施运行和人员培训提供了技术支持。

基因型检测工作

完成基因型鉴定 69 个品系，6368 只鼠尾样本。较去年同期相比，增加 1348 只。

检测试剂盒发放

2023 年全年共发送检测试剂盒 583 盒。其中小鼠 462 盒，大鼠 86 盒，豚鼠 35 盒。

模式动物研究技术平台建设

2023 年度成功构建 11 种动物模型，完成 4 种小鼠模型的表型验证工作，结果均符合预期；撰写完成 7 种小鼠模型说明。为 15 家单位发送 101

批次共 2576 只模型动物，涉及 26 个品系。

重点动物模型的推广与应用

2023 年度推进了致癌性动物模型验证工作，"我国致癌性模型替代方法建立专项"获院长办公会批复同意立项，并被推选为 2023 年度中检院"十件大事"之一。

检验检测能力建设

2023 年，首次组织实验动物设施"换气次数"项目检测能力验证活动，来自全国 17 个省级行政区共 28 家单位参加。

实验动物质量检测：组织实施了 2 个 PT 计划，42 家实验室，65 个项次；10 个测量审核计划 11 个参数，10 家实验室 17 个项次，满意率为 94%。

质量管理监督工作

落实了 2022 年度院级管理评审关于改善实验动物饲料、垫料库房存储环境问题的整改。

优化了兽医工作体系，建立巡查制度，编制兽医职责 SOP，细化兽医工作；建立实验动物病例档案，定期召开兽医研讨会 13 次，解决动物实验过程中质量相关问题。

全年通过创新质量管理手段，以加强质量管理能力为抓手，组织全所科室开展季度质量监督，对各类人员进行规范性指导；探索性地开展了科室间质量交互检查并建立机制，完善人员资质及业务授权管理，加强多维度人员业务培训；达到了提升所内质量管理工作水平的目的。

实验动物资源调查工作

承担国家科技基础条件平台中心委托"第三次实验动物资源调查和发展趋势分析"专项工作，以及北京市实验动物管理办公室委托"2020—2022 年度北京地区实验动物资源调查"专项工作。开展了对东北地区、华北地区、华东地区、西北地区四个大区实验动物资源现状现场调研工作。

已完成全国实验动物资源信息和数据填报统计；完成对北京市实验动物资源现状的调查工作，编制了《北京地区实验动物资源调查分析研究报告》初稿。

推进"国家啮齿类实验动物资源库"完善

新增 23 个品系小鼠精子 526 支麦管、16 个品系小鼠胚胎 4034 枚；首次应用体外受精技术保存 3 个品系大鼠胚胎约 300 枚。

结合资源库工作需求，制定了《实验动物资源标识符编码规则》等六个管理办法。

对 27 个品系资源的血液生理生化等进行测定并更新了资源库内生物学数据，资源数据达 60 个品系。

通过种子交换，丰富了 KM 小鼠封闭群基因多态性和种群优化。

培训与交流工作

全方位加强培训和交流。2023 年以来，在按计划组织实验动物从业资格培训和年初计划培训的基础上，通过派出去和请进来相结合，指导组织开展系列全所职工参与的主题知识培训班 8 期、线上推荐 4 期；派出 3 名专业技术人员外出 1 个月脱产学习前沿技术和运行管理，多人参加实验动物屏障设施运行管理培训，积极鼓励员工外出参加学术会议交流。

开展主题调研工作

以问题为导向，坚持系统思维，以深化调查研究推动解决发展难题。以深入学习贯彻习近平新时代中国特色社会主义思想主题教育为契机，在全所大兴调查研究之风。分所级和科室分别开展调查研究，开展了"实验动物设施需求调查"，以期为二期实验动物设施建设提供参考；同时 5 个内设科室分别开展调查研究，相关工作的实施，均有力地促进了业务工作的完善和提高。

召开 2022 年度实验动物饲养与使用管理体系管理评审会议

2023 年 3 月 17 日下午，动物所组织召开中检院 2022 年度实验动物饲养与使用管理体系（CL06 体系）管理评审会议，会议由动物所主要负责人主持，院内各实验动物使用部门、相关职能部门及动物所各科室负责人共计 28 人参加会议。会议听取了动物所质量负责人对 CL06 体系质量管理运行情况及存在问题的汇报，与会人员就中检院实验动物饲养与使用过程中存在的问题和质量管理情况进行研讨和评议。

举办实验动物日系列活动

2023 年 4 月 24 日至 28 日，中检院举办了"世界实验动物日"系列主题活动，纪念为人类医药卫生和健康事业做出巨大贡献的实验动物。本次活动的主题为"奉此身　健康颂"，通过设立实验动物周宣传栏、向慰灵碑献花及组织参加主题学术沙龙等活动，组织我院实验动物相关工作人员向实验动物送上崇高的敬意和深深的悼念。

举办实验动物资源应急管理培训班

2023 年 9 月 19 日至 20 日，由中检院和北京实验动物管理办公室共同主办的"实验动物应急管理培训班"开班。来自北京市实验动物饲养与使用机构共 123 人参加此次培训班。为提高一线管理和饲养技术人员应急处置能力，除邀请实验动物行业专家授课外，首次开展现场应急模拟演练。学员亲身融入动物逃逸、停电、火灾、意外创伤等预设场景中，"沉浸式"参与了屏障设施应急处置的演练活动。通过演练，既检验了应急预案的实用性和可操作性，又增强了学员的应急处置能力，对屏障设施突发各类意外情况及应急处理措施积累了宝贵经验。

实验动物从业人员上岗培训及考试

联合组织中检院 2023 年度实验动物从业人

员上岗培训及考试工作，共有来自院内 7 个业务所、中心共计 79 名学员报名，其中首次培训 40 人，换证 39 人。授课结束后，全体学员分批参加了北京市实验动物行业协会统一上机考试，成绩合格后获得实验动物从业人员上岗证。

安全评价研究所

参加 2023 年全球监管科学峰会

应全球监管科学机制（GCRSR）和欧洲食品安全局（EFSA）邀请，经国家药监局批准，副局长赵军宁于 2023 年 9 月 26 日至 30 日率团出访意大利参加了第 13 届全球监管科学峰会（Global Summit on Regulatory Science，GSRS），与美国食品药品管理局（FDA）及有关药品企业、行业协会进行了交流。本次会议主题为"食品药品安全新兴技术"，来自欧盟、美国、中国、日本、加拿大、新加坡、瑞士、德国、新西兰等 20 多个国家和地区约 200 名专家和代表参加了本次会议。围绕"新兴技术全球概况与展望，新兴技术在监管研究中的应用，监管研究新需求，新兴技术研究，人工智能与机器学习，未来走向与变化"共六个模块进行了汇报和讨论交流。

应大会组委会特别邀请，赵军宁副局长以"中国药品监管的科学化进程"为题进行了大会报告。详细介绍了国家药监局（NMPA）近年来通过监管科学计划的实施，在提高监管能力和水平，推动公共健康急需产品尽快上市等方面取得的积极成效。李波研究员受大会邀请，作为大会联合主席主持了"新兴技术未来走向与变化"第六模块的大会报告和讨论环节，并对大会报告内容进行了点评。耿兴超研究员以"中国类器官和器官芯片的发展现状及其监管思考"为题进行了大会学术报告，详细介绍了我国类器官和器官芯片技术的最新发展状况及其在药物研发和临床诊断等领域的应用情况。

安全评价研究所积极协调中美两国监管科学合作事宜，美国 FDA 对中国 NMPA 加入 GCRSR 表示欢迎和支持，对中方希望在合适的时间承办全球监管科学峰会的意愿表示感谢，将纳入 GCRSR 成员会议讨论通过。

毒性病理技术培训班在京顺利召开

由中检院安全评价研究所主办的毒性病理技术培训班于 2023 年 9 月 23 日至 24 日在北京市召开。本次培训班以"毒性病理学评价方法及其风险评估应用"为主题，邀请美国北卡罗来纳大学 Rani Sellers 博士、美国毒性病理学学会执行委员 Lindsay Tomlinson 博士、美国毒性病理学会职业发展委员会主任委员 Elizabeth S Clark 博士、国家药监局药品审评中心王庆利和黄芳华、国家药监局食品药品审核查验中心耿德玉、中国科学院上海药物研究所任进博士、资深病理学家李宪堂博士、上海中医药大学药物安评中心张泽安博士等 10 余位毒理实验研究和（或）病理诊断方面的著名专家到会进行培训报告及讨论。

本次会议交流的内容既包括药物非临床研究策略和审评关注点、GLP 条件下的毒性病理核查要点、不良作用和未见有害作用水平的确定、"不良反应"案例的综合讨论等多个方面。此次培训班的召开促进了我国病理学从业人员对相关专业知识的深入了解，为我国非临床 GLP 机构开展新药的研究和评价提供了丰富的理论指导，也将推动我国自主创新药物的研发和临床前安全评价工作。

接受第六次 AAALAC 国际认证检查

AAALAC（Association for Assessment and Accreditation of Laboratory Animal Care International，国际实验动物评估和认可管理委员会）认证是国际上公认，且在欧美国家的生物、化学和医药研发领域中广泛采信的认证体系。安全评价研究所于 2007 年首次通过 AAALAC 认证，并依次通过

4次复查。为进一步提高试验质量信誉和国内外市场竞争力，安全评价研究所于2023年8月提交了第六次认证检查申请，并于2023年11月8日至9日接受了2位AAALAC专家的现场认证检查。

在为期2天的检查中，专家们通过查阅记录报告和档案资料，现场考察动物设施，以及问答交流等多种方式对安全评价研究所实验动物的福利、伦理和使用管理等进行了全面的核查。专家们一致认为安全评价研究所拥有清洁及保养妥善的动物设施，饲养在机构内的动物健康状态良好。同时，安全评价研究所具有一支专业水准高、工作尽职尽责的实验动物管理队伍，拥有非常全面的指导文件系统和优秀的文件管理系统。专家们还高度称赞安全评价研究所IACUC全体人员在实验动物使用和管理等方面所做的工作，同时也对个别项目提出整改建议。

通过AAALAC检查专家的现场检查和指导，安全评价研究所将进一步提高实验动物管理和使用的能力和水平，将始终保持国际先进水平并完善和加强各种能力建设。

首个药物非临床领域质控样品的研制

2023年，针对药物非临床研究领域中缺乏相应的国家药品标准物质（样品）和质控样品的现状，为确保药品质量和安全，充分发挥国家药品标准物质在药品全链条、全生命周期监管中的作用，建立健全国家药监局药品全领域的标准化监管体系，研制了首个药物非临床领域的质控样品：大鼠血浆中布洛芬质控样品，填补我国在该领域的空白，为推动我国GLP行业的规范化发展贡献力量。

牵头修订《药物非临床研究质量管理规范认证管理办法》

我国自2003年正式实施《药物非临床研究质量管理规范》（GLP）以来，药品监管部门一直使用2007年制定的《药物非临床研究质量管理规范认证管理办法》中附件3的标准进行认证检查。2017年新版GLP实施后，监管要求出现了新的变化，亟待新的配套检查办法指导日常认证检查工作。2023年1月，国家药监局颁布了新版《药物非临床研究质量管理规范认证管理办法》，要求制定新版的检查要点和判定原则，该项工作由国家药监局食品药品审核查验中心负责。中检院安全评价研究所受委托牵头带领专家组全程参与了该文件的起草、论证、修订工作。

新检查要点和判定原则采用了基于风险的理念，取消了原标准中不适用的条款，增加了部分适应当前管理理念、管理技术发展的新要求。从而既从内容上保证了检查的法规符合性，又从方式方法上改善了检查的灵活性，有力促进了现场认证检查实施水平的提高。

该检查要点和判定原则已于2023年7月1日起正式实施，并迅速应用在之后的GLP认证检查工作中。

第十四部分　大事记

中国食品药品检定研究院 2023 年大事记

1月1日

正式启用中央预算管理一体化系统，包括支付结算、对账、编制财务报告、预算执行、预算绩效管理等。

1月4日

发布新版 GB 9706 系列标准检验资质认定有关情况公告。每月发布，2023 年共发布 12 期。

1月6日

"一种主动脉人工心脏瓣膜流体动力学测试装置"获得实用新型专利证书。发明人：刘丽、万辰杰、王硕、李崇崇、黄元礼、柯林楠、赵丹妹、韩倩倩、王春仁。专利号：ZL 2022 2 1081737.7。

中国食品药品检定研究院召开 2022 年度述职会议。副院长路勇主持会议，院领导、两委委员、29 个内设机构主要负责人、院属企业负责人现场参加会议，其他科室副主任以上干部（包括科室临时负责人）和职工代表通过线上形式参会。

1月9日

化学药品检定所所长张庆生、副主任刘阳、副研究员张才煜应美国药典委员会（USP）邀请线上参加第二届美国药典定量核磁研讨会。副主任刘阳受邀作题为"定量核磁共振在药品质量控制中的应用研究"大会报告。为期 3 天。

1月10日

生物制品检定所研究员李玉华应世界卫生组织（WHO）邀请线上参加 WHO mRNA 技术专家咨询会议。为期 2 天。

1月13日

科研管理处召开 2022 年度科技评优会。经学委会评审和院长办公会审议批准，2月1日印发《中检院关于表彰 2022 年度科技评优获奖者的通报》，李涛、毛群颖、康帅、袁松、文海若获得一等奖，杜加亮、王莹、张可华、李进、林铌、徐翙雯、贾菲菲、王丽获得二等奖，胡泽斌、王学硕、付步芳、仟秀、吴彦霖、董谦、董浩、李双星、魏杰、李曼郁、王晨希、王胜鹏获得三等奖。

1月17日

"一种生物安全样本库用细胞储存装置"获得实用新型专利证书。发明人：裴宇盛、蔡彤、宁霄、杜然然、刘雅丹、陈晨、张庆生、高华。专利号：ZL 2022 2 2511485.3。

1月18日

印发 GB 9706.1—2020 标准检验要点，发布 GB 9706.1—2020 标准送检要求等相关文件通知。

1月20日

三级生物安全实验室取得国家卫生健康委关于延续和新增开展实验活动的批复，包含新冠病毒实验活动的延续开展和新增猴痘病毒、基孔肯雅病毒、牛分枝杆菌、土拉弗朗西斯菌、荚膜组织胞浆菌、巴西副球孢子菌等 6 个高致病性病原微生物的实验活动，至此，实验室已取得 12 种高致病性病原微生物的实验活动资质。

1月28日

《中检院顺四条院区升级改造项目可行性研究报告》获得国家药品监督管理局的批复（国药监综函〔2023〕8 号）。批复同意对中国食品药品检定研究院顺四条院区平房 1 等 7 栋单体建筑及其附属设施进行升级改造，审定总投资 2819.64 万元。

1月

中国食品药品检定研究院安全评价研究所于2022—2023年受委托牵头带领专家组全程参与新版《药物非临床研究质量管理规范认证管理办法》配套检查要点和判定原则的起草、论证、修订工作。新版检查要点和判定原则于2023年7月1日起正式实施。

2月1日

第3次院长办公会审议通过《中国食品药品检定研究院政府采购管理办法》（中检办后勤〔2023〕3号）。

2月2日

院士王军志领衔的汇报组完成了全国重点实验室线上答辩。

2月3日

中国食品药品检定研究院召开务虚会研究2023年全院重点工作安排。院长李波主持会议，院领导出席。全院28个部门主要负责人参加会议。

2月7日

医疗器械检定所承办电气电子工程师学会（IEEE）P3191（机器学习医疗器械临床性能监测推荐标准）工作组线上启动会议。

副院长路勇主持召开化妆品行政相对人座谈会，就《化妆品监督管理条例》相关配套法规实施后化妆品和新原料注册备案工作带来的变化和遇到的有关情况进行座谈交流。来自行业协会、化妆品和新原料企业50余人参加。

化学药品检定所生化药品室副研究员刘博入选中组部、团中央第23批博士服务团，赴吉林省延边朝鲜族自治州敦化市开展为期1年的服务工作，挂职担任副市长一职，主要负责协助做好当地医药产业发展工作。

2月9日

法国梅里埃公司亚太区副总裁JOHANLAU DIDERICHSEN一行五人到访化学药品检定所药理室并针对"细菌内毒素检测新技术研究进展与应用"开展交流。双方在法规、技术进展信息共享、加强技术访问交流方面达成了初步共识。

2月13日

国家药品监督管理局药品审核查验中心派出6人专家组对安全评价所进行了全面的GLP资质认证检查。检查专家组认为机构的整体管理和项目实施符合国家药品监督管理局GLP的要求。为期5天。4月12日收到国家药品监督管理局药品注册司对药物非临床研究质量管理规范定期检查结果的通知，符合GLP的要求。

2月14日

化学药品检定所药理室副主任谭德讲、研究员贺庆应欧洲药品质量管理局（EDQM）邀请线上参加由EDQM和欧洲动物实验替代方法合作组织（EPAA）共同组织举办的"热原检测的未来：逐步淘汰家兔热原检查法"会议。研究员贺庆应邀介绍《中国药典》热原检测技术发展概况。为期3天。

2月16日

"2023年国家药品抽检工作会"在重庆市召开。国家药品监督管理局药品监管司，中国食品药品检定研究院，各省（区、市）药品监督管理局相关负责人及工作人员，承检机构业务人员140余人参加。为期2天。

2月17日

收到"关于转发国家发展改革委关于中国食品药品检定研究院二期工程可行性研究报告批复的通知"（药监综财函〔2023〕30号）。批复中国食品药品检定研究院二期工程项目总规模131000平方米，总投资168771万元。

2月28日

发布《2023年度国家药品标准物质首批研制计划品种名单》（标物函〔2023〕7号）。

发布《2023年度国家药品标准物质换批研制计划品种名单》（标物函〔2023〕8号）。

召开2023年度党风廉政建设工作会议，传达学习习近平总书记在二十届中央纪委二次全会上的重要讲话精神和全会精神，落实国家药品监督管理局2023年党风廉政建设工作会议部署要求，总结 2022 年党风廉政建设工作，部署 2023 年工作任务，通报典型案例、开展警示教育。党委书记肖学文出席会议并讲话，院领导班子成员出席会议。院两委委员，各部门科室副主任以上干部，在职党支部书记、支部委员、党小组组长，青年理论学习小组组长，民主党派人员代表参加会议。

3 月 6 日

化学药品检定所抗肿瘤和放射性药品室副主任药师黄海伟、副研究员贾娟娟、孙葭北等 3 人线上参加国际原子能机构在奥地利维也纳的国际原子能机构总部组织召开的"放射性药物卫生和药品监管法规技术会议"。贾娟娟作题为"中国放射性药品监管概况"的报告。为期 5 天。

发布 GB 9706.103—2020 等新版 GB 9706 系列标准检验报告模板（第一批）共 20 个。

3 月 8 日

"血源筛查用核酸诊断试剂批签发理论及实操培训"在湖南省长沙市举办。来自北京、上海、湖南、广东、江苏等省市 5 个药品检验机构的 20 余人参加。国家药品监督管理局代表、中国食品药品检定研究院体外诊断试剂检定所主要负责人、湖南省药品检验检测研究院负责人出席本次培训。为期 3 天。

3 月 10 日

中国食品药品检定研究院召开 2022 年度总结表彰大会。国家药品监督管理局党组成员、副局长黄果，中国工程院院士王军志出席大会，院长李波、党委书记肖学文、副院长路勇、张辉，院两委委员、在职党支部书记、支部委员、科室副主任以上干部及职工代表近 500 人参加。

3 月 13 日

化学药品检定所研究员梁成罡应美国药典委员会（USP）邀请作为 USP 生物药 2 - 治疗性蛋白专业委员会专家委员（2020—2025）参加该专委会系列线上专家会议。另于 2023 年 5 月 8 日、7 月 10 日、11 月 13 日参加该系列线上会议。

3 月 14 日

第 6 次院长办公会通过 2023 年院学科带头人培养基金拟立项课题，共立项支持 10 个课题，预算 300 万元；通过了 2023 年院中青年发展研究基金拟立项课题，共立项支持 20 个课题，预算 160 万元。

"一种生物安全样本库用血浆提取装置"获得实用新型专利证书。发明人：裴宇盛、蔡彤、杜然然、刘雅丹、宁霄、陈晨、张庆生、高华。专利号：ZL 2022 2 1425546.8。

3 月 15 日

生物制品检定所副所长王兰，研究员于传飞、刘春雨，副研究员王文波、李萌、武刚、俞小娟应美国药典委员会（USP）邀请参加 USP 生物制品标准线上交流活动。

科学技术部印发《科技部关于开展医药、能源、工程领域全国重点实验室建设工作的通知》（国科发基〔2023〕39 号），药品监管科学全国重点实验室获批建设。

科技部印发通知，批准建立药品监管科学全国重点实验室，依托单位为中国食品药品检定研究院，国家药品监督管理局药品审评中心，国家药典委员会。

3 月 16 日

国家药品监督管理局局长焦红到中国食品药品检定研究院召开二期工程建设项目专题会议，实地察看中国食品药品检定研究院二期工程建设项目地块情况，听取工作情况汇报，并就做好项目建设提出具体要求。

四川省药品监督管理局、四川省药品检验研究院和成都市温江区人民政府协办的生物制品批签发工作交流及批签发机构能力建设研讨会在四川省成都市举办。来自国家药品监督管理局相关司局和直属单位，各省级药品监管部门和省级药品检验机构及相关企业人员 150 余人参加。为期 2 天。

3月17日

"一种血清内毒素检测装置"获得实用新型专利证书。发明人：裴宇盛、蔡彤、陈晨、宁霄、刘雅丹、张庆生。专利号：ZL 2022 2 2511199.7。

3月20日

院士王军志作为世界卫生组织（WHO）生物制品标准化专家委员会（ECBS）委员与生物制品检定所所长徐苗应WHO邀请在线参加WHO第77届ECBS会议。为期5天。

3月21日

"一种检测悬浮粒子浓度用采样头的辅助支架"获得发明专利证书。发明人：刘巍、侯丰田、梁春南、赵明海、张心妍、许中衍、王冠杰。专利号：ZL 2022 2 2766830.8。

"采样头辅助支架"获得发明专利证书。发明人：刘巍、侯丰田、梁春南、赵明海、张心妍、许中衍、王冠杰。专利号：ZL 2022 3 0693559.2。

3月22日

"热原检查法数据库系统（简称：DB – RPT）"获得计算机软件著作权登记证书。著作权人：中国食品药品检定研究院（国家药品监督管理局医疗器械标准管理中心、中国药品检验总所），登记号：2023SR0380707，证书号：软著登第10967878号。

3月26日

医疗器械标准管理研究所助理研究员易力随国家药品监督管理局团组应国际医疗器械监管机构论坛（IMDRF）邀请赴比利时参加IMDRF第23次管理委员会会议。为期8天。

3月27日

综合业务处启用申请人预约送检服务。

3月28日

"干细胞制剂质量评价技术培训班"在上海市举办，对目前干细胞领域发展进程、质控要求、临床转化、伦理要求等行业内关注热点进行了培训和交流。细胞产品相关生产研发单位、科研院校、行业协会及药品、生物制品检验检测机构等相关人员200余人参加。为期3天。

3月29日

"医用高通量测序技术用诊断试剂系列标准培训班"在浙江省杭州市举办。国家药品监督管理局医疗器械注册司处长周雯雯和国家药品监督管理局医疗器械标准管理中心所长余新华，业内专家进行授课。来自全国各检验检测、科研机构、产品研发、临床应用等领域的250余名代表参加。

3月31日

院长李波会见到访的盖茨基金会北京办高级项目官员桓世彤先生。与会双方就加强中非合作，提升非洲实验室能力建设进行充分交流探讨，达成初步合作意向，并明确下一阶段的工作方向。国家药品监督管理局中国食品药品国际交流中心副主任王翔宇一行陪同来访。副院长张辉，生物制品检定所、化药药品检定所、检验机构能力评价研究中心和国际合作处有关负责同志陪同参加会见。

"人DPP4基因敲入的小鼠模型、其产生方法和用途"获得发明专利证书。发明人：王佑春、范昌发、吴曦、刘强、李倩倩、黄维金、刘甦苏、吕建军、杨艳伟、曹愿。专利号：ZL 2018 1 0900761.0。

3月

党委办公室组织195名院科室副主任以上干部、在职支部委员参加中共国家药品监督管理局党校组织的学习贯彻党的二十大精神集中轮训班。为期1个月。

实验动物资源研究所承担北京市实验动物管理办公室任务，完成2020—2022年度北京地区实验动物资源调查，调查覆盖北京地区持有实验动物许可证单位225个，获得实验动物资源和管理有效数据和信息345573个，编写完成《北京地区实验动物资源现状调查分析研究报告》。

肖新月主编的《药品包装材料》出版，出版社：科学出版社出版；书号（ISBN）：978 – 7 – 03 – 074711 – 2。

4月3日

副院长张辉会见到访的全球疫苗免疫联盟（GAVI）战略创新与新投资者中心主任张丽女士一行。双方就进一步完善合作机制、建立常态化合作，以及共同关注的疫苗安全和质量监管、中国疫苗参加世界卫生组织预认证、如何推进中国疫苗更好地进入国际采购市场等议题进行深入交流。张丽女士一行参观生物制品检定所疫苗检定实验室。国家药品监督管理局科技国合司副司长刘景起、人力资源和社会保障部国际合作司国际职员和国际条约处处长等陪同来访。生物制品检定所、国际合作处有关负责同志陪同参加会见。

4月7日

"一种表型高度一致的恶性淋巴瘤模型的建立方法及其用途"获得发明专利证书。发明人：王佑春、范昌发、沈月雷、刘甦苏、吴曦、吕建军、李芊芊、杨艳伟、王三龙、霍桂桃、左琴、王雪。专利号：ZL 2017 1 1320608.2。

"一种支撑装置"获得实用新型专利证书，发明人：张斗胜、姚尚辰、刘婷、王晨、许明哲、张庆生、王立新。专利号：ZL 2022 2 2583042.5；专利权人：中国食品药品检定研究院；证书号：第18795346号。

4月11日

"2023年国家化妆品抽样检验工作会议"在广西壮族自治区召开。各省（市、区）药品监督管理部门和检验机构相关工作人员共110余人参加。

4月14日

发布GB 9706.202—2021等21个GB 9706系列标准检验报告模版（第二批）。

4月17日

医疗器械标准管理研究所所长余新华、副主任郑佳应德国电工委员会（DKE）、欧洲放射电子医学与卫生信息技术行业协会（COCIR）、德国电气电子行业协会（ZVEI）邀请赴德国开展新兴医疗器械标准合作交流任务。为期4天。

化学药品检定所副研究员贾娟娟、助理研究员孙得洋应国际原子能机构（International Atomic Energy Agency，IAEA）邀请在线参加IAEA放射性药物发展趋势国际专题讨论会。为期5天。

4月18日

2023年国家药品标准物质质量监测工作启动并发布《2023年度国家药品标准物质质量监测品种名单》。

4月19日

院长李波会见到访的俄罗斯联邦政府预算机构科学中心主任Valentina Kosenko女士等一行五人。双方围绕标准物质研制、实验室能力建设、人员培训等方面进行充分交流探讨，达成初步合作意向，并明确下一阶段的工作方向。俄方参观标准物质和标准化管理中心、化学药品检定所、生物制品检定所和P3实验室。清华大学俄罗斯研究院秘书长刘伟一行陪同来访。生物制品检定所、化学药品检定所和国际合作处有关负责同志陪同参加会见。

4月20日

"2023年全国药品微生物检验控制技术培训班"在浙江省宁波市举办，来自全国药品检验检测机构、药品生产和研发企业、高等院校及科研单位等从事药品微生物检验和控制相关人员300余人参加。为期2天。

4月21日

召开中国食品药品检定研究院学习贯彻习近平新时代中国特色社会主义思想主题教育动员部署会。党委书记、副院长肖学文动员讲话。院长李波，副院长路勇出席会议。院两委委员，各党总支、支部委员及副处级以上干部参加会议。

4月24日

化学药品检定所副所长许明哲应世界卫生组织邀请作为WHO国际药典和药品标准专家委员会委员赴瑞士参加WHO药品质量控制和药典质量标准专家咨询会议。许明哲对由我国药品检验实验室负责起草的4个药典各论进行报告，并代表修订组向会议通报《WHO 药品质量控制良好操作规范（WHO Good Practices for Pharmaceutical Quality Control Laboratories，GPPQCL)》修订进展情况。为期5天。

"2023 年全国普通化妆品备案质量抽查工作部署会议"在湖南省长沙市召开。国家药品监督管理局化妆品监管司、各省级药监局有关人员及中国食品药品检定研究院有关人员 100 余人参加。

4 月 25 日

印发《中检院党委深入开展学习贯彻习近平新时代中国特色社会主义思想主题教育实施方案》（中检党〔2023〕43 号），对中国食品药品检定研究院主题教育工作进行安排部署。

4 月 27 日

安全保卫处组织召开安全委员会全体委员（扩大）会议，院领导、科室副主任以上领导干部（含院属企业）参加。

5 月 1 日

副院长张辉、化学药品检定所副所长许明哲、生物制品检定所主任黄维金应非洲发展联盟—非洲发展新伙伴关系（AUDA – NEPAD）邀请赴卢旺达参加第六届非洲药品质量论坛（African Medicines Quality Forum，AMQF）。代表团受邀以"中国药品检验机构和疫苗批签发"为题作大会报告，会上正式将中国食品药品检定研究院列为 AMQF15 个合作伙伴之一，为进一步拓展深化中非合作奠定了基础。会议期间分别与世界卫生组织（WHO）、AMQF 秘书处和盖茨基金会，以及卢旺达药监局召开多边会议，深入探讨合作交流的领域和方向。为期7天。

5 月 5 日

IEEE 2802—2022 正式发布，该标准大部分技术内容是对行业标准 YY/T 1833.1—2022 的第一时间转化，已获得国家药品监督管理局批准引用。

"基因治疗领域发展热点培训班"在深圳市举办。基因治疗相关生产研发单位、科研院校、行业协会及药品、生物制品检验检测机构等相关人员 180 余人参加。为期 2 天。

5 月 8 日

医疗器械检定所所长李静莉、副研究员王浩、研究员李澍、高级工程师孟祥峰、王晨希、郝烨应邀参加电气电子工程师学会（IEEE）人工智能医疗器械标准网络讨论会。另于 2023 年 6 月 2 日参加该系列线上会。

5 月 16 日

"致癌性小鼠模型及其建立方法和应用"获得发明专利证书。发明人：范昌发、刘甦苏、霍桂桃、杨艳伟、赵皓阳、王三龙、耿兴超、孙晓炜、谷文达、翟世杰、李琳丽、吴勇、曹愿。专利号：ZL 2021 1 1516512. X。

5 月 23 日

"2023 年国家医疗器械抽检工作座谈会"在山东省威海市召开。国家药品监督管理局器械监管司副司长李军、监测抽验处处长王昕出席并讲话。中国食品药品检定研究院技术监督中心、综合业务处、医疗器械检定所、体外诊断试剂检定所，各省（区、市）药品监督管理局分管医疗器械抽检工作负责人和检验单位分管国家医疗器械抽检工作的负责人共 50 人参加。

"生物安全样本器皿缓存库"获得实用新型专利证书。发明人：裴宇盛、蔡彤、宁霄、杜然然、刘雅丹、陈晨、张庆生。专利号：ZL 2022 2 3208285.7。

5 月 26 日

"黏膜免疫疫苗研究交流会"在北京市召开。会议探讨黏膜免疫疫苗研发现状和质量评价研究情况。科研院所、检验机构及生产企业相关人员 80 余人参会。

5 月 29 日

中共国家药品监督管理局党组研究决定，任命：杨继涛同志为中国食品药品检定研究院（国家药品监督管理局医疗器械标准管理中心，中国药品检验总所）党委副书记、纪委书记（国药监党任〔2023〕9 号）。

5 月 30 日

标准物质和标准化管理中心主任孙会敏应美国药典委员会（USP）邀请作为 USP 药用辅料专家委员会委员赴美国参加 USP 复杂辅料专委会会议。为期 6 天。孙会敏被 USP 授予 2023 年度标准工作杰出贡献奖。

药用辅料和包装材料检定所青年理论学习小组被授予"2022 年度国家药监局青年理论学习示范小组"称号；医疗器械标准管理研究所所董谦同志被授予"2022 年度国家药监局青年学习标兵"称号（药监机团〔2023〕2 号）。

5 月 31 日

检验机构能力评价研究中心副处长项新华、化学药品检定所主任陈华、主管药师刘雅丹、药师孙娴应邀线上参加俄罗斯药品监管年度会议。

国家药品监督管理局党组成员、副局长雷平在大兴院区召开专题座谈会。会上听取了中国食品药品检定研究院关于二期工程进展汇报，并提出要求。

6 月 6 日

中药民族药检定所研究员聂黎行应邀线上参加国际标准化组织（ISO）标准物质技术委员会第 4 次全体会议。为期 4 天。

6 月 7 日

院长李波会见到访的世界卫生组织（WHO）监管和预认证司司长罗热里奥·加斯帕尔一行。双方就疫苗和化学药品实验室预认证、实验室质量管理体系建设、标准物质研究制备和分发、本地化生产，以及为中低收入国家建立药品监管体系提供人员和技术支持等议题交换意见。加斯帕尔司长一行参观了呼吸道病毒疫苗室、细菌多糖与结合疫苗室、化学药品室和药理室。国家药品监督管理局科技国合司副司长刘景起等陪同来访。副院长张辉、国际合作处、生物制品检定所、化学药品检定所、检验机构能力评价研究中心有关负责同志陪同参加会见。

6 月 8 日

中国食品药品检定研究院与中央台办六局、国家药品监督管理局科技国合司（港澳台办）共同开展"积极开展国际抗疫合作，坚决遏阻台'以疫谋独'"教育主题党日活动。

徐苗获第二十三届吴阶平－保罗·杨森医学药学奖。

6 月 16 日

中央第三十六指导组副组长黄宪起率队到中国食品药品检定研究院调研指导主题教育工作。国家药品监督管理局党组成员、副局长黄果陪同。

6 月 18 日

成立实验动物资源研究所顺四条院区升级改造项目建设管理小组，配合建管办开展四条改造工程，由巩薇任组长，范昌发任副组长，左琴、武卫国、逯连勇、王威、张鑫、刘甦苏、翟世杰等相关同志作为成员参加。

6 月 19 日

中国合格评定国家认可委员会（CNAS）评审组对中国食品药品检定研究院进行 CNAS 实验室认可和 CMA 资质认定扩项及变更现场评审。对中国食品药品检定研究院申请扩项及变更的化学药品、生物制品、有源医疗器械和无源医疗器械及化妆品领域的技术能力进行了确认。为期 2 天。

6 月 20 日

欧洲药典委员会第 176 次会议任命副研究员裴宇盛为欧洲药典细菌内毒素工作组（BET WP）专家委员。

首届"体外诊断产业监管与技术创新交流会"在北京市举办。来自国家药品监督管理局、国家药品监督管理局医疗器械标准管理中心、TC136 挂靠单位等单位的嘉宾以及医用高通量测序技术归口单位专家组成员、观察员及代表 110 余人参加。为期 2 天。

6 月 25 日

"一种柱塞式可调节定量取药装置"获得发明专利证书。发明人：赵宗阁、孙会敏、王丽、王青、刘明理、路勇。专利号：ZL 2023 2 1618359.6。

6 月 27 日

化学药品检定所副所长许明哲作为世界卫生组织（WHO）国际药典和药品标准专家委员会委员应 WHO 邀请线上参加 WHO 药品生产和检查规范专家咨询会。许明哲代表 WHO 专家修订组参加并主持"WHO 药品检验实验室良好操作规范"小组的讨论。为期 3 天。

6 月 29 日

印发《中检院党委配合国家局党组常规巡视工作方案》（中检党〔2023〕59 号），全力配合国家药品监督管理局党组第一巡视组开展常规巡视工作。

6 月 30 日

召开国家药品监督管理局党组第一巡视组巡视中国食品药品检定研究院党委主要负责人见面沟通会和工作动员会。

副院长张辉会见到访的盖茨基金会北京代表处首席代表郑志杰先生和非洲药品管理局（AMA）特使米歇尔·西迪贝先生一行。与会各方就提升非洲实验室能力建设和管理、药品检验技术人员培训、疫苗批签发和药品检验技术交流、标准物质、传统药发展、非洲药品本土化生产等进行坦诚深入和建设性的交流。来宾参观生物制品检定所艾滋室。国家药品监督管理局科技国合司综合处，以及中药民族药检定所、生物制品检定所、检验机构能力评价研究中心、国际合作处有关负责同志陪同参加会见。

7 月 2 日

院长李波、标准物质和标准化管理中心主任孙会敏、国际合作处处长杨振、生物制品检定所副所长李长贵应德国疫苗及血清研究所（PEI）、英国政府化学家实验室（LGC）德国分部、欧洲药品质量管理局（EDQM）邀请赴德国、法国开展标准物质研制及药品质量控制项目合作。为期 8 天。

7 月 3 日

"生物检定统计培训班"在山东省青岛市举办。从事生物检定和生物活性研究的生产研发单位、大专院校、科研院所、检验检测机构和相关监管机构工作人员共 230 余人参加。为期 3 天。

7 月 4 日

医疗器械检定所研究员李澍应电气电子工程师学会（IEEE）邀请线上参加 IEEE 数字疗法国际标准工作组会议。另于 2023 年 8 月 14 日、8 月 26 日参加该系列线上会议。

7 月 5 日

国家重点研发计划课题"生物安全样本库信息数据标准及质量管理体系标准研究"（编号：2019YFC1200704）通过课题和项目综合绩效评价，评价结论均为：通过。

7 月 9 日

食品化妆品检定所副研究员罗飞亚随国家药品监督管理局团组赴巴西参加国际化妆品监管合作联盟（ICCR）第 17 届年会。为期 8 天。

7 月 13 日

副院长路勇会见到访的欧洲化妆品协会法规事务及国际事务总监 Gerald Renner，以及中国欧盟商会代表一行。双方就未来中欧化妆品技术交流合作、化妆品安全评估培训等有关事宜进行沟通。化妆品安全技术评价中心、国际合作处有关负责同志陪同参加会见。

经 2023 年 7 月 13 日中共中国食品药品检定研究院委员会第 20 次会议研究，梁春南同志任职试用期满考核合格，同意正式任职实验动物资源研究所副所长（主持工作）。

按照国家药品监督管理局"安全用械　共享健康"2023 年全国医疗器械安全宣传周统一部署，围绕"科学检验　助力医疗器械高质量发展"的主题，医疗器械安全宣传周系列活动在大兴区举办。本次活动采取线上线下相结合方式，线上同步进行直播，共有来自医疗器械研发、生产、使用、检验和监管等相关机构 8000 余人参加。

7 月 19 日

化学药品检定所所长张庆生，主任陈华，副主任黄海伟、刘阳，助理研究员袁松，副主任药师庾莉菊应美国药典委员会（USP）邀请参加 USP 亚硝胺杂质控制线上研讨会。

7 月 20 日

副院长路勇会见到访的韩国驻华大使馆食药参赞李度基及韩国化妆品协会代表一行。双方就未来中韩化妆品技术交流合作、完整版化妆品安全评估报告面临的相关问题等有关事宜进行充分沟通。化妆品安全技术评价中心、化妆品检定所、国际合作处有关负责同志陪同参加会见。

药品监管科学全国重点实验室综合办公室召开药品监管科学全国重点实验室第一批候选课题论证会。来自中国食品药品检定研究院、国家药品监督管理局药品审评中心、国家药典委员会、国家药品监督药品评价中心等单位 12 名专家参加论证会，共评审第一批 53 个候选课题。为期 2 天。

7 月 24 日

中国食品药品检定研究院检验业务受理、留样等工作统一转至大兴区集中办公。

7 月 26 日

生物制品检定所研究员赵爱华应世界卫生组织邀请参加 WHO 结核病筛查目标产品特征指南修订网络讨论会。

综合业务处正式启用优化合同检验和复验/复检网上送检功能。

7 月 27 日

取得《北京市人民政府关于中国食品药品检定研究院二期工程项目申请使用国有土地的批复》，同意中国食品药品检定研究院按照划拨方式办理土地供应手续。

7 月 28 日

召开专题警示教育会议，通报对综合业务处党支部问责情况。国家药品监督管理局机关纪委书记朱明春，党委书记肖学文出席会议并讲话，

党委副书记、纪委书记杨继涛，院两委委员，各部门科室副主任以上干部，在职党支部书记、支部委员参加会议。

7 月 30 日

生物制品检定所副研究员李萌应日本福冈工业大学邀请赴日本执行第 43 期中日笹川医学奖学金（共同研究型）项目。为期 100 天。

7 月

编制下发《安全应急预案手册》。

8 月 8 日

"全国药品检验机构信息化研讨会"在深圳市召开。国家药品监督管理局信息中心主任陈锋，中国食品药品检定研究院党委书记、副院长肖学文，深圳市市场监督管理局党组成员、市食药安全总监王利峰出席会议并讲话。各省级（含副省级）药品检验院（所），口岸药品检验所分管负责人及有关人员共 100 人参加。为期 2 天。

8 月 9 日

"生物活性测定法建立与验证"培训班在江苏省南京市举办。来自全国各地的生物制品生产研发单位、科研院所及检验机构等共 240 余人参加。为期 2 天。

8 月 10 日

经过院领导批准刻制完成全国重点实验室印章并开始使用。印章由科研处代管。

8 月 20 日

医疗器械检定所研究员李澍随国家药品监督管理局团组赴丹麦参加丹尼达奖学金中心 2023 年健康经济学与数字健康课程。为期 15 天。

8 月 21 日

中药民族药检定所研究员郑健应日本药品医疗器械综合机构监管事务亚洲培训中心（PMDA－ATC）邀请赴日本参加 2023 年 PMDA－ATC 汉方药质量控制研讨会。研究员郑健作题为"中国植物药的药品管理"的报告。为期 5 天。

8 月 22 日

《中检院顺四条院区升级改造项目初步设计

和概算》获得国家药品监督管理局批复（国药监综函〔2023〕69号）。批复同意中国食品药品检定研究院顺四条院区升级改造项目初步设计方案和工程概算书，核定总投资2905万元。

8月24日

"2023年第一季度普通化妆品备案质量抽查工作分析会"在江苏省苏州市召开。国家药品监督管理局化妆品监管司、国家药品监督管理局信息中心、各省级药监局有关人员及中国食品药品检定研究院有关人员100余人参加。

8月29日

召开中国食品药品检定研究院领导班子主题教育专题民主生活会。

"GB/T 16292—2010《医药工业洁净室（区）悬浮粒子的测试方法》标准修订讨论会"在山东省济南市组织召开。

8月31日

"全国药品检验工作座谈会"在天津市召开。国家药品监督管理局党组成员、副局长黄果，国家药品监督管理局药品安全总监、中国食品药品检定研究院院长李波，中国食品药品检定研究院党委书记、副院长肖学文出席会议并讲话。天津市副市长范少军，国家药品监督管理局科技国合司司长秦晓岑，中国工程院院士王军志，天津市市场监督管理委员会党组书记、主任戴东强，天津市药监局党组书记、局长刘桂林，中国食品药品检定研究院副院长路勇、张辉出席会议。为期2天。

9月3日

院长李波会见来访的香港特别行政区政府卫生署署长林文健一行。双方就彼此关切事项交换意见，同意在现有良好合作基础上，进一步探索在医疗器械、疫苗和药品等领域合作机制，不断提升检验检测能力，共同助力内地和香港医药产业的创新发展。署长林文健一行参观中药标本馆。国家药品监督管理局港澳办、中药民族药检定所、港澳台办有关负责同志陪同参加会见。

医疗器械检定所主任药师付步芳随核查中心团组赴韩国对CG Bio Co.，Ltd.细基生物株式会社的注射用交联透明质酸钠凝胶和韩国麦迪斯有限责任公司Medyssey Co.，Ltd.的脊柱内固定系统进行境外生产现场检查。为期14天。

9月5日

计划财务处党支部被命名为"中央和国家机关'四强'党支部"（药监外收〔2023〕2784号）。

根据《党政领导干部交流工作规定》《中检院干部岗位交流工作办法（试行）》，结合工作需要，经2023年9月5日第26次党委常委会会议研究，任命：朱炯为医疗器械标准管理研究所所长；徐苗为技术监督中心主任。免去以上两位同志原任职务，生物制品检定所由副所长李长贵同志主持工作（中检党〔2023〕85号）。

医疗器械检定所所长李静莉、副所长张春青、副主任郑佳、副研究员王浩、高级工程师孟祥峰应邀参加德国电工委员会（DKE）关于IEC TC62人工智能医疗器械标准预立项线上交流会。

生物制品检定所副所长王兰、研究员徐潇随国家药品监督管理局团组赴古巴参加中古生物技术合作联合工作组第十二次会议。为期7天。

9月6日

"吹灌封（BFS）技术通则专题讨论会"在上海市召开，国家药典委员会、中国医药设备工程协会及BFS技术相关企业代表共计60余人参会。与会代表就标准通则的适用范围、主要涵盖内容及与其他中小通则衔接等问题进行了充分讨论，提出了许多宝贵的意见和建议。为《中国药典》吹灌封（BFS）技术通则的顺利制订奠定了良好的基础。

9月7日

化学药品检定所主任药师蔡彤、副研究员裴宇盛应美国注射剂协会（PDA）邀请与PDA专家就低内毒素回收开展线上研讨会。

9月11日

医疗器械检定所副研究员王浩作为特邀专家

应国际电工委员会医用电器设备标委会（IEC TC62）邀请赴韩国参加 IEC TC62 年会。王浩汇报中国食品药品检定研究院主导的《人工智能医疗器械肺部影像辅助分析软件算法性能测试方法》有关情况。会后该国际标准被正式批准立项，任命副研究员王浩担任项目组召集人。本次立项申报是我国人工智能医疗器械行业标准首次向 IEC 进行转化。为期 4 天。

院纪委印发《中国食品药品检定研究院防范利益冲突事项报告实施办法》（中检纪〔2024〕4 号）。

9 月 12 日

"全国热原物质检测技术培训班"在陕西省西安市举办。来自全国药检机构、制药企业和相关试剂厂家的 170 余人参加。为期 3 天。

9 月 15 日

召开学习贯彻习近平新时代中国特色社会主义思想主题教育总结会议。党委书记、副院长肖学文传达了李利书记在国家药品监督管理局主题教育工作会议上的讲话精神，并对中国食品药品检定研究院下一阶段工作作了部署安排。院党委副书记、纪委书记杨继涛出席，院直属党组织书记及副处级以上干部参加会议。

9 月 17 日

化妆品安全技术评价中心主任技师王敏力随核查中心团组赴西班牙对 Instituto Grifols, S. A. 的人血白蛋白产品进行境外生产现场检查。为期 8 天。

生物制品检定所副研究员杨英超随国家药品监督管理局食品药品审核查验中心团组赴德国、瑞士对 Merz Pharmaceuticals 公司的注射用 A 型肉毒毒素进行境外生产现场检查。为期 12 天。

9 月 18 日

化学药品检定所所长张庆生、主任陈华应俄罗斯卫生部联邦政府预算机构科学中心（SCEEMP）邀请赴俄罗斯与 SCEEMP 开展合作研讨。为期 5 天。

中药民族药检定所副所长魏锋、研究员程显隆应西太区草药协调论坛（FHH）邀请赴韩国参加 2023 年度西太区草药协调论坛第二分委会会议。为期 4 天。

9 月 19 日

实验动物资源研究所与北京实验动物管理办公室共同主办的"实验动物应急管理培训班"在北京市召开。来自北京市实验动物饲养与使用机构共 123 人参加。为期 2 天。

药用辅料和包装材料检定所与国家药品监督管理局药用辅料质量研究与评价重点实验室，以及中国药学会药用辅料专委会在山东省青岛市联合举办"《儿童制剂用辅料安全性及选择策略》培训班"。来自药用辅料产、学、研、用领域的 100 余名代表参训。为期 2 天。

瑞士 Tecan 公司检测类产品主任 Sandro. Palumbo 等一行人到访化学药品检定所药理室。双方就"内毒素自动化系统的软件的可视化编程""酶标仪软件的报告输出、审计追踪""酶标仪针对动态浊度法的兼容性"等议题进行了交流。

西太区草药协调论坛 2023 年第 2 小组会议在韩国召开。中药民族药检定所副所长魏锋、研究员程显隆二人组成的中国代表团参加会议。程显隆作题为"提议对人参属和苏合香属草药品种开展专题研究"的报告。魏锋报告介绍了中药标本的重要性及我院标本馆管理应用情况。

"细胞基因治疗药品领域研发和质量控制策略先进技术培训班"在广东省清远市举办。药品生物制品生产研发单位、科研院校、行业协会及药品、生物制品检验检测机构等相关人员 400 余人参会。为期 3 天。

9 月 20 日

化学药品检定所副研究员裴宇盛作为欧洲药典（EP）细菌内毒素工作组（BET WP）成员、主任药师蔡彤作为专家应欧洲药品质量管理局（EDQM）邀请线上参加 EDQM 细菌内毒素检查法工作组会议。为期 2 天。

《药物分析杂志》共 15 篇文章入选 2023 领跑者 5000（F5000）——中国精品科技期刊顶尖学术论文。

9 月 21 日

食品化妆品检定所副研究员罗飞亚、化妆品安全技术评价中心副研究员苏哲随国家药品监督管理局团组在线参加国际化妆品监管组织（ICCR）安全评价整合策略工作组会议。另于 2023 年 10 月 18 日、11 月 15 日、12 月 13 日参加该系列线上会。

国家药品监督管理局党组成员、副局长雷平到中国食品药品检定研究院调研化妆品技术支撑工作。

9 月 23 日

"毒性病理技术培训班"在北京市召开。来自美国北卡罗来纳大学和美国毒性病理学会的资深毒性病理学家及中国药物非临床安全性评价机构的 260 余名代表参加培训。为期 2 天。

9 月 24 日

医疗器械标准管理研究所主任汤京龙应欧盟委员会健康和食品安全总司（DG SANTE）邀请随国家药品监督管理局团组赴德国参加国际医疗器械监管机构论坛（IMDRF）第 24 次管理委员会会议。为期 7 天。

院纪委组织全院纪委委员、支部纪检委员和专职纪检干部赴中国纪检监察学院参加中央和国家机关纪检监察干部监督执纪执法业务培训班。为期 5 天。

9 月 25 日

检验机构能力评价研究中心副处长项新华、主管药师刘雅丹应欧洲化学会（EURA – CHEM）邀请赴英国参加第 10 届欧洲化学会药品检测相关领域能力验证研讨会。为期 5 天。

采用线上线下相结合形式组织开展 2023 年度科技活动周，中国食品药品检定研究院及来自高校、科研院所、企业、药检系统的 200 余家单位的 2000 余人次参加。为期 4 天。

化妆品安全技术评价中心与欧洲化妆品协会、欧盟商会在北京市举办化妆品安全风险评估培训班，来自国家药品监督管理局、中国食品药品检定研究院、各省化妆品审评部门，以及审评咨询专家、欧盟商会会员代表共 130 余人参加培训。为期 3 天。

9 月 26 日

院长李波、安全评价研究所副所长耿兴超应全球监管科学机制（GCRSR）和欧洲食品安全局（EFSA）邀请分别作为全球监管科学峰会执行委员会委员和代表随国家药品监督管理局团组赴意大利参加第 13 届全球监管科学峰会。李波应邀作为大会联合主席主持"新兴技术未来走向与变化"第六模块的大会报告和讨论环节并进行点评。耿兴超以"中国类器官和器官芯片的发展现状及其监管思考"为题进行大会学术报告。为期 5 天。

检验机构能力评价研究中心副处长项新华、化学药品检定所化学药品室主任陈华、副主任技师肖镜、副主任药师李婕、助理研究员袁松应邀参加世界卫生组织（WHO）西太区伪劣医疗产品网络研讨会。另于 2023 年 10 月 3 日参加该系列线上会。

9 月 27 日

技术监督中心主任徐苗、助理研究员江征应邀参加世界卫生组织（WHO）国家质控实验室合作网络视频会议。

9 月 28 日

完成中国食品药品检定研究院 2022 年整体绩效评价工作。

9 月 29 日

"一种穿透血脑屏障的聚山梨酯 80 及其组分形成的载药胶束递送系统"获得发明专利证书。发明人：孙会敏、涂家生、王珏、王晓锋、李婷、毕清华、汤龙。专利号：ZL 2018 1 0148906.6。

9 月

"面向五种技术路线新冠疫苗质量控制和评价综合技术体系创建和应用"获中国药学会科技一等奖。主要完成人：徐苗、毛群颖、梁争论、高帆、权娅茹、刘欣玉、胡忠玉、赵慧、卞莲莲、刘晶晶、吴星、陈国庆、管利东、贺倩、贺鹏飞。

10 月 3 日

体外诊断试剂检定所副主任李丽莉、副主任许四宏应国际标准化组织（ISO）邀请赴瑞典参加 ISO/TC 212 工作组会议及年会。为期 5 天。

10 月 5 日

副院长路勇、化妆品安全技术评价中心主任王钢力、副研究员苏哲应欧洲化妆品原料协会（EFFCI）、瑞士化妆品和洗涤剂协会（SKW）邀请赴瑞士、意大利参加欧洲化妆品原料年会并开展安全评估学术合作交流任务。在原料年会上，路勇应邀作题为"中国化妆品技术支撑及原料管理介绍"主题报告。为期 8 天。

10 月 8 日

化学药品检定所副所长许明哲应世界卫生组织（WHO）邀请以 WHO 国际药典和药品标准专家委员会委员身份赴瑞士参加并主持 WHO 第 57 届国际药典和药品标准专家委员会会议（ECSPP），代表 WHO 专家修订组汇报《WHO 药品质量控制实验室良好操作规范（修订稿）》，以及我国药品质量控制实验室对 WHO 二甘醇/乙二醇检测方法的验证数据和结果。为期 7 天。

10 月 11 日

取得《国有建设用地划拨决定书》及《国有建设用地交地确认书》。

10 月 12 日

"GMP 国际互认及洁净环境相关技术要求培训班"在江苏省苏州市举办，从事医药工业洁净环境方面生产研发单位、大专院校、科研院所、检验检测机构和相关监管机构工作人员等 230 余人参加。为期 2 天。

10 月 13 日

国家药品监督管理局党组成员、副局长黄果来中国食品药品检定研究院调研，听取了院二期项目进展情况汇报，并对近期工作提出具体要求。

10 月 15 日

院士王军志作为世界卫生组织（WHO）生物制品标准化专家委员会（ECBS）委员应 WHO 邀请参加 WHO 第 78 次生物制品标准化专家委员会（ECBS）会议，技术监督中心主任/研究员徐苗作为中国监管机构代表应邀线上参加本次会议。为期 7 天。

10 月 16 日

化妆品安全技术评价中心副主任余振喜、主任药师钮正睿应韩国食品医药品安全部（MFDS）邀请赴韩国参加化妆品审评相关技术交流活动。为期 5 天。

10 月 17 日

圣彼得堡国立化学药物大学化学药学学院科学与专业人员培训部副主任 Liudemila 女士在访华期间到访化学药品检定所化学药品室。

开展新员工入职培训，党委副书记、纪委书记杨继涛为 2020 年以来新入职干部讲廉洁从业"第一课"，勉励新员工恪守纪律规矩、砥砺作风品行、筑牢廉洁底线。2020 年至 2023 年 10 月新入职员工 200 余人参加。

10 月 18 日

生物制品检定所主任黄维金、副主任刘阳、主管技师佟乐随国家药品监督管理局团组应邀线上参加非洲药品监管协调机制伙伴平台相关会议。

10 月 20 日

体外诊断试剂检定所所长张河战、助理研究员张文新应欧洲肿瘤内科学会（ESMO）邀请赴西班牙参加欧洲肿瘤内科学会年会。为期 5 天。

10 月 23 日

标准物质和标准化管理中心副主任王青、研究员吴先富应英国利兹大学邀请赴英国执行标准物质研制技术合作项目任务。为期 5 天。

10 月 25 日

"2023 年第二季度普通化妆品备案质量抽查终审会议"在广西壮族自治区南宁市召开。国家药品监督管理局化妆品监管司、国家药品监督管理局信息中心、各省级药监局有关人员、化妆品技术审评咨询有关专家及中国食品药品检定研究院有关人员 100 余人参加。

10 月 27 日

医疗器械检定所所长李静莉、副所长张春青等 5 人与德国电工委员会（DKE）围绕人工智能医疗器械国际标准合作议题开展线上交流。

10 月 30 日

生物制品检定所副研究员刘悦越应世界卫生组织（WHO）邀请赴印度尼西亚参加 WHO 脊髓灰质炎疫苗国际标准实施研讨会，并代表中国食品药品检定研究院介绍目前中国实施 WHO 关于脊髓灰质炎疫苗国际标准的基本情况、在参考品研制过程中使用国家标准品的情况以及针对 WHO 提出的疫苗质量控制新技术的未来工作计划。为期 5 天。

"2023 年国家化妆品抽样检验质量分析报告评议工作"在北京市召开。中国食品药品检定研究院技术监督中心组织并邀请 16 名专家对 31 个承担国家化妆品抽样检验任务的检验机构撰写的质量分析报告、新建标准和修订标准进行在线评议和打分。中国食品药品检定研究院技术监督中心、16 名专家和承担质量分析报告撰写工作的单位参加。为期 7 天。

院史馆揭牌仪式在大兴区举行。院领导及新址各部门主要负责人参加。副院长路勇主持仪式。

10 月 31 日

食品化妆品检定所副研究员罗飞亚随国家药品监督管理局团组线上参加国际化妆品监管组织（ICCR）监管者季度会议。另于 2023 年 12 月 14 日参加该系列线上会。

"医用增材制造技术医疗器械标准化技术归口单位 2023 年度工作会议暨行业标准审定会"在北京市召开。来自归口单位专家组、标准起草单位及中国食品药品检定研究院共计 50 位专家及代表参加，会议审议通过《用于增材制造的医用镍钛合金粉末》行业标准。

"2023 年国家医疗器械抽检有源、无源和体外诊断试剂产品质量分析报告评议会"在北京市召开。评议专家组由中国食品药品检定研究院医疗器械检定所、体外诊断试剂检定所、医疗器械标准管理研究所专家，部分省、地市级药品监督管理部门人员组成。国家药品监督管理局器械监管司，中国食品药品检定研究院技术监督中心，承担 2023 年国家医疗器械抽检检验工作的医疗器械检验机构和质量分析报告汇报人参加。为期 2 天。

11 月 2 日

召开第一届"国际药品标准物质管理应用与技术交流会"。来自全国食品药品检验机构、医疗器械检测机构和科研院所等领域的 90 余名代表参加。为期 2 天。

11 月 5 日

生物制品检定所研究员刘春雨随核查中心团组赴德国、瑞士对 Roche Pharma（Schweiz）AG 的珂罗利单抗注射液进行境外生产现场检查。为期 13 天。

11 月 6 日

"2023 年国家药品和医疗器械抽检（中检院预算项目）质量分析报告评议会"在北京市召开。国家药品监督管理局药品监管司，中国食品药品检定研究院领导和有关专家，各承检品种报告人，各承检部门相关人员共 100 余人参加。

11 月 7 日

"全国药品检验实验室质量管理工作会"在江苏省南京市召开。中国食品药品检定研究院各业务所质量负责人，全国 31 个省、直辖市、自治区的省级药品检验机构、医疗器械检验机构、口岸药检所及解放军联勤保障部队等药械检验机构的质量管理负责人共 90 余人参加。为期 2 天。

"一种可单手注射的静脉注射器"获得实用新型专利证书。发明人：裴宇盛、蔡彤、宁霄、刘雅丹、陈丹丹、吴彦霖、张媛、张庆生、高华。专利号：ZL 2023 2 1110088.3。

11月8日

人工智能医疗器械标准化技术归口单位召开"第一届第五次全体会议暨标准审定会"。来自人工智能医疗器械标准化技术归口单位专家组、标准起草单位及行业代表共100余人参会。会议审议通过《人工智能医疗器械数据集专用要求：糖尿病视网膜病变眼底彩照》《人工智能医疗器械质量要求和评价　第5部分：预训练模型》行业标准。为期2天。

安全评价所接受国际实验动物评估和认可管理委员会（AAALAC）专家的现场认证检查，经AAALAC年度会议评审，通过AAALAC定期复查。为期2天。

11月9日

体外诊断试剂检定所所长张河战、研究员许四宏在线参加中英体外诊断产品监管视频会议。

11月10日

中共国家药品监督管理局党组研究决定，任命：安抚东同志为中国食品药品检定研究院（国家药品监督管理局医疗器械标准管理中心，中国药品检验总所）院长（主任、所长）、党委副书记（国药监党任〔2023〕24号）。

11月13日

计划财务处党支部、药用辅料和包装材料检定所党支部、生物制品检定所第一党支部被命名为"市场监管总局'四强'党支部"（药监机党〔2023〕19号）。

根据工作需要，经2023年11月13日第33次党委常委会研究，任命：项新华为检验机构能力评价研究中心（质量管理中心）主任；刘丹丹为办公室副主任；巩薇为实验动物资源研究所副所长；周晓冰为安全评价研究所副所长。以上4名同志实行任职试用期一年（中检党〔2023〕108号）。

11月14日

按照中丹卫生战略领域合作项目子项目SP1工作计划，化学药品检定所所长张庆生、副主任黄海伟、副主任姚静、副研究员贾娟娟、高级工程师张文在、助理研究员孙葭北、助理研究员孙得洋、主管药师李文龙应丹麦药品管理局邀请参加中丹放射性药品实验室质量控制线上研讨会。

医疗器械标准管理研究所副主任郭世富、博士祝婕敏、技师王江华、医疗器械检定所助理研究员王涵应日本药品医疗器械综合机构监管事务亚洲培训中心邀请线上参加PMDA–ATC医疗器械研讨会。为期3天。

生物制品检定所研究员马霄、研究员毛群颖应世界卫生组织（WHO）邀请赴印度尼西亚参加关于WHO疫苗评价用抗体类二级标准物质研制指导原则实施研讨会。毛群颖介绍中国生物制品标准物质和新冠中和抗体国家标准品研制情况，并分享中国生物制品国家标准物质研制的经验和体会。为期3天。

"一种基于物联网的实验动物饲喂系统"获得发明专利证书。发明人：刘巍、马丽颖、赵明海、许中衍、王劲松、侯丰田、张心妍。专利号：ZL 2023 2 1064448.0。

"细菌内毒素检测方法数据库管理系统"获得计算机软件著作权登记证书。著作权人：中国食品药品检定研究院（国家药品监督管理局医疗器械标准管理中心、中国药品检验总所），登记号：2023SR1431509，证书号：软著登字第12018682号。

"2023年全国药品微生物检验技术交流会"在北京市召开。会议由线上线下共同参与。来自全国药检系统的48家检测机构、国家药典委员会、国家药品监督管理局药品审评中心和食品药品审核查验中心的90余名代表线下参加，线上参会代表有500余人。为期2天。

11月15日

"2023年药品检验机构信息化资源情况调研会"在浙江省绍兴市召开。绍兴市市场监督管理局副局长赵国胜与浙江省食品药品检验研究院副院长陈碧莲致辞。3家省级药品监督管理局、10家省级药品检验机构代表共33人参加。为期2天。

11月16日

因工作需要，经2023年11月16日第33次党委常委会会议研究，任命：李景云为食品检定所生物检测室副主任；程显隆为中药民族药检定所中药材室副主任；毛群颖为生物制品检定所肝炎和肠道病毒疫苗室副主任；权娅茹为生物制品检定所呼吸道病毒疫苗室副主任；于传飞为生物制品检定所单克隆抗体产品室副主任；柯林楠为医疗器械检定所生物材料室副主任；曲守方为体外诊断试剂检定所非传染病诊断试剂室副主任；戎善奎为医疗器械标准管理研究所技术研究室副主任。以上8名同志实行任职试用期一年（中检党〔2023〕100号）。

"2023年医用机器人标准化技术归口单位年会暨行业标准审定会"在北京市召开。来自归口单位专家组、标准起草单位及征求意见阶段对标准提出意见的行业代表90余人参加。会议审议通过2023年度起草的推荐性行业标准《采用机器人技术的医用电气设备 术语定义分类》《医用下肢外骨骼机器人》和《采用机器人技术的腹腔内窥镜手术系统》。

11月17日

"一种活塞式容积可调节的定量分装装置"获得发明专利证书。发明人：赵宗阁、孙会敏、王丽、王青、刘明理、路勇。专利号：ZL 2023 2 1602813.9。

"人类辅助生殖技术用医疗器械标准化技术归口单位二届二次会议暨行业标准审定会"在北京市召开。来自归口单位专家组、标准起草单位及中国食品药品检定研究院共计43位专家及代表参加。会议审议通过2023年度制定的推荐性行业标准《人类辅助生殖技术用医疗器械 人精子存活试验》并对已发布的YY/T 1914—2023《人类辅助生殖技术用医疗器械 器具类产品通用要求》进行宣贯。

11月20日

化学药品检定所副主任谭德讲、研究员贺庆应欧洲法规管理学会（ECA）邀请赴德国参加2023药学实验室大会。为期5天。

国家药品监督管理局党组成员、副局长黄果召开专题会，听取了中国食品药品检定研究院二期工程初步设计及概算编制工作情况汇报，并对概算上报，与北京市协调等近期相关工作提出具体要求。

11月22日

全国医疗器械生物学评价标准化技术委员会纳米医疗器械生物学评价分技术委员会（TC248/SC1）召开2023年度工作会议暨行业标准审定会。全体委员、部分观察员及来自国家药品监督管理局医疗器械技术审评中心、医疗器械检验机构、相关生产企业等代表、标准起草小组成员等近40人参加。

11月24日

召开国家药品监督管理局党组第一巡视组巡视中国食品药品检定研究院党委情况反馈会议。

根据工作需要，经2023年11月24日第34次党委常委会会议研究，任命：姚尚辰为化学药品检定所综合办公室副主任。免去该同志原任职务（中检党〔2023〕103号）。

为落实《"十四五"国家药品安全及促进高质量发展规划》，中国食品药品检定研究院组织召开中药民族药标本馆创新建设工作会议，启动全国中药数字化标本馆建设规划与技术标准相关研究工作。

11月26日

化妆品技术审评体系获得ISO 9001质量管理体系认证证书，证书编号：00223Q27206R0S。

11月27日

化学药品检定所研究员熊婧参加国家药品监督管理局食品药品审核查验中心组织的境外检查团，赴德国、爱尔兰对Pfizer Limited的奈玛特韦片/利托那韦片组合包装中的奈玛特韦片、奈玛特韦原料药及组合包装进行了境外药品生产现场检查。为期13天。

11月28日

《药物分析杂志》推荐的20篇文章在"科创中国—结构化论文双语传播工程"平台进行推广。

"2023年国家药品抽检品种质量分析报告现场交流评议会"在浙江省召开。国家药品监督管理局药品监管司副司长石磊出席会议并讲话。国家药品监督管理局药品监管司，中国食品药品检定研究院领导，以及中药民族药检定所、化学药品检定所、生物制品检定所、药用辅料和包装材料检定所、体外诊断试剂检定所、综合业务处、技术监督中心，现场交流及参评品种报告人和各承检单位相关人员共140余人参加。为期2天。

"NGS诊断技术及其规范应用技术交流会"在广东省广州市举办。中国食品药品检定研究院、深圳市科技创新委员会、广州实验室相关领导，以及全国各检验检测、科研机构、产品研发、临床应用等领域的150余名代表参加。为期2天。

11月29日

中国食品药品检定研究院与日本医药品医疗器械综合机构（PMDA）开展中日化妆品安全评价线上交流，副院长路勇出席会议并致辞。双方围绕中国化妆品监管及技术支撑、日本医药部外品管理及审评审批、日本功效产品技术要求及审评要点等主题进行分享与交流。中国食品药品检定研究院化妆品安全技术评价中心、国际合作处相关工作人员参会，国家药品监督管理局化妆品司相关同志线上参会。

药用辅料和包装材料检定所以"安全用药健康为民"为主题举办"全国安全用药月"公众开放日活动。天坛街道居民代表及新闻媒体30余人受邀参加活动。

11月30日

中国食品药品检定研究院开展第一次"院长谈心日"活动，院长安抚东与科技评优获奖人员代表开展谈心谈话。

11月

俄罗斯FSBI IMCEAACMP国家实验室，俄罗斯国家药物检测科学中心（FSBI"SCEEMP"）参加中国食品药品检定研究院2个药品能力验证项目，获得相应证书。截至11月，参加中国食品药品检定研究院能力验证项目的单位达到1385家。

12月1日

由中药民族药检定所牵头研究制定的《鹿茸片质量规范》团体标准（T/CATCM 022—2023）由中国中药协会发布，中国标准出版社出版。

获得"聚山梨酯类辅料的分析鉴定方法"发明专利，发明人：王珏、孙会敏、许凯、杨锐、杨会英、肖新月。专利号：ZL 2023 1 0094327.9。

12月6日

世界卫生组织（WHO）在华合作中心参与全球卫生治理研讨会暨能力提升培训在北京市召开。化学药品检定所所长张庆生、生物制品检定所副所长李长贵、中药民族药检定所研究员聂黎行分别代表中国食品药品检定研究院3个WHO合作中心——药品质量保证合作中心（CHN-19）、生物制品标准化和评价合作中心（CHN-148）、传统医药合作中心（CHN-139）参加研讨会和能力提升培训。为期2天。

天坛院区数万只高致病性菌（毒）种库整体搬迁至大兴院区的转运工作完成。这是1949年以来最大规模的一次高致病菌（毒）种整体转运工作。

12月7日

著名的药学家和社会活动家，中国农工民主党的杰出领导人，中国工程院资深院士，第十一届全国人民代表大会常务委员会副委员长，中国农工民主党第十四届中央委员会主席桑国卫同志，因病在北京逝世，享年82岁。1999年至2007年，桑国卫同志兼任中国药品生物制品检定所所长，2007年至2013年兼任中国食品药品检定研究院资深研究员。

12 月 10 日

副院长路勇随国家药品监督管理局团组赴比利时、法国参加中欧中法化妆品工作组相关会议。为期 8 天。

12 月 11 日

食品检定所副所长崔生辉、副主任药师张伟清应日本藤田医科大学及日本化妆品工业联合会邀请赴日本执行化妆品标准及风险监测合作交流任务。为期 5 天。

印发《房屋修缮改造工程项目管理规定》。（中检办后勤〔2023〕20 号）。

国家药品监督管理局印发《国家药监局综合司关于调整药品科学全国重点实验室管理委员会的通知》（药监综科外〔2023〕98 号），调整管理委员会成员及主要职责。全重实验室管委会主任为中国食品药品检定研究院院长、党委副书记安抚东；副主任为国家药典委员会秘书长、党委副书记兰奋，国家药品监督管理局药品审评中心主任、党委副书记周思源，国家药品监督管理局药品评价中心主任、党委副书记沈传勇。全重实验室主任由王军志院士担任，副主任由中国食品药品检定研究院、国家药典委员会、国家药品监督管理局药品审评中心、国家药品监督管理局药品评价中心分管同志担任。

WHO 专家组根据 WHO – GPPQCL《药品质量控制实验室良好规范》及预认证有关规则，对中国食品药品检定研究院化学药品检定所 PQ 科室进行了全面检查，质量管理体系（QMS）覆盖的所有部门全程参与。为期 4 天。

12 月 12 日

生物制品检定所研究员聂建辉应世界卫生组织（WHO）邀请赴泰国参加第五届 WHO 生物制品国家质控实验室网络大会，并介绍我国疫苗批签发策略和相关情况。为期 4 天。

医疗器械检定所副所长张春青、医疗器械标准管理研究所副主任许慧雯应国际标准化组织医疗器械质量管理和通用要求技术委员会（ISO/TC 210）、

法国标准化协会（AFNOR）邀请赴法国参加 ISO/TC 210 第二十五届年会及工作组会议。为期 5 天。

12 月 13 日

院长安抚东会见俄罗斯卫生部联邦政府预算机构科学中心 Vadim Merkulov 博士一行 5 人。双方就生物医药产品质量研究领域的发展历史、监管职能和组织架构等议题进行深入探讨，并表达了在生物制品质控领域开展合作的意愿。俄方专家参观生物制品检定所虫媒病毒疫苗室、呼吸道病毒疫苗室和细胞资源保藏中心。副院长张辉、生物制品检定所、国际合作处有关负责同志陪同参加会见。

12 月 15 日

举办第二届"我为安全代言，隐患就是事故"主题演讲比赛，19 个参赛选手入围决赛，500 余人到场观赛。

12 月 17 日

技术监督中心主任/研究员徐苗、生物制品检定所研究员叶强应英国药品及健康产品管理局（MHRA）邀请赴英国开展生物制品标准化研究方面的合作交流。为期 4 天。

生物制品检定所助理研究员卞莲莲随国家药品监督管理局食品药品审核查验中心团组赴乌兹别克斯坦执行安徽智飞龙科马生物制药有限公司重组新型冠状病毒蛋白疫苗（CHO 细胞）境外临床试验注册现场核查。为期 14 天。

12 月 18 日

北京杏林物业管理有限责任公司退回股权投资本金及溢价收益款，完成股权转让工作。

12 月 20 日

医疗器械检定所副研究员王浩应国际电工委员会医用电气设备标准委员会（IEC）邀请参加国际电工委员会医用电气设备标准委员会系列会议。

12 月 24 日

中国食品药品检定研究院在国家药品监督管

理局召开药品监管科学全国重点实验室启动会暨第一届学术委员会第一次会议。国家药品监督管理局党组书记、局长李利，副局长赵军宁、黄果出席会议。国家药品监督管理局、中国食品药品检定研究院、国家药典委员会、国家药品监督管理局药品审评中心、国家药品监督管理局药品评价中心等有关领导和专家 70 余人参加了会议。

12 月 25 日

田雨同志担任国家药品监督管理局档案工作指导专家。

完成 2022 年度三个院内专项（设备、修缮、信息化）以及化妆品 3 个中央专项绩效评价工作。

12 月 26 日

安全评价所成功研制首个药物非临床领域的质控样品：布洛芬质控血浆（大鼠），填补我国在该领域的空白。

12 月 28 日

根据《人力资源社会保障部关于公布 2023 年享受政府特殊津贴人员名单的通知》，徐苗为 2023 年享受政府特殊津贴人员（人社部发〔2023〕66 号）。

《药物分析杂志》入编 2023 年版《中文核心期刊要目总览》药学类核心期刊。

召开中国食品药品检定研究院工会第二届第二次会员代表大会。选举王淑燕、杨继涛、赵晨为工会委员会委员，王蕊蕊为工会经费审查委员会委员。杨继涛为工会主席、赵晨为工会副主席，王蕊蕊为工会经费审查委员会主任。

800MHz 核磁共振波谱仪验收启用。

化学药品检定所生化药品室承担国家药品监督管理局应急检验任务，完成对海南通用同盟药业有限公司 3 批菠萝蛋白酶及 3 批制剂应急检验工作，研究并建立两种检测方法，检验结果上报国家药品监督管理局。历时 10 个工作日。

12 月 31 日

标准物质对外供应品种首次突破 5000 个。

全年

选派 82 人次专家学者赴美国、瑞士、英国、法国、德国、意大利、爱尔兰、丹麦、西班牙、瑞典、比利时、卢旺达、俄罗斯、乌兹别克斯坦、韩国、日本、印度尼西亚、泰国、古巴、巴西、中国香港特区 21 个国家及地区参加国际会议、参与学术研讨、开展多双边交流、执行境外检查及研修。

组织 154 人次专家、技术人员 64 次远程参加世界卫生组织、电气电子工程师学会、国际标准化组织、国际原子能机构、国际电工委员会、国际化妆品监管联盟等国际组织，以及美国药典委员会、美国注射剂学会、欧洲药品质量管理局、德国电工委员会等国外相关机构召开的线上交流会议。

组织接待世界卫生组织监管和预认证司司长、中国香港特区政府卫生署署长、盖茨基金会首席代表、非洲药品管理局特使、全球疫苗免疫联盟（GAVI）战略创新与新投资者中心主任、俄罗斯预算机构科学中心主任、韩国驻华大使馆食药官等高级别官员共计 7 批 23 人来访；接收非官方公务来访申请 24 批 60 余人。

获立项资助各类项目 1 个，课题 25 个，其中中检院承担的国家重点研发计划项目 1 个、课题 7 个、国家自然科学基金 1 项。主要涉及生物药、中药、诊断试剂和医疗器械。

受理各类检验样品共计 15596 批，制发检验报告共计 14528 批。完成注册检验、进口检验、监督检验、生物制品批签发、复验/复检等法定检验 9838 批，占比 67.7%，完成新冠疫苗应急批检验 276 批、优先审评药品注册检验 198 批。

第十五部分　地方食品药品检验检测

北京大学口腔医学院口腔医疗器械检验中心

概　况

2023 年，北京大学口腔医学院口腔医疗器械检验中心（以下简称"北大中心"）较好地完成了国家药品监督管理局和中国食品药品检定研究院布置的各项工作任务。北大中心作为全国口腔材料和器械设备标准化技术委员会 SAC/TC99 秘书处所在单位，承担着国家和行业标准的制修订工作，并积极参与国际标准化组织 ISO 的标准制修订工作。2023 年，完成了 6 项行业标准的制修订工作。不断提升的标准制修订质量为严格控制产品质量，维护公众用械安全提供保证，并为医疗器械监管部门提供强有力的技术支撑和技术保障。

检验检测

2023 年，北大中心认可范围内承检总项目数为 1714 项，标准检测方法 400 余种。此外，使用医疗器械注册产品标准和产品技术要求的认可范围外的承检产品为 73 个，检测项目 480 项。2023 年，北大中心共接收送检样品 649 份。发出检测报告 927 份。

医疗器械抽检工作

2023 年，国家医疗器械抽检共抽取弹性体印模材料 20 批次，涉及弹性体印模材料生产企业 14 家（厂家覆盖率 47%），注册证 14 个（注册证覆盖率 25%）。检验未发现不合格产品，不合格检出率 0。抽样环节涉及生产、进口总代理、经营和使用单位。

此次抽检按照产品技术要求对各组分色泽、调和时间、工作时间、稠度、细节再现、线性尺寸变化、与石膏配伍性、弹性回复率和压应变等 9 个项目进行了检测，未发现不合格项目。通过探索性研究发现在对弹性体印模材料采用 84 消毒液和 2% 戊二醛进行消毒后，部分产品的线性尺寸变化有明显增加，有 1 家企业的产品消毒后其线性尺寸变化不符合其产品技术要求，但仍符合行业标准要求。探索性研究还发现有 4 家企业在产品技术要求中对微生物限量进行了要求，但所采用的方法各异，包括《中国药典》（2015 版）、GB 8372—2008 和化妆品卫生规范等。由此可见，目前市售弹性体印模材料产品的基本性能可以满足临床使用要求，但不同产品的技术要求存在差异，特别是对微生物限量没有统一规范的要求。

完成国家药监局化妆品风险监测任务——牙膏中氟化亚锡致敏性风险监测。

能力建设

2023 年，共组织各类培训 23 次，培训人员 240 人次，其中思想教育类培训 2 次，培训人员 39 人次；法律法规类培训 2 次，培训 39 人次；实验技术类和设备操作培训 8 次，培训人员 44 人次；安全教育类培训 2 次，培训人员 28 人次；质量管理体系文件宣贯 4 次，培训人员 78 人次。参加质量体系管理和实验技术类外部培训 5 次，培训 12 人次。主要宣贯了法律法规、安全教育、管理体系分类，组织框架，风险管理控制，公正性、诚实性、保密性、检验人员行为规范，2023 年 12 月实施的检验检测机构资质认定评审准则，以及合同评审、检验管理、试剂管理等程序文件及新购置仪器设备使用操作。培训效果基本满意。

科研工作

2023 年，本年度共发表论文 18 篇，其中 SCI 论文 17 篇，总 IF 69.3。

授权专利共 32 项，其中发明专利 30 项，实用新型专利 2 项。

2023 年共有科研项目 22 项。其中新获批项目 4 项、在研纵向项目 9 项、结题 2 项、标准研究项目 7 项。在研项目研究经费 744 万元。

标准化工作

本年度共出版医药行业标准 9 项，牵头制定 8 项。

2023 年 12 月 4 日至 7 日，主办 SAC/TC99 技术委员会年会及口腔材料标准审定会，共计 110 余人参会。与会代表对审定的每一项标准进行了认真细致的讨论，对关键问题各抒己见，提出了中肯的意见和建议，审定会议气氛严肃，讨论热烈。最终，会议审定通过了由 SAC/TC99 归口的 6 项行业标准。上述标准已于 2023 年 12 月上报国家药监局器械标准管理中心。

2023 年 12 月 7 日，主办 SAC/TC99 口腔材料标准宣贯会，参加宣贯培训的有来自生产企业、代理机构、监督、检验部门等代表，50 余名。会议对 6 项标准进行了宣贯讲解。与会代表认真听取了宣贯人员对每一项标准的细致、全面的讲解，对其中的重点难点进行了提问和讨论，并对技委会今后的工作提出了建议和意见，宣贯会气氛热烈，互动积极，成效显著。

2023 年 3 月，口腔数字化医疗器械标准化技术归口单位获批成立，北大中心为秘书处所在单位。

天津市药品检验研究院

概　况

2023 年，天津市药品检验研究院积极开展各项检验检测任务，做好监管技术支撑工作，积极开展企业技术服务工作，努力促进生物医药产业发展。圆满完成本年度 3 个品种国家药品抽检工作，最终全部入围现场评议，其中注射用特利加压素获得综合组第 1 名。6 月底完成疫苗批签发实验室改造升级，实现实验室回迁并获得资质。目前已具备流感病毒亚单位疫苗批签发工作的软硬件条件，现已向国家药监局提交了流感疫苗批签发机构授权申请。稳步推进滨海实验室建设，滨海实验室一期工程于 7 月完成交付，12 月在经开区挂牌并正式开展药品检验检测业务。持续提升药品、生物制品、药品包装材料、洁净室环境、化妆品和医疗器械、消毒产品等 7 大领域的检测能力，具备 868 项检测资质。天津市药品检验研究院获评"国家药品抽检质量分析工作表现突出单位"，天津市药品检验研究院宝坻药检所被国家药品不良反应监测中心授予"国家优秀基层监测机构"荣誉。新华社、天津新闻、学习强国、津云等多家媒体，对天津市药监局和天津市药品检验研究院多年来全力做好诺和诺德（中国）制药有限公司进口胰岛素系列药品进口检验，改善和提升营商环境，赢得诺和诺德在津 8 次追加投资的事迹进行多次详细报道。

检验检测

2023 年度，天津市药品检验研究院出具检验检测、监测等报告 7207 份，是去年同期（6869 份）的 104.9%；进口检验 2168 批，是去年同期 103.6%；抽查检验 1358 批、委托检验 2623 批、注册检验 734 批。容缺受理并完成 485 批加急审批的疫情保供药品、罕见病治疗药品、一致性评价药品等注册检验，助力药品审批上市。完成地方药品监督抽验 3087 批，检出不合格 4 批。聚焦可能影响产品安全性、有效性和质量可控性问题，对注射用特利加压素等国家药品抽验 3 个品种开展探索性研究。收检本市行刑衔接办案检品 16 批，检出 11 批样品为非法添加化学药品、无宣称成分或不符合标准规定。收检外省市公安、市场监管部门办理宣称具有减肥作用（涉嫌添加司美格鲁肽成分）的办案样品 9 批。对涉案检品的检验检测实行第一时间受理、接样、上样、检验，用客观准确的检测数据，全力支持药品监管工作，对打击药品领域违法犯罪行为提供了强有力技术支撑。

药品检验中的重要活动、举措和成果

加速推进滨海实验建设。积极与相关部门沟通协调，在经开区区内企业调研走访，专题研究相关工作。经过不懈努力，滨海实验室一期工程于 7 月完成交付，12 月在经开区挂牌并正式开展药品检验检测业务。

创新科研课题研究结硕果。完成 3 个品种国家药品标准提高起草、复核工作，完成通用技术和检测方法复核课题 2 个，承接国家药品标准起草与复核任务 11 项、通用技术研究任务 6 项。作为牵头单位，加快推进国家药典委员会课题《药品微生物快速检测技术指导原则》修订。加强产学研联合课题研究，与天津现代中医药海河实验室继续开展进口中药材标准研究合作，与天士力等 6 家企业合作申报的藿香正气系列药品团体标准获行业主管部门公示，与刘昌孝院士团队合作的达仁堂京万红独家品种痔琪胶囊质量标准提升研究已结题。15 项委科技课题获得立项，发表学术期刊论文 12 篇，申报发明及实用新型专利"基于 KIT－6 分子筛的双蛋白酶固定化反应器的制备"等 4 项。

"政策＋技术"帮扶企业发展。院领导带队赴津药达仁堂、施维雅等企业走访调研、纾难解困。优化清肺消炎丸水分测定方法并协同开展技术攻关，为企业每年节约成本达 400 万元，在政策范围内减免企业检测费用 8.5 万元；派驻科技特派员，对力生制药申报新品种提供全方位支持。举办全市微生物检验技术与药品、辅料生物安全等技术培训，90 名企业质量管理与检验技术人员受益。已收到葛兰素史克（天津）、金耀、赛诺菲等多家企业的锦旗和感谢信。积极落实援疆及西部帮扶重要国家战略，选派优秀骨干前往新疆进行技术帮扶，前往甘肃省庆阳市药品检验检测中心开展调研走访，并为该中心提供来津实地培训帮扶。

积极争取资源。全国药品检验工作座谈会首次在天津市举办，天津市药品检验研究院作为协办单位获得书面表扬。同时为促进京津冀药检事业协同发展，与北京市药品检验研究院、河北省药品医疗器械检验研究院共同起草并签订了《京津冀药检协同发展合作协议》，推动京津冀医药产业高质量发展。

深入开展主题教育。把学习贯彻习近平新时代中国特色社会主义思想主题教育作为首要政治任务，大兴调研之风，深入基层，开展企业调研走访，了解企业、群众所急所需。调研期间，实现 11 项成果转化。

河北省药品医疗器械检验研究院

概　况

2023 年，河北省药品医疗器械检验研究院（以下简称"河北院"）以贯彻落实党的二十大精神和习近平新时代中国特色社会主义思想主题教育为主线，立足服务药械妆科学监管和行业高质量发展的职能定位，紧紧围绕药品监管中心工作，持续坚持"创新发展战略"和"一体两翼"发展模式，持续打造"河北药械检验"特色品牌，各方面工作实现新进展、迈上新台阶。全年获批 3 个省部级科技创新平台，荣获 4 项省部级科技奖励，2 份智库研究咨询建议获省级领导肯定性批示，获省总工会颁发的"省模范职工之家"荣誉称号，圆满完成了本年度各项任务指标，全年未发生检验事故和违规违纪问题。

检验检测

2023 年，河北院共完成药械妆监督抽验、注册检验、委托业务等检验检测任务共计 1.5 万批次，完成检验业务收入超 8000 万元，同比增长 7.8%。机构管理方面，本年度运行稳定，人员积极性明显增强，各类任务全部高质量完成，事业单位改革的合力作用凸显。

一是利用信息化方式，充分发挥 LIMS 大数据统计作用，实时监控实验室检验效率，整体检验效率提高 15% 以上，按时限完成样品检验率 90% 以上。二是成立药械安全风险研究领导小组，实施全院季度风险合商制度，并出台针对发现不合格及问题样品的奖励制度，有效落实问题导向，提交 2 份区域风险预警报告。三是制定并发布《全省药品检验能力提升三年行动（2023—2025 年）实施方案》，全年先后两次组织召开全省药检系统工作总结会及推进会，通报市、县药检机构监督抽验、能力验证（实验室比对）、科研创新等工作完成情况，完善全省药品检验检测体系。

能力建设

截至目前，河北院共具备 CMA 资质 2099 项、CNAS 资质 420 项，CMA 检验资质数量比 2022 年增加了 80 项。获批重组乙肝疫苗（CHO 细胞）批签发资质和新型冠状病毒 mRNA 疫苗检验检测 CMA 资质，出具重组乙肝疫苗（CHO 细胞）河北省历史上首批检验报告。

全年参加能力验证 33 项，包括国内 20 项，国际 13 项，覆盖药品、医疗器械、化妆品和药品包材等关键领域，全部获得满意结果。河北院加大投入实验室硬件建设，临床生物样本检验实验室和大型数字智能医疗装备检测实验室建设项目可行性研究报告和项目初步设计方案已获得省发改委批复，后续工作有序开展中。

科研工作

一是起草中药材炮制规范标准，全年发布 85 项。联合河北医科大学、河北中医药大学和各市所（中心）等共计 16 家单位共同对 100 个中药饮片炮制规范进行制定，截至目前，初步拟定对 85 个品种进行公示。

二是打造科技创新团队，获批 3 个省部级研究平台。获批河北省人民政府科技创新团队、技术创新中心、产业研究院和工信部试验检测类产业技术基础公共服务平台。

三是深入推进课题研究，4 项成果获得省部级奖励。荣获省科学技术进步二等奖、三等奖各 1 项，中国商业联合会科技进步奖一等奖、三等奖各 1 项。

四是知识产权特色更加突出。2023 年申请 PCT 专利 15 件、发明专利 27 件，授权专利 12 件，截至目前，专利申请量突破百件。建立知识产权运营中心，专利开放许可 11 件。报送的《畅通信息渠道　助力专利布局》获河北省知识产权信息服务十大优秀案例。"创新药械质量检测工程高价值专利组合"培育项目和"知识产权培训基地"建设项目顺利完成验收，高校院所输出专利项目成功获批。《一种总胆红素测定试剂盒》获得河北省政府颁发的首届河北省专利奖优秀奖。建立了"药械云课堂"，开展"助力企业知识产权水平提升"等远程教育等，为实施创新驱动发展战略、建设知识产权强省、促进河北知识产权事业高质量发展提供了强大的智力支撑与人才保障。

党建工作

2023 年，河北院着力加强党的思想建设、政治建设、组织建设、党风廉政建设及群团组织建设。围绕主题教育和巡视整改工作，加强重大项目、重点岗位、重要人员的监督，加强全院正能量的宣传和引导，加强人员行为规范的管理。

深入开展主题教育活动，细化主题教育考核指标，提升优化营商环境举措与时效，高质量推进大兴调研活动，对创新医药、中药材、药包材、化妆品、生物制品和全省6个重点区域产业集群进行产业调研，摸清企业"堵点痛点"，形成9份报告、3篇理论文章。组织起草的《关于加强"京津研发、河北转化"向纵深推进的建议》《关于促进我省中药产业创新发展的建议》等相关建议与报告，多次受到省领导肯定性批示。

开展廉政"一巡三查"工作，梳理风险点68条，制定防控措施133条。由纪检牵头，组建4个工作组，从全面从严治党、党建引领、组织人事、巡视整改、审计和主题教育等五个方面开展自审自查。召开2023年度全面从严治党和党风廉政建设工作暨纪检干部队伍教育整顿部署动员会议，签订了《党风廉政建设责任书》，与企业代表签订了《2023年度企业助廉承诺书》，不断提升一体推进不敢腐、不能腐、不想腐的综合功效，为推动药检事业改革发展提供坚强保障。

其他重要工作

优化营商环境，助企纾困。一是向省内企业研发I类创新药、国内首次仿制药、第III类创新医疗器械，提供免费检验服务1728批次，全年减免检验费用942万元以上。8月份，第一时间为洪涝灾害发生区域开通免费检验绿色通道，实施抗洪救灾物资免费检验。二是检审联动拓展企业服务内容，2个异地实验室获批CMA检验资质。三是企业指导培训更加广泛，全年上门服务260余人次。四是积极开展药品安全社会共治，科普活动获得全国优秀。利用安全用药月、党员双报到等活动，开展送药品安全知识进校园、进社区、进企业17次。在科技活动周、医疗器械安全宣传周、化妆品安全科普宣传周等期间先后组织开展了20余场线下活动。在2023年河北省科普讲解大赛中荣获优秀组织奖；科普实践活动被河北新闻联播、河北日报、石家庄新闻广播等媒体报道，有力推动药品安全社会共治。获得2023年河北省全国科普日优秀组织单位，四项活动获得河北省全国科普日优秀活动奖。

山西省检验检测中心医疗器械检验技术研究所

概　况

2023年，全体员工在所党支部的坚强领导下，把"给生命赋予尊严，为健康谱写正义"作为工作使命，将"诚检为本，准验立业"作为治所方针，不断提高政治站位，坚定不移强化党风建设，紧紧围绕中心工作狠抓落实，提质增效，以突破攻坚为主题，加快构建社会主义现代化质量公用技术体系，有效服务高质量中国式现代化建设，持续推进我所促融合、保稳定工作。

检验检测

大力提升检验能力，不断强化质量管理，逐步打造市场优势，圆满完成2023年度各项工作任务。一是锚定市场上量大面广、风险较高、使用普遍、关注集中的医疗器械，进行了两次国家认证认可监督管理委员会资质认定扩项评审，先后共取得43个产品584个参数的检验资质，使得目前山西省检验检测中心医疗器械检验技术研究所（以下简称"山西医械所"）已经具备6大类141个产品2020个参数的检验资质；二是积极参与或开展能力验证、实验室间、实验室内比对12次29项，全部结果均为满意，从而也创造了本所历年来质量管理最活跃的一年；三是经过2次外部评审、1次内部评审，对质量管理体系运行、实验室管理、检验技术能力进行了全方位检阅；四是经过全所职工的共同努力，山西医械所2023年度共受理业务1116批次，出具报告963份，提前超额完成317万的预定目标，顺利完成国家医疗器械质量抽查、省级医疗器械质量抽查、指令性注册、客户委托、公安部门涉案检验等各类任务。

重要活动、举措、成果

一是制定了惠企 10 家医疗器械生产企业的精准专项计划，分步推进分类实施，截至 12 月 21 日已经顺利完成，目前还在服务中的有 2 家超额 20%；二是"点穴式"惠企服务内容丰富，充分释放了机构蓄能，帮助企业编制技术方案 10 余份，为企业 30 多人次深入讲解了新版 GB 9706，减免了部分"专精特新"企业检验费用，出台了《省检中心医疗器械检验所关于促进全省医疗器械产业高质量发展的若干措施》，惠企服务真正做到了出实招见实效；三是深入企业走访调研，积极开展调查研究，2023 年，由所长和副所长带队，专业技术骨干组成调研组对 16 家医疗器械生产企业和临汾市综合检验中心、运城市市场监督管理局等部门进行了调查研究，通过走车间观生产、进一线搞座谈等方式，为企业创新创造建言献策，向产品质量提升向好巡诊把脉，编发了"一领域一策"检验指导手册；四是大力宣传了标准计量检验检测功能和社会公益型公共服务平台建设，厘清了未来发展，拓展了服务效能，加强了客户的信赖感；五是基本完成实验室环境条件创新，全面开启安全生产风险巡查机制。通过三年的不断努力，目前已经基本完成了实验室环境条件创新。目前 3000 多平方米的实验楼，目前功能区划明晰，实验环境精备。

吉林省药品检验研究院

概　况

吉林省药品检验研究院（以下简称"吉林省药检院"）践行"为民检验"的宗旨，坚持党建引领、业务融合，深化"开放型检验平台、专家型检验队伍、服务型检验机构"的"三型"药检院建设，不断提升服务于药品监管和服务于医药产业发展的"两个服务"水平，全院各项改革发展任务取得明显成效。2023 年，共完成抽样 2060 批，其中国家药品抽样 846 批，国家化妆品抽样 500 批、安全风险监测抽样 100 批，国家中药材质量监测抽样 5 批，省药品抽样 100 批，省化妆品抽样 150 批，生物制品批签发样品 359 批；共完成各类检品 4176 批，其中国家药品抽检 317 批，上报重大质量风险提示函 2 份，所承担的"化痰平喘片"和"氨溴特罗口服溶液"两个品种获评"质量分析工作表现突出单位"；完成省药品抽检 725 批；生物制品批签发 986 批；下半年起，独立承担四价流感病毒裂解疫苗、流感病毒裂解疫苗、水痘减毒活疫苗和带状疱疹减毒活疫苗批签发工作。现有在研课题国家级 5 项、省级 9 项，申报省级课题 9 项；完成国家药典委员会药品标准提高 5 个品种标准起草、1 个品种标准复核。完成新址宝成路场所资质认定扩项现场评审，确认了药品、药品包装材料 2 个领域共计 865 个参数。参加能力验证 14 项、测量审核 3 项、实验室间比对 1 项，均取得满意结果。将实验室前移至稽查打假第一线，受理全省公安等部门送检的 62 批"非法添加"涉案类样品，较上年增加 63%，为行刑衔接提供强大的技术支撑，用责任和担当筑牢人民用药安全防线。

检验检测

2023 年 1 月 1 日至 12 月 31 日，完成检品 4176 批，其中国家药品抽检 317 批，省药品抽检 725 批，生物制品批签发 986 批（血液制品 137 批、疫苗 849 批），国家化妆品抽检 500 批，安全风险监测 100 批、省化妆品抽检 203 批，注册检验 718 批，委托检验 164 批，标准提高 92 批，其他 371 批。

完成国家药品抽检 317 批的检验（化学药 160 批、中成药 157 批）。充分利用 LIMS 系统对检验时限进行监控，平均提前 3.5 个工作日上报检验结果。上报重大质量风险提示函 2 份，以及药品质量标准问题8个、药品质量风险29个，为国家药监局药品监管提供强大的技术支撑。

完成国家化妆品抽检10个品种共计500批的检验，不合格样品1批，合格率99.8%；安全风险监测包括50批美白祛斑类产品和50批次祛痘类产品共计100批。在国家化妆品抽检和安全风险监测探索性研究中自建的《化妆品中脱氧熊果苷等6种美白功效物质的检验方法》为国内首创。采用上述自建方法对美白祛斑类产品进行检测，发现多批次样品存在标签标识的美白剂与实际检出成分不符的问题。

完成省级抽检928批（包括省监督抽检529批、药用辅料药包材专项154批、省专项42批、化妆品203批）的检验。

药品检验中的重要活动、举措和成果

紧紧围绕国家药监局推进疫苗属地化管理的形势需求，联合省内疫苗生产企业搭建"吉林省疫苗批签发检验技术联盟"，通过共建高级创新载体、推进技术协同攻关、促进成果转移转化、开展检验人才培养、产业信息交流共享，共同提高疫苗批签发检验能力，确保"疫苗大省"药品质量安全。

以实现生物制品批签发数字化为目标，开展生物制品生产工艺关键控制点和质量控制的实时监控，以及上市后质量考察等数字化服务，切实提高承接国家药监局授权的疫苗批签发工作质量和效率。平台运行后能对90%的批签发数据进行动态实时监控，是通过数字化实现生物制品批签发的一次创新实践。

为确保检验数据的公正性和权威性，避免人为因素对检验数据的干扰，进一步加强对检验数据全过程管理，创新出台《吉林省药品检验研究院检验数据管理制度》，要求检验过程严格落实检验、校对、审核、监督四级确认制度，突出强调数据完整性要求，采用信息管理系统覆盖样品的检验全流程。为吉林省药检院完善管理制度体系、提高检验工作质量、加强数据风险防范提供了坚实的制度保障，最大限度发挥检验在药品监管工作中的技术支撑作用。

建设吉林省中药和化妆品非法添加化学物质两个检测中心，中心建成后可检出8类105种非法添加物质，基本覆盖当前中药市场造假行为，检验效率提高90%以上，为行刑衔接提供强大的技术支撑。

紧跟吉林省医药产业发展趋势，重点开展药物质量控制关键技术的研究与开发、新药上市前质量标准评价等技术服务。2023年，共接受省内药品生产企业药品注册检验688批，开展方法学验证109个项目，企业委托检验6个品种69批。累计服务省内药品生产企业94家，为192个品种上市前质量标准评价与质量提升、上市后质量考察与评估提供了技术服务。

充分发挥省级检验机构技术指导职能作用，提高全省药品生产企业检验实操水平，举办吉林省第二届药品检验检测技术比武活动，全省230家企业参赛，对比武中发现的短板和不足开展针对性培训。开展两期全省药品检验能力提升专题培训，接收企业61人次来院实习，使检验人员充分理解检验重点、把握检验难点，深挖研发热点能力得到充分提高，一体化推动吉林省药检系统人才队伍建设。联合长春生物制品研究所开展检企"交互培训"活动，两家单位共计30余名检验技术人员参加培训交流，提升检验技术人员能力水平。

与三家百亿级重点企业签订技术服务协议，一是与吉林凯莱英医药集团签订《药用物质研究评价中心共建协议》，帮助凯莱英医药化学有限公司开展新工艺下的二甲双胍原料药质量分析研究，助力企业实现二甲双胍原料药成本降低30%，全面取代国外进口，预估产值超30亿元；二是与长春金赛药业签订《生物技术药物质量检测与评价中心共建协议》。联合开展人生长激素新工艺下原液与制剂质量分析与论证，助力企业实现生长激素系列产品成本降低 30%，产能倍增，产值超 150 亿的目标，为企业保持长久市场占有率提供竞争优势；三是与吉林敖东药业集团股份有限公司开展梅花鹿药用部位质量分析研究工作。谋划 10 余个相关项目，深入开展鹿系列产品研发工作，解决吉林省梅花鹿产业发展中的瓶颈问题，通过开发新的药用部位、编制梅花鹿配方颗粒标准等科研工作，推动吉林省鹿产业商业化、国际化。

上海市食品药品检验研究院

概　况

上海市食品药品检验研究院暨中华人民共和国上海口岸药品检验所（以下简称"上海食药检院"），成立于 1953 年，是隶属于上海市药监局的技术支撑机构。经过 70 年的发展，已成为集药品、生物制品、化妆品、食品、保健食品检验能力于一身的综合性政府实验室。2023 年是全面贯彻落实党的二十大精神的开局之年，是实施"十四五"规划承上启下的关键之年，上海食药检院在市市场监管局和市药监局的领导下，继续以扎实履行政府实验室的法定职责为根本，聚焦服务监管、服务产业、保障民生，完成好各项检验检测和科研任务，助力上海生物医药产业高质量发展。

检验检测

全年完成检品 36645 件，同比增长 33.6%。完成抽样 23378 件，同比增长 17.9%。

药品检验：一是持续推进生物制品批签发能力建设。现已具备流感疫苗、水痘疫苗、麻腮风疫苗、新冠灭活疫苗和新冠腺病毒载体疫苗、霍乱疫苗和卡介苗等 7 个品种检测能力，顺利完成了国家药监局要求的在 2023 年底实现辖区内疫苗品种检测能力全覆盖的目标任务，其中流感疫苗、新冠灭活疫苗和水痘疫苗已获得国家药监局批签发授权。完成四价流感病毒裂解疫苗、水痘减毒活疫苗、血液制品批签发等工作。二是把好进口药品质量关，助力优化营商环境。严把上海口岸进口药材质量关，完成进口药材检验 4700 余件，作为国家药监局授权的 7 家进口牛黄试点检验口岸所之一，为全国开展牛黄进口检验提供了技术支撑。顺利完成 79 个品种的原料药和 35 个品种制剂进入中国市场的首次口岸检验。三是国家药品抽检工作取得佳绩。承担的两个品种分别荣获化药组第一名和综合组第二名。

化妆品检验：构建了全产业链安全风险信息智慧数据库，搭建了安全风险物质多技术检测平台，成功应用于国家监督抽检和风险监测任务。科学规划拓展性检验，针对现行标准存在的问题，提出 12 项建设性制修订意见，受到了国家药监局通报表扬。人体功效评价平台已取得 7 项 CMA 资质，覆盖"肤用产品"宣称的全部功效。

食品检验：在市场监管总局、浦东新区市场监管局食品投标和市卫生健康委食品安全风险监测项目中连续中标。圆满完成第 6 届进博会食品安全保障任务。1 人在第二届全国市场监管系统食品安全抽检检测技能大比武中获奖。

能力建设

主动适应职能调整新要求，不断拓宽检验检测能力和资质范围。顺利通过 CNAS 能力验证提供者换证复评审和 CNAS 实验室认可现场换证复评审。先后完成 CMA 扩项和变更共 16 次，截至目前，共有 CMA 能力参数 3138 个，涵盖药品、生物制品、日用消费品、食品和消毒产品等五个领域。

作为全国第一个获得 CNAS 颁发 PTP 资质的省级食药检院，促进行业检测能力提高，全年组织开展并完成能力验证项目 5 项，涵盖药品、化妆品和食品三大领域，5 个项目中包括国家药监局、市市场监管局和市药监局委托开展的能力验证项目各一项，为上级监管部门提供实验室检测能力的数据支撑。

成功获批筹建"上海市创新生物制品质量检验检测中心"，是首批5家上海市产品质量检验检测中心之一。建成后将对包括细胞治疗产品、基因治疗产品、mRNA疫苗在内的创新生物制品提供全生命周期检测技术服务平台，提升上海市对高风险批签发生物制品的监管能力。

科研工作

科研与检验深度融合，持续助力生物医药产业高质量发展。荣获上海市科技进步二等奖、中国中西医结合学会科学技术奖一等奖、上海药学科技奖优秀成果奖等荣誉。在上海市特殊食品安全主题立功竞赛、市场监管科创先锋立功竞赛中获奖。共发表SCI论文10篇，发明/实用新型专利申请8项，获得发明专利授权7项。5个国家药监局重点实验室均通过2022年年度考核。

国家标准制定。上海食药检院在历年的国家药品标准制定工作中均承担重任，在食品、化妆品标准制定领域取得新突破。

药品：起草/复核《中国药典》品种标准19个，开展药典方法研究课题12项，起草国家药品补充检验方法3项，发布团体标准2项，起草上海市中药配方颗粒标准1项、复核8项。化妆品：制定化妆品国家标准1项，起草《化妆品安全技术规范》标准3项，参与制定团体标准2项，均待正式发布。食品：制定1项食品安全国家标准。

上海食药检院中药所承担的ISO中医药国际标准提案"中医药—桔梗"正式通过国际答辩投票立项，是全国药检系统首个被ISO/TC249中医药技术委员会立项的中药材国际标准项目。

上海市食品药品包装材料测试所

概　况

上海市食品药品包装材料测试所设8个内设机构，分别为：综合办公室、财务科、业务管理室、质量科研管理室、药品包装材料室、药用辅料室、微生物药理室、洁净检测室。现有人员干部职工70人。目前承担上海市药品包装材料、药用辅料市场质量抽检检验；药品包装材料的国家标准制修订和复核验证工作；药品包装材料与药物相容性研究和安全性评价、药品包装系统密封性研究；药品包装材料突发事件的应急检验任务；化妆品包装和接触材料的风险研究；洁净厂房的环境检测和兽药GMP洁净度检测等。

检验检测

上海市食品药品包装材料测试所全年共完成药品包装材料质量抽检检验任务193批次。完成药用辅料质量抽检检验265批次。完成洁净厂房的质量抽检检验（包括医疗器械、药包材、化妆品生产企业）共计58家。开展药包材委托检验1750批次，开展药用辅料委托检验57批次，开展洁净厂房的委托检验278家次，药品及包装材料的相容性研究28家次。

能力建设

上海市食品药品包装材料测试所对接监管检验检测需求，持续维持CNAS、上海CMA、国家CMA能力参数，范围涵盖药品包装材料、药用辅料、医疗器械包装、洁净室（区）环境、水等。在全国率先开展化妆品包装材料的风险监测工作，完成了"化妆品接触材料中邻苯二甲酸酯类增塑剂风险监测结果风险报告"，参与东方美谷长三角质量提升示范试点项目建设工作，参与团体标准建设工作。参与审定了《东方美谷化妆品内包材验收管理规范　第2部分：通用检测方法指南》。率先在全国从无到有建立包装密封完整性评价实验室，聚焦药品生产新方式、新方法，基于不同制剂包装特点和产品选择合适的方法，在为企业提供一站式解决方案中强化优势。配合市药监局加强服务点建设，参加市药监局"组团式"系列培训，为企业现场授课并答疑。今年成功申请国抽抽检工作承检单位。

科研工作

2023年，上海市食品药品包装材料测试所全力推进国家重点实验室创建，积极争取在优化国家药监局重点实验室的布局中推进包材所"两品一械"接触材料质量评价研究重点实验室建设，对标对表、攻坚克难，全力满足药品、化妆品、器械创新发展和科学监管的战略需求，更大力度支撑监管；首次立项9项所课题，获市市场监管局科技项目1项，政策研究课题1项，药监课题1项，2023年度立项国家药品标准提高项目5项药包材课题共涉及21项子标准课题；继去年科研学术论文实现了首次获奖零的突破后，7人次获得上海市药学会专委会优秀青年论文报告会一、二、三等奖，2名90后骨干在第十届中国药学会药物检测质量管理学术研讨会做论文汇报交流。

重要活动举措和成果

上海市食品药品包装材料测试所大力开展标准研究，按照国家药典委员会的工作计划，开展《中国药典》（2025年版）药包材标准制修订工作，牵头完成的3个橡胶密封件通则标准已于2月在国家药典委员会网站公示，2个金属类品类通则标准已于9月在国家药典委员会网站进行征求意见，4个金属类药包材相关方法标准已通过专家审议，并参与多个药包材品类通则和方法标准的制修订工作；加入国家药典委员会生物医药用氨基酸类辅料质量控制研究团队，主要负责对国内外生产的亮氨酸、丙氨酸等50多批氨基酸开展元素杂质分析及方法学验证，为今后《中国药典》四部统一编写氨基酸类辅料标准做技术储备；承担国家标准化管理委员会GB 25915—3标准制定，受邀参加国家标准化管理委员会组织的细胞洁净室性能和合理性试评价工作。

2023年，上海市食品药品包装材料测试所以

"药包材质量控制现状""金属类包材行业痛点堵点""医疗器械洁净厂房环境验证和分析"为题，深入企业车间一线，面对面座谈39家次、问卷调查116家次、线上调研29家次，发现并解决问题19个，健全沟通机制，形成《关于建立与企业沟通交流畅通渠道的2023年度工作方案》，以细胞冻存包装等新型药包材的质量标准研究为案例，形成适用于创新医药产品及其包装的评价方案，以及企业走访调研长效机制。与上海药品审评核查中心合作编写《药包材变更问题百问百答》助企纾困，成功举办第二届药包材标准与法规公益技术培训，线下参会130余人次，线上参会6000余人次，覆盖北京、上海、天津等20多个省市。持续开展科学普及工作。作为中小学生实践基地，通过政府开放月等活动接待市民、学生参观达170余人次。继去年制作的单个科普视频最高突破41万点击量的好成绩之后，今年组建团队持续发力，形成了"包罗万象""天下谁人不识菌"两大动画科普系列，制作《盘点古今化妆品——论包"妆"之重要性》等8个科普视频，在学习强国等多个权威平台发布，其中，《天下谁人不识"菌"》在上海、天津等6个省市线下播放。

浙江省食品药品检验研究院

概　况

2023年，在浙江省药监局的正确领导下，在中检院的精心指导下，按照"讲政治、强监管、保安全、促发展、惠民生"的工作思路，以有力举措和实际成效服务全省药品安全和产业发展。全年共完成各类检验任务27857批次，其中国家和省级各类监督抽检专项检验12328批次，食品技术审查209家次。国家药品抽检半夏糖浆获中成药组第一名，酸枣仁获药材组第四名，硝苯地平缓释片、复方芦丁片分获化药组第三名、第六名，荣获浙江省科技进步三等奖2项、教育部

"高等学校科学研究优秀成果奖"一等奖1项、浙江省分析测试协会奖3项、省药学会科技奖1项。食品所获评"第21届全国青年文明号",业务部获评"浙江省三八红旗集体"称号。

检验检测

药品：2023年,共完成各类检验检测16376批次,其中国内药品9504批次,药包材2802批次,野山参鉴定129批次,进口药品20批次,洁净室检测305批次,进口药材3618拣样。其中国家级抽验602批次,省级抽验3505批次。

食品（保健食品）：2023年,共完成各类检验检测7690批次,其中国家级抽验1183批次,省级抽验4317批次。

化妆品：2023年,共完成各类检验检测3791批次,其中国家级抽验815批次,省级抽验1906批次。

能力建设

围绕保障公众用药安全的中心任务,2023年新增检验资质308项（CNAS认可57项和CMA认证251项),具备CMA和CNAS能力总参数达5688项;参加的9项国家药监局能力验证和4项国际能力验证（1项FAPAS、1项LGC和2项USP）均获满意结果;完成药品化妆品标准制修订12项（国际药品标准1项）。

加快构建"2＋N"技术支撑协同体系。探索省市联检机制,人员实训9人次。推行"三基"培训项目,完成8个脚本拍摄。组织全省20家药品检验机构参加国内外能力验证97项次,举办全省药品检验检测机构能力建设培训班,提升全省药检系统能力建设。

《中国现代应用药学》继续入选全国中文核心期刊、中国科技核心期刊,入选"高水平中文期刊培育计划",开设"肿瘤药学研究""鼻用制剂研究"等4个特色专栏专刊,举办中国现代应用药学（杭州）峰会和青年编委会暨青年科学家

论坛等8个专业学术论坛,进一步扩大学术影响力。

科研工作

聚焦产业发展,科创平台成果丰硕。原料药安全研究中心突破38项技术难关。化妆品植物原料研究中心开展栀子、胡柚等浙产特色植物原料研究。制药用水微生物监测预警平台完成台州和金华的平台推广工作。生物医药创新公共服务平台搭建实训平台"浙里药远航",举办4期专题培训,培训人员近300人次。

以浙江省药品科普基地为载体,组织开展实验室开放日、中药标本馆研学游、安全用药月活动等6场科普活动,共接待群众320余人次,提升公众科学素养。发放各类科普宣传手册1000余册,拍摄科普短视频48条,其中,"小依说药""小依话妆"等科普短视频43条,阅读量达3737万次,自编科普动画短片——"小M护耳记"入选学习强国"科普短视频创作联合行动"。

重要活动、举措和成果

高效护航杭州亚（残）运会,对标省委省政府提出的"两个零发生"的目标任务,以最严标准、最强力量、最快响应、最硬举措发挥检验检测的"硬核实力",共完成涉亚（残）运会食品、化妆品和药品抽检2902批次。获国家体育总局、中国残联、省委、省政府联合授予的"杭州亚运会、亚残运会先进集体"称号。

在年初疫情药品保供期间,较好完成富马酸恩司特韦等防疫药品检验,有力支撑防疫大局。第一时间对充斥市场众多的各类新冠病毒治疗药（如奈玛特韦片/利托那韦片）启动省市联检应急机制,有力保障公众健康。在"红色蜗牛婴初霜"事件中,通过高分辨质谱筛查技术确证存在非法添加,通过风险直通车制度上报国家药监局和中检院并及时出具监督报告。

按照"省管市建、协同高效、服务优质"的新思路,在台州市建立全省首个异地药品注册检

验实验室，让医药企业在"家门口"享受便捷高效的药品注册检验服务。

数字化改革稳步推进。迭代浙药检 2.0 和 LIMS 2.0，升级实验室智控应用系统，新建数据综合应用分析平台。上线国产化数字实验记录本，实现温湿度监控设备与院 IOT 平台的对接。完成"人才一件事"系统应用建设，促进人才管理提效能。

坚持"人才兴院"发展战略。目前，拥有享受国务院特殊津贴 1 人，浙江省"万人计划"科技创新领军人才 1 人，国家药典委员会委员 11 人，国家实验室认可评审员 7 人，国家资质认定评审员 1 人，省资质认定评审员 4 人，国家药监局仿制药和疗效一致性评价专家委员会委员 2 人，中国药学会委员 3 人，以及各类其他评审专家 100 人次。高级职称以上人员 67 人，占总人数的 24%，中级职称以上人员 155 人，占总人数的 55%。博士后工作站在站 1 人、出站 1 人。

党的建设

政治建院，党建引领，深入学习贯彻党的二十大精神和省委十五届四次全会精神。以"六学六进六争先"实践活动为载体，扎实开展主题教育活动，精心安排"六学五做"23 项活动，组织"科技创新""清廉食药检"等 5 场专题研讨学习和"食药检对标对表怎么办"大讨论活动，组织 100 多名党员赴学习基地开展主题党日活动。实施强基工程提质行动，深化特色部门党建品牌建设。实施"清廉食药检"提质行动，印发《清廉食药检提质行动实施方案》。完善"两类清单"，新增部门"三清单一对策"和员工"两清单一对策"，并修订《廉政风险防控手册》，增加 5 个权力事项。

浙江省医疗器械检验研究院

概 况

浙江省医疗器械检验研究院（以下简称"浙江省器械院"）成立于 1974 年，是经中共浙江省委机构编制委员会办公室批准，由浙江省药品监督管理局举办的公益二类事业单位，机构规格相当于正处级，挂国家药品监督管理局杭州医疗器械质量监督检验中心牌子，为省属科研院所。负责医疗器械监督检验、注册检验、委托检验及相关评价；检验技术和方法研究，检验仪器、标准物质研制；医疗器械标准研究、制定，宣贯；医疗器械分类、命名、编码和省内产品分类界定等相关技术研究工作；医疗器械安全有效分析、研究、评价、技术调查、检查等相关工作；开展技术开发、技术转让、技术咨询和技术服务、医疗器械相关认证服务、医疗器械创新研究。

2023 年，浙江省器械院坚持以习近平新时代中国特色社会主义思想为指引，深入贯彻党的二十大和省第十五次党代会精神，认真落实省药监局"坚守红色根脉基线、筑牢药品安全防线、拉升创新发展高线、延伸暖心惠民实线、锚定科学监管准线"的工作举措，聚焦"服务、创新、引领"三大核心任务，深入开展"服务意识、服务能力、服务效率、服务质量"提升行动，力求以高能级的技术支撑，保障医疗器械高水平安全，助推医药产业高质量发展。

检验检测

全年累计受理各类检验检测业务 10574 个，出具检验报告 10301 个。牵头完成 4 个品种 178 批次的国家级医疗器械监督抽检任务，参与完成 4 个品种 40 批次的国家级医疗器械监督抽检任务。按照国家药监局和省药监局工作部署，完成 30 批次的防疫专项抽检任务；牵头完成 36 个品种 1002 批次的省级医疗器械监督抽检任务；承接完成 9 个地市委托抽检共 506 批次，完成检测 615 批（包括 2022 年剩余的 109 批检测任务）。累计完成 2 个地市的执法抽检 9 批次，有效满足监管需求。此外 2022 年牵头的 5 个品种的国抽任务，4 个品种的国抽任务质量分析报告被评为优秀成果。

能力建设

聚焦"一核三区"整体布局，加快推进长三角医疗器械检测评价与创新服务综合体项目建设。截至12月，一期项目1~4号楼砌体、粉刷、幕墙及地下室油漆施工已全部完成，项目内部装修工程完成80%；其中2023年度海宁专项仪器设备采购计划已完成100%的合同签订。为扩大有源器械检验场所，大力开展临平经济技术开发区院区二期装修工作，现已完成装修施工图纸确认并提交临平区住建局进行施工评审，待招标完成后正式启动装修工程；制定国家专项"提升医疗器械检验检测能力建设项目"验收工作方案，衔接各部门做好项目验收准备工作，现已完成消防专项和工程五方验收，以及项目决算审计报告初稿。为更好地发挥医疗器械科学监管与产业发展的技术支撑作用，于5月开展新版GB 9706标准的CNAS/CMA扩项评审，于10月完成包括207项CNAS/CMA扩项加变更的现场评审，当前新版GB 9706系列标准的检测能力覆盖达到59项，全院CMA认证数达1041项，CNAS认可数达1008项。

科研工作

认真履行国家药监局生物医用光学重点实验室的工作职责，持续推进医疗器械新标准、新仪器、新方法的研究工作。2023年，累计完成17项科研项目合同签订，其中科技部重点研发参与项目1项，省科技厅尖兵领雁参与项目4项，省药监局项目6项，院自立项项目6项，当前在研项目42个，其中科技部项目3个，省科技厅尖兵领雁项目12个。另有1项省科技厅尖兵领雁参与项目正在进行合同签订环节。项目完成《激光材料与器件在医疗领域的应用示范—肿瘤靶向光动力设备在消化道肿瘤诊疗的应用示范》等4项目验收工作并取得验收证书。参与完成《外骨骼康复机器人关键技术研发及产业化应用》获得省科学技术奖二等奖，参与完成《多功能绿色

智慧婴儿保育护理系统关键技术研发及产业化》和《基于医用内窥镜评价和术式创新实现标准化微创技术的推广应用》获得省科学技术奖三等奖。

高效发挥全国医用光学和仪器标准化分技术委员会秘书处承担单位的工作职责，顺利通过标技委现场考核；对照年初确定的2023年标准化工作计划，完成《激光治疗设备 调Q眼科激光治疗机》等5项行业标准制修订工作。积极开展归口领域18个国家及行业标准宣贯、2023年标准项目参与起草单位征集和2024年标准项目征集工作；组织开展35项国家行业标准复审工作及4项国家行业标准实施评价工作，有效落实标准制修订工作的闭环管理。为拓展国际标准化工作面，先后组织8人次参加对口国际标准化组织会议，完成23项国际标准复审投票评议工作；积极推荐5名技术人员申报对口国际标准化组织注册专家，以实际行动助推标准化建设工作的国际交流与合作。

福建省食品药品质量检验研究院

概 况

2023年，福建省食品药品质量检验研究院（以下简称"福建省药检院"）认真贯彻落实省药监局决策部署，深入开展学习贯彻党的二十大精神，扎实开展学习贯彻习近平新时代中国特色社会主义思想主题教育，以重点专项工作为重要抓手，加快提升药品检验检测能力，为福建省药品安全监管和产业高质量发展提供有力技术支撑。

福建省药检院党委高度重视党建政治引领示范，充分发挥支部战斗堡垒和党员先锋模范作用，以党建促群建，紧密结合检验检测业务，开展学习贯彻习近平新时代中国特色社会主义思想主题教育，以强化理论学习指导发展实践，以深化调查研究推动解决发展难题，把学习教育、调查研究、真抓实干贯穿始终。福建省药检院党委、领导班子带头组织开展调查研究7次，覆盖药械

企业 30 家、基层检验机构 6 家，梳理整理问题 25 个，提交调研报告 6 篇，举办主题教育培训班 3 期，真正做到学思用贯通、知信行统一，进一步树牢了宗旨意识和为民情怀，进一步开创了药械检验高质量发展新局面。

检验检测

2023 年，福建省药检院立足当前、着眼长远，持续推进省级药品检验能力提升，重点推进疫苗批签发和医疗器械检验能力建设，当年获得医疗器械检验资质认定参数 1298 项，含新版 GB 9706 系列标准 13 个、参数 663 项；化妆品检验资质认定参数 14 项；通过 CNAS 扩项评审获得生物制品、药品、保健食品等 CNAS 能力参数 34 项。一是疫苗批签发能力建设取得新成效。2023 年 4 月 21 日，获得国家药监局鼻喷新冠肺炎疫苗批签发机构授权，实现了福建省疫苗批签发检验机构零的突破；11 月 21 日，获得鼻喷 XBB 株新型冠状病毒疫苗（减毒流感病毒载体）、注射用红色诺卡氏菌细胞壁骨架等省内生物制品品种的 CNAS 全项检验资质证书。2024 年 1 月 5 日，我院收到国家药监局双价宫颈癌疫苗及戊肝疫苗批签发机构批复授权，疫苗批签发检验能力覆盖我省全部疫苗品种。二是医疗器械检验能力建设取得新突破。我院制定《新版 GB 9706 系列标准检验能力提升实施方案》获得省政府批准组织实施，项目通过省财政评审中心审定金额为 9278.95 万元，目前正分阶段全力推进有源医疗器械能力建设项目，计划建设新版 GB 9706 系列标准 13 个有源医疗器械检验实验室，建成后将全面覆盖新版 GB 9706 系列标准的 59 项标准。当前完成实验室改造设计，检验资质扩项达到 3649 项，对比 2021 年医疗器械检验资质扩增 4 倍以上。

福建省药检院始终坚持以药品检验管理工作为重心，紧紧围绕安全监管需要，坚持抽检问题导向与风险控制相结合的原则，提高抽检工作质量，增强抽样靶向性，提高问题产品发现率，

2023 年完成抽样 3205 批次，较 2022 年同期增加 16%；完成各级检验任务 6470 批次，较 2022 年同期增加 12%；其中完成国抽 1438 批次、省抽 3085 批次，分别发现 31 批次和 27 批次的不合格产品。"两品一械"抽检工作分别获得国家药监局通报表扬，参与的 4 个医疗器械品种质量分析报告被国家药监局评为优秀，参加的 10 项能力验证满意率达到 100%。其中化妆品抽检工作在全国范围表现突出，连续 2 年获邀在全国化妆品抽检工作会议上做先进经验交流。

科研工作

积极鼓励组织开展科研和科技成果转化工作，2023 年成功申请省药监局科技项目 5 项，推进在研 2 项省科技计划项目、13 项厅级科技项目和 1 项市场监管总局与计量院合作项目研究工作；积极参与新版《福建省中药材标准》《福建省中药饮片炮制规范》的起草编写工作，承担全省医疗机构制剂规程制修订；全年共与 125 家企事业单位签订技术服务合同 189 份总金额超 500 万元，为我省企业集中地厦漳泉地区设立厦门工作部服务受理窗口，主动靠前服务，方便企业送检。

江西省药品检验检测研究院

概　况

江西省药品检验检测研究院（原称江西省药品检验所，以下简称"江西院"）自 1953 年起承担全省药品检验工作。2000 年划归江西省药监局，2014 年更名为江西省药品检验检测研究院。现有员工 159 名，其中在编人员 107 名，包括正处级院长 1 名和副处级副职 5 名。房屋面积 16332 平方米，其中实验场地占地 13131 平方米。设备总值达 1.5 亿元，其中价值 10 万元以上的仪器设备 300 余台。收藏药材和植物腊叶标本共计 5295 份。

2023 年，江西院坚决贯彻落实党的二十大精

神，以习近平新时代中国特色社会主义思想为行动指南，全面深入地贯彻习近平总书记在江西省考察时的重要讲话精神。我们深刻认识到"两个确立"的重大意义，不断增强"四个意识"，坚定"四个自信"，坚决做到"两个维护"。同时，我院积极响应国家药监局和江西省药品监督管理局（以下简称"江西省药监局"）的号召，致力于保障人民群众用药安全。通过全院上下的共同努力，各项工作取得了显著成效，为药品安全和民生福祉作出了积极贡献。

检验检测

2023 年，江西院积极推动党的建设，不断提高干部职工的思想政治素质和工作能力。同时，通过扎实开展检验检测工作、加强能力建设、积极开展科研创新，全面推动院内各项工作顺利开展，取得丰硕成果。

2023 年，江西院承担了 4 个品种共 417 批次样品的国家药品抽检，累计上报重大质量风险问题 2 项、一般质量风险问题 62 项、质量标准问题 14 项。在国家药品抽检品种质量分析报告评议中成绩优异，所承担的氧氟沙星滴耳液获综合组第 4 名，呋喃唑酮片获化学药组第 7 名。国抽化妆品监督抽检工作中，完成国家化妆品抽检 10 类产品共计 653 批次抽检及质量分析报告工作，发现不合格产品 42 批次，不合格率为 6.43%，同比 2022 年提升近 2 个百分点，位居全国前列。国抽化妆品安全风险监测工作中，完成国家化妆品风险监测 105 批次，发现问题产品 18 批次，问题发现率 17.14%，问题发现率取得了新突破。

在省级抽检工作中，完成了 2255 批次抽样和 2505 批次药品的检验工作，其中不合格 3 批次，不合格率 0.12%；完成了 441 批次抽样和 554 批次化妆品的检验工作，其中不合格 20 批次，不合格率 3.61%，较往年有较大的提升。同时，今年首次承担省级化妆品安全风险监测 32 批发现问题样品 9 批次，问题发现率为 28.13%。

根据上级部门工作安排进行了 165 次应急检验，迅速开通绿色通道，确保快速出具准确报告，为江西省药监局和公安等部门提供高效技术支撑。8 月协助省公安厅检测原料，成功检出多种非法添加物质并获得公安部门的感谢。

深入实施"科学、公正、优质、高效"质量方针，全年完成各类检品共计 8211 批次和 55973 项，其中药品 5967 批次、药包材 499 批次、化妆品 1590 批次、食品（含保健食品）51 批次，完成各类现场环境净化监测 56 个检测单元，超额完成既定目标。

能力建设

从多个方面加强能力建设：一是开展质量控制活动，参与国家级和省级能力验证，均获满意结果。开展内部质量控制活动，提升实验室技术和管理水平，确保检验检测质量。二是通过参数扩项，新增参数 50 项，包括生物制品、化妆品品种和参数。三是开展标准研究工作，完成药品和化妆品质量标准提高，起草并提交药包材标准提高初稿。配合江西省药监局完成中药饮片炮制规范技术审核，颁布 266 个饮片标准，拟将 500 多个品规收入炮制规范。

自 2020 年，全面推动血液制品批签发机构建设，包括质量管理、业务培训、检验资质、能力验证、实验室改造等。2023 年 11 月，江西院正式获国家药监局授权，承担人血白蛋白 8 个品种的国家批签发工作，成功成为全国第十家获批国家血液制品批签发机构的省级药品检验机构。

科研工作

江西院"国家药监局中成药质量评价重点实验室"已连续 4 年通过考核，首次开放 3 项课题，拨付 9 万元经费，实现 3 项国家发明专利成果转化，建立含罂粟壳制剂共线生产残留的检测技术链条方案。全年共发表论文 24 篇，其中核心论文 19 篇；获专利授权 11 项，包括 8 项发明专利和 3 项实用新型专利；完成 3 项省级科技成果登记；申报多项省自然科学基金和市厅级科技项目，2 项省级课题已结题。

重要活动、举措和成果

江西院积极推进各项检验检测和科研工作，取得了多项重要的成果。一是国抽药品连续第 9 年获国家药监局表扬，被评为"检验管理工作表现突出的单位"和"质量分析工作表现突出的单位"。国抽化妆品第 4 年获国家药监局表扬，被表扬高质量完成检验任务，积极开展检验质量分析工作，并为化妆品标准制修订提出建设性意见。二是成功获批血液制品批签发机构，实现了江西"零"的突破，为现代化强院建设明确了新目标、注入了新动力。三是 2023 年恰逢江西院建院 70 周年，通过制作 70 周年建院纪念册和纪念视频，详细展现了江西院这十年栉风沐雨的奋斗历程，同时，还首次在央视网同步刊登新闻稿《江西省药检院成立 70 周年：牢记使命检验为民》，实现了新闻宣传新的突破。

党建工作

积极组织学习贯彻习近平新时代中国特色社会主义思想主题教育，掀起学习贯彻党的二十大精神热潮。江西院荣获江西省直属机关工委颁布的"2022 年度打造让党放心、人民满意的模范机关先进集体"称号。8 名同志被江西省药监局评为"优秀共产党员"，5 名同志被江西省药监局评为"优秀党务工作者"，院第二党支部被江西省药监局评为"四强"党支部。全年累计开展党委理论学习中心组（扩大）学习会、习近平总书记考察江西重要讲话精神专题学习等集中学习 40 余次。

江西省医疗器械检测中心

概　况

江西省医疗器械检测中心（以下简称"江西

中心"）为隶属于江西省药品监督管理局（以下简称"江西省药监局"）的全额拨款事业单位。宗旨和业务范围包括"开展医疗器械、食品检测，中西医药研究，促进食药事业发展。承担医疗器械审批和质量监督工作中的检查检测及技术审评，医药研究、医药产品及食品质量检测等工作；指导全省医疗器械生产、经营、使用单位的质量检验技术"。2023 年，在江西省药监局党组的正确领导和关心支持下，全体干部职工初心不改、加油实干，顺利完成 2023 年度国家、省级各项监督抽检任务及社会委托检验任务，取得一定成效，全年共出具检验报告 4400 余份。

检验检测

2023 年，江西中心承担完成 2023 年国家医疗器械抽检（中央补助地方项目）专项工作，完成 20 个品种 91 批次的抽样工作和 6 个品种 82 批次的检验任务。

承担完成 2023 年江西省级医疗器械监督抽检 48 个品种 1640 批次（包括 154 批次网络监测抽检、64 台次医用电气设备新版标准实施风险监测专项抽检）医疗器械监督抽检工作，任务完成率 102.5%。

承担完成复检 36 批次；受理完成企业注册检验 1618 批次、委托检验 431 批次；受理完成洁净厂房净化环境检测 79 批次的检验。

完成宁夏回族自治区、海南省、贵阳市、南昌市、景德镇市、上饶市、鹰潭市、南昌市进贤县、萍乡市湘东区等地方各级监管部门委托监督抽检检验共计 479 批。

配合地方市场监管部门监管需要，完成 14 批次应急检验工作。

2023 年检验检测能力建设再获新突破，11 月 16 日国家认证认可监督管理委员会批准了江西中心新增场所及能力扩项申请，自此，江西中心已具备南京东路 181 号主场所及新祺周东大道 99 号分场所两个检验场所，拥有无源医疗器械、有源医疗器械、诊断试剂、洁净环境 4 大类共 473 项检测类别、2876 个项目/参数的医疗器械检测能力，其中涉及电磁兼容（EMC）参数 238 项，填补了该检测领域的省内空白；新版 9706 系列标准 50 个。

能力建设

2023 年，全年参加了中检院组织 7 项、国家乳胶制品质量监督检验中心组织 1 项、宁波海关技术中心组织 4 项，共计 12 项能力验证、实验室比对项目，全部完成并取得满意结果。

江西中心严格执行年度质量控制计划，采取"留样复测，人员、仪器、实验室间比对"等形式，2023 年完成了 11 个参数/项目的检验结果质量控制活动，对所检测的结果进行了比对、分析，均为可信，准确度满意。

科研工作

2023 年，江西中心自主申报各类政府项目 11 个，获立项 8 个；参与申报 9 个，联合申报立项 4 个。在研政府项目共 22 个，已完成并验收结题 7 个。

山东省食品药品检验研究院

概　况

山东省食品药品检验研究院创建于 1956 年 6 月，是山东省药品监督管理局正处级直属事业单位，主要承担食品（包括保健食品）、药品、化妆品检验检测和技术研究等工作，主办中国科技核心期刊《药学研究》，是依法设定的公益事业单位和省直 25 个法人治理结构改革的科研院所之一。连续 15 年获"省级文明单位"荣誉称号，连续 6 年省属科研院所绩效考核"优秀"，获国务院食品安全委员会"全国食品安全工作先进集体"荣誉称号，为保障广大人民群众饮食用药安全做出了突出贡献。

检验检测

完成检验任务 37927 批次，其中，食品检验 24225 批次、药品检验 9616 批次、化妆品检验 2987 批次、保健食品 1099 批次。食品抽检牵头工作表现突出，其中粮食加工品牵头工作在市场监管总局考核中排名第一；药品国抽工作连续第 9 年获得国家药监局表彰，其中检验管理工作考核排名第一；化妆品国抽工作连续第 5 年获得国家药监局表彰，其中质量分析报告考核排名第一。

"零缺陷"通过疫苗批签发机构授权评估，获得冻干人用狂犬病疫苗批签发授权，开始承担山东亦度生物技术有限公司生产疫苗批签发工作。

能力建设

完成检验检测机构资质认定复查换证；开展资质认定扩项，增加食品 24 个产品、167 个参数、41 个方法及化妆品 30 个参数的资质。参加国内外能力验证计划 51 项，结果均为满意。

持续完善质量管理体系，修订《质量手册》《程序文件》中 36 个文件，增加《生物制品批签发程序》，增修订作业指导书 59 个和记录表格 38 个。

科研工作

发布《知识产权申请前评估制度》，通过知识产权管理体系贯标，5 人获得初级技术经纪人资格证，进一步完善了知识产权管理体系；完成 2022 年度省科技成果转移转化补助绩效评价，申报各级政府科研奖补资金，2023 年获补助 374 万元；通过排查问题、开展培训等工作加强科研诚信建设。

新增工信部"第五批产业技术基础公共服务平台"1 个、省发改委工程研究中心 2 个。现有依托建设的科研平台 13 个，合作共建的平台 12 个，位居全国同类机构前列。获批国家重点研发计划课题 2 项、山东省重点研发计划（软课题）

1 项、市场监管总局科技计划项目 1 项，1 个项目获得济南市"科研带头人工作室"立项支持。搭建"山东自贸试验区济南片区联动创新检验检测平台"，被山东省政府列为"做好中国（山东）自由贸易试验区 39 项制度创新成果复制推广"最佳实践案例。

科技成果奖励级别取得新突破，获得省科技进步一等奖 2 项（主持 1 项，参与 1 项）、二等奖 1 项，获得国家和省级社会力量奖励 14 项。

发表论文 106 篇，出版专著 2 部；授权发明专利 47 项，其中国际发明专利 3 项，国内发明专利 44 项。

标准化工作

牵头制订并发布国家级标准 14 项；获山东省食品安全地方标准立项 2 项；起草、复核药品标准及补充检验方法 27 项；制定化妆品原料团体标准 3 项；主持、参与化妆品安全技术规范标准立项 5 项；出版专著《山东省中药配方颗粒标准》。

重要活动、举措、成果

《药学研究》再次入选中国科技核心期刊；组织成立新一届编委会，其中学术顾问 5 人，均为院士，编委会副主任 15 人，编委 118 人；参照新版《学术论文编写规则》，对标国标格式，完成期刊改版。

完善检验零等待、零障碍、零距离"三零服务模式"，出台《加快办理药品注册检验工作实施方案》《窗口优质服务》《药品检验期限管理规定》等制度，优化检验流程，压缩检验时限，检验周期同比缩短 28.6%。

开展"百名专家进百企"行动，组建"双百"专家团，先后到 6 个检查分局，9 个地市，考察生产企业 40 余家，与 300 余家企业开展面对面座谈，面向 100 余家企业开展调查问卷，征集意见建议 400 余条，以检验检测精细服务助力产业高质量发展。建立惠企服务队，开展"食安护航"帮扶行动，精准帮扶 100 余家食品生产经营企业。

完成省人大十四届一次会议、省政协十三届一次会议、成都大运会和西藏班禅来鲁等重大活动食品安全保障工作，提供"3·15"大米香精等舆情技术方案，完成淄博烧烤、校园食品安全等专项任务。与济阳县政府签署战略合作协议，推动中国（济南）特医食品城建设；主办全国"肉牛产业全链条检验检测技术论坛"，助力地方特色食品产业发展。

代培地市检测机构和企业骨干 100 余人。举办第八届山东省药品检验检测技能竞赛、全省食品安全抽检技能大比武、全省 385 家药品生产企业检验能力评估、全省 40 家食品安全承检机构考核、全省 31 家乳制品企业体系检查等多项会议和活动，着力提升全省食品药品检验检测能力。

完成网络安全设备、集成办公平台运维服务、辅楼会议室大屏等采购项目；完成"山东通"的推广和应用；升级官方网站版面及微信公众号，接管药学会网站。配合国家药监局完成"网络安全攻防演练"，完成全省"2023 年护网行动"。实现 LIMS 与国家食品安全抽样检验信息系统对接；集成办公平台获山东省首届"数据赋能业务"大赛优秀奖。

多措并举筹备启动资金，同步开展工程监理、造价审计、专业项管、施工单位等招标工作，提前做好实验室装修各项准备工作。继续在建设规划、运行机制、项目储备、人才引进上加强调研，夯实顶层设计，多方争取政策、设备、资金、人员等资源倾斜。

引进中国工程院院士 1 人，自主培养"享受国务院政府特殊津贴建议人员"1 人、"第一批国家市场监管总局科技创新人才青年拔尖人才"1 人、"泰山学者青年专家"1 人、"泰山产业领军人才"2 人。化学药品室团队被省委深改办表彰为"山东省改革创新团队"。联合培养药学专业硕士 70 余人，入选全国药学专业学位研究生实践基地建设成果 TOP10。

开展"强基固本"建设年行动；制修订《廉政档案管理办法（试行）》《检验检测"二十严禁"》《八小时外行为倡议》等 13 项制度。党建调研报告被省市场监管局评为一等奖。获"市监先锋杯"党务技能比武第三名。

山东省医疗器械和药品包装检验研究院

概　况

山东省医疗器械和药品包装检验研究院成立于 1987 年，是国家药监局 10 个国家级医疗器械检测中心、4 个国家级药品包装材料检验中心之一，是山东省药品监督管理局（以下简称"山东省药监局"）直属公益二类事业单位。2021 年 4 月，由山东省医疗器械产品质量检验中心更名为山东省医疗器械和药品包装检验研究院（以下简称"山东省医械药包院"）。承担医疗器械和药品包装的质量分析评价、安全有效性研究、科研创新及标准化研究工作，担负国家及省级医疗器械抽检、应急检验等各类委托检验业务，为医疗器械监管和产业发展提供强有力的技术支撑。2020 年 9 月，被党中央、国务院、中央军委表彰为"全国抗击新冠肺炎疫情先进集体"。

2023 年，山东省医械药包院坚持以习近平新时代中国特色社会主义思想为指导，深入贯彻党的二十大精神，扎实开展主题教育，以"制度建设年"为抓手，全面推动党建＋、科研、检验与标准化工作融合发展，在服务监管和产业发展中砥砺前行、笃行实干，连续 11 年在医疗器械国家抽检工作中，获得国家药监局通报表扬。

检验检测

2023 年，山东省医械药包院全年高标准完成

医疗器械国家抽检任务 316 批次，省监督抽检 1000 余批次。新获批国家药包材抽检承检机构。全年多人次参加国家药监局组织的专家评审、技术会商和飞行检查，以及山东省药监局组织的对企业质量管理体系检查、医疗器械风险监测专项检查，为行政监管提供强有力的技术支撑。

能力建设

山东省医械药包院目前总建筑面积 26000 平方米，其中实验动物房 3500 平方米。在建的新址——10 万平方米国家山东自贸试验区（济南）医疗器械创新和监管服务大平台项目（以下简称"大平台"），于 2021 年 4 月 23 日正式动工建设。截至 2023 年底，大平台已进入设备安装和内部实验室装修阶段。建成后，将立足山东，辐射全国，为医疗器械监管、评价和创新提供更加优质的服务。

2023 年，高标准完成国家发展和改革委员会 2020 年批复给山东省的医疗器械检验检测能力提升项目。顺利通过 CNAS ＋ CMA 二合一实验室扩项评审和 CNAS 的 GLP 复评审，新增检测能力 163 项，是全国第一家取得新版 GB 9706.1—2020 检测资质的机构。积极参加国家药监局重点实验室联盟（山东省）建设，并担任轮值主席。

科研工作

新成立全国医用防护器械标准化工作组、医疗器械包装标准化技术归口单位。获批成为国家自然科学基金依托单位、国家强制性标准实施情况统计分析点（医疗器械）、山东省体外诊断产品共性技术标准创新平台、与山东省冶金科学研究院有限公司共同新建国家新材料测试评价平台（济南区域中心）、新建山东省博士后创新实践基地、山东省数据开放应用创新（卫生健康）实验室、生物材料器械质量评价共性技术山东省工程研究中心。

2023 年获山东省科技进步二等奖 2 项，市场

监管总局科技成果奖 1 项。牵头"十三五""十四五"国家重点研发课题 3 项，参与国家级、省部级课题 31 项。编写《医疗器械生物学评价系列标准解读》《医疗器械安全探秘》著作 2 部，其中《医疗器械生物学评价系列标准解读》获国家科学技术学术著作出版基金资助并发布。

标准化工作

由山东省医械药包院主导制定的首个国际标准获评山东省高水平标准化基础项目。牵头制定的第二个国际标准 ISO 24072:2023 正式发布，填补该领域国际标准空白。2023 年主导制定 21 项国行标。积极参与国家药典委员会《中国药典》（2025 年版）药包材标准体系建设，为构建国家药包材标准体系贡献山东智慧。

山东省医械药包院作为秘书处挂靠单位的全国医疗器械生物学评价标准化技术委员会和全国医用卫生材料及敷料标准化技术归口单位在国家药监局 2022 年度考核中均取得了第一名的成绩。作为依托单位的中国生物材料学会生物材料生物学评价分会荣获 2022—2023 年度中国生物材料学会先进集体荣誉称号，同时获得 2022 年度考核"优秀"，是该学会唯一一家连续 3 年考核"优秀"的单位。

河南省药品医疗器械检验院

概　况

在河南省直事业单位重塑性改革工作中，原河南省食品药品检验所和原河南省医疗器械检验所合并组建河南省药品医疗器械检验院（河南省疫苗批签中心）（以下简称"河南省药械检验院"），为河南省药品监督管理局（以下简称"河南省药监局"）直属独立法人公益一类事业单位。现有在用实验室面积 21315 平方米；即将启用的郑州航空港办公院区面积 18428 平方米。现有各类检验检测仪器设备 3000 余台（套），设备原值 4 亿余元。现有在职干部职工 270 人，其中，正高职称 14 人，副高职称 50 人，国家药典委员会委员、国家医疗器械标准委员会委员、国家级检查员、评审员等 20 余人，河南省学术技术带头人 2 人，高校特聘教授 6 人。

获批市场监管总局特殊食品验证评价技术机构、国家药监局化妆品注册和备案许可检验机构、香港中成药注册检验机构、国家药监局和海关总署批准的口岸药品（含口岸药材）检验机构；获批 3 个国家药监局重点实验室（依托单位）和 2 个国家药监局重点实验室（联合单位）；获批 3 个河南省省级工程技术研究中心。

2023 年，河南省药品医疗器械检验院（河南省疫苗批签中心）坚持以习近平新时代中国特色社会主义思想为指导，贯彻落实国家药监局、河南省药监局药品监管和党风廉政建设会议精神，积极推进党建与业务深度融合，各项工作开创新佳绩。

检验检测

2023 年，共完成各类检验 11622 批，其中药品类 4999 批、医疗器械 4525 批、化妆品 2007 批、食品及保健食品 91 批。在抽检中发现异常、不合格及问题样品共计 127 批，其中药品 15 批、医疗器械 95 批、化妆品 17 批，发现化妆品问题样品 11 批。

全年共完成国家和省"两品一械"各类抽样 3348 批。其中国家药品抽样总批次大幅度增加，抽样区域、品种覆盖率更高，退样率为 0；国家和省化妆品网络抽样和现场快检预筛工作扎实开展，抽样异常报送 38 批次。

能力建设

制度建设持续加强。结合河南省重塑性改革，全面认真梳理现有制度，持续补充、修订和完善内部管理制度，确保各项工作规范化。先后制定并印发了《河南省药品医疗器械检验院公文处理办法》等45个行政工作制度。并根据体系运行和疫苗批签发建设等实际情况，动态制修订体系文件535个。结合主题教育开展和企业需求，特别制定了《河南省药品医疗器械检验院优先检验管理办法》，以强化制度管理和服务发展体制机制。

GB 9706系列标准有效贯彻实施。河南省药械检验院高度重视GB 9706系列标准实施对医疗器械产业高质量发展的重要意义。按照河南省药监局GB 9706系列标准注册要求，开辟绿色通道、加班加点完成老版标准在检产品295批，助力企业顺利拿证；4月和7月两次组织开展新版标准送检讨论会、公益培训会，提供专业指导，简化流程要求，服务企业送检。2023年，受理新版GB 9706系列检验任务88批，完成33批，各项检验工作有序进行。

科研工作

科研创新引领作用有效发挥。深入贯彻落实新发展理念，依托国家药监局重点实验室和河南省工程技术中心发挥创新引领作用，2023年河南省药械检验院在研科研项目60项，其中新立项工信部、国家药监局联合揭榜挂帅项目1项，新立项河南省重点研发专项1项、省科技攻关项目2项，完成结题4项；主持/参与制修订国标/行标/地标/团标等各类标准化课题28项等，完成结题4项。依托重点实验室等平台与高校、企业开展科研协作，设立开放课题8项。豫产中药材数字标本平台建设积极推进，已完成数字平台构建合同签订。发表各类学术论文40篇，授权发明专利6项、实用新型专利4项，申请发明专利5项。新版《河南省中药材标准》已按期完成并印刷出版。

重要活动、举措和成果

国家药品医疗器械抽检工作再获佳绩。坚持问题导向，高质量、高水平开展法定检验和探索性研究工作，及时上报安全质量风险，为国家药械安全监管提供有力技术支撑。承担的注射用头孢哌酮钠等3个药品品种在2023年国家药品抽检质量分析报告网评中成功入围报告评议会。参与的丙型肝炎病毒（HCV）抗体检测试剂盒（胶体金法）等3个医疗器械品种在2023年国家医疗器械抽检质量分析报告评议会上表现优异，分别获得体外诊断试剂组前三名。

CMA及CNAS复评扩项现场评审顺利通过。2023年3月，河南省药械检验院通过CNAS"复评+扩项+变更"现场技术评审，顺利获批药品、生物制品、药包材、医疗器械、保健食品、洁净室（区）环境6个领域项目参数793个产品/项目/参数；通过告知承诺方式获批化妆品扩项参数6项。11月，通过河南省市场监管局CMA现场技术评审，获批药品、化妆品、生物制品、药包材、保健食品、洁净室（区）环境6个领域707个产品/项目/参数；此外，河南省药械检验院提交的国家CMA医疗器械领域34个产品参数和1个项目参数方法变更申请获批准。

持续开展"能力大提升"活动。围绕高质量发展需求，持续开展人员"能力大提升"活动。制定并实施了"河南省药品医疗器械检验院2023年度培训计划"，全年成功举办200余次、覆盖2800余人次的专业培训，岗位需求覆盖率100%；配合河南省药监局举办河南省中药材及饮片显微鉴别能力提高培训班，配合河南省药学会举办2023年河南省药品质量控制技术论坛，组织举办八期全省药品检验知识系列网络公益培训，共计吸引了2700余人次参与，推动了新方法、新技术的广泛交流和应用。同时，选派优秀技术专家王晓伟赴新疆哈密检测中心开展柔性援疆技术帮扶工作，提升哈密中心检验检测能力。

疫苗批签发机构建设扎实推进。为确保2023年底前顺利完成国家疫苗批签发授权评估工作，河南省药械检验院成立批签发建设工作专班，明确职责，完善机制；对照要求，制定建设台账，完成相关培训近百人次、相关体系文件近百个；顺利取得14个生物制品品种项目CNAS资质；完成了流感疫苗盲样比对工作，并前往四川等多个兄弟院所和华兰生物疫苗股份有限公司等省内企业进行调研学习，积累经验；此外，批签发信息化系统和电子证照系统也已建设完成并试运行。

湖北省药品监督检验研究院

概　况

2023年，湖北省药品监督检验研究院（以下简称"湖北省药检院"）以习近平新时代中国特色社会主义思想为指导，深入学习贯彻党的二十大精神，学习贯彻习近平新时代中国特色社会主义思想主题教育，以党建业务融合发展作为目标，不断实现党建工作新突破；以保障公众用药安全为宗旨，按时保质完成全年抽检任务；以疫苗批签发授权为重点，实现疫苗检验检测软硬实力双提升；以服务行政监管为主体，服务监管筑牢安全底线，服务产业提升发展高线；以提升科研创新能力为突破，发挥专业优势助推医药产业高质量发展。

稳步推进党建业务双促双融。在院党委的指导下，通过实施补短板、强基础、破难题、提质量的"四步走"策略，全院党建工作从打基础到抓规范，从重落实到创特色，从探索实践到总结经验不断提升，努力开创党建工作新局面。深入推进党建业务融合，通过将党建与"一下三民""百名专业人才智汇企业"等结合，组织全院技术人员为企业提供点对点、面对面的技术指导。

检验检测

湖北省药检院全年共完成各级各类研究项目108项。其中，申报国家自然科学基金、湖北省科技厅重大专项、湖北省自然科学基金面上项目

等共8项。全年承担国家药品标准研究33项，完成世界卫生组织"口服液体制剂中二甘醇和丙二醇检查的实验室验证"报告，《化妆品中氯倍他索乙酸酯的测定》化妆品补充检验方法颁布。发布省级中药配方颗粒质量标准62个，制定湖北省医疗机构制剂标准修订指导原则。参编著作2部，发表论文28篇。

湖北省药检院发挥技术支撑作用，持续参与本省疫苗企业派驻检查，派驻3名检查员长期入驻武汉生物制品研究所帮扶和加入PIC/S专班。派员参加国家药监局和湖北省药监局各类检查和审评86次，参加人数96人次，累计检查天数854天。走进武汉远大制药、宜昌东阳光长江药业等20家企业，深化巩固"百名专业人才智汇企业"行动，围绕企业堵点，积极协调沟通，及时梳理总结，向基层一线聚集专业人才85人次，服务时长累计148天。

2023年，累计发出各类报告8910批，其中，国家抽样1067批、省级抽样4360批、安全风险监测110批、注册1523批、委托450批、生物制品批签发839批，完成支付武汉药品医疗器械检验所2023年省药品质量抽检500批工作经费，其他61批。持续深化药品安全巩固行动，完成有因应急检验429批，是去年的2倍量，有效筑牢了药品安全底线，保障了药品质量安全。

国家疫苗批签发工作取得新突破。湖北省药检院积极推进疫苗批签发硬件基础建设、人才队伍建设、质量体系建设，积极开展疫苗批签发模拟演练、扩项检验和盲样比对，抓住新冠疫苗第三方检测契机积累经验，通过国家药监局专家组疫苗批签发技术能力评估和考核，获得了流感疫苗和乙脑疫苗国家疫苗批签发授权。

能力建设

资质能力建设取得新进展。湖北省药检院积极开展资质扩项工作，组织全院开展能力验证23项，获得CMA实验室资质认定化妆品参数20项；

完成 CNAS 实验室 9 大类 240 项参数的换证评审；获批新冠灭活疫苗、四价流感疫苗、乙脑减毒活疫苗、肠道病毒 EV71 型灭活疫苗（Vero 细胞）和吸附破伤风疫苗共 5 个疫苗的 CNAS 生物制品检验领域扩项评审。配合湖北省药监局做好药品检查合作计划（PIC/S），对照《全球药品检查机构通用评估工具—PIC/S 审计清单》完成 4 个亚板块、7 个指标的自评估分析。

重要活动、举措、成果

被国家药监局命名为"药品法治宣传教育基地"。2023 年 10 月 9 日，国家药监局印发《关于命名第三批"药品法治宣传教育基地"的通知》，湖北省药检院成为湖北首个被国家药监局命名的"药品法治宣传教育基地"。湖北省药检院坚持面向药品监管人员、行政相对人、社会公众，建成各类宣传阵地、宣传点 80 余个，开展普法宣传活动 30 余次，有力推进了药品法治宣传进机关、进企业、进社区，有效提升了公众安全用药、用妆意识，营造了药品安全社会共治氛围。

组织 2023 年湖北省药品承检机构检验检测技能竞赛。2023 年 8 月 21 日，湖北省药监局、湖北省药检院共同主办 2023 年湖北省药品承检机构检验检测技能竞赛。本次竞赛以"传承守正鉴本草，练兵提能强支撑"为主题，侧重中药检验检测技能，涵盖中药鉴定技术专业知识、药品质量管理和药品检验基本理论等领域，来自湖北省各市、州检验机构的 16 支队伍 32 名选手参加比赛。营造了"比、学、赶、超"的良好氛围，推进了检验检测人才队伍建设，将对提升药品监管技术支撑能力和全省药品安全保障水平发挥重要促进作用。

以挂牌为契机，助推"政产学研用"融合新发展。湖北省药检院与中国药科大学共建"硕士专业学位研究生培养基地"，在人才培养、联合申报课题、学术交流等方面进行共建合作，进一步拓宽科研平台，实现资源共享、优势互补、共赢发展，助推"政产学研用"融合发展。与三峡公检中心签订"药品质量标准研究联合实验室"，探索省级药品检验机构对市级检验检测机构在人才培养、药品质量标准研究等方面合作的新方式，以提升市州检验检测中心在药品质量控制技术和药品标准研究的能力。

湖北省医疗器械质量监督检验研究院

概 况

2023 年，是湖北省医疗器械质量监督检验研究院（以下简称"湖北器械院"）的改革发展突破年、能力建设攻坚年、规范管理提升年、服务企业行动年和科技成果丰收年。湖北器械院以"人才兴院、科技强院、数智建院、质量立院"为战略目标，聚焦主责主业，扬优势、强弱项、补短板、守底线、促发展、保安全，服务监管积极作为，服务产业精准发力，技术能力快速提升，平台建设不断优化，队伍建设持续加强，标准和科研成果频出，国抽工作再获国家药监局表扬，超算平台参加全国赛事斩获殊荣，圆满完成了年初既定的各项目标任务。

检验检测

2023 年，完成委托检验 2224 批次，其中防疫物品检验 694 批次。牵头完成 6 个医用超声品种、参与 5 个无源/体外诊断试剂品种的国家监督抽检工作，上报风险点 50 个，超声多普勒血流分析仪、眼科超声手术设备、超声治疗设备 3 个牵头品种，胱抑素 C 检测试剂盒、新冠检测试剂盒、医用外科口罩 3 个参与品种的质量分析报告分别获评为优秀质量分析报告，国抽工作再获国家药监局通报表扬。协助湖北省药监局制定 500 批次的省本级抽检计划以及抽样和检验方案，通过自主研发的省级监督抽检系统和 APP，超额完成省级监督抽检 514 批次。

湖北器械院聚焦创新和高端医疗器械产业发展需求，开通"研检同行"通道和"创新""绿色"检验双通道，采取"上门+组团+问诊"方式举办大型公益培训会、专家问诊会、专项培训会、"技术预咨询"等技术活动 42 次，服务企业 370 家；扎实开展"百名干部联百企""百名专业人才智汇企业"活动，深入 56 家企业解决技术难点 150 余个，为全省生产企业提供专业技术指导；检验一次性通过率提升至 90%，检验周期缩短 20%。

能力建设

2023 年，新增医学影像、手术机器人、骨科植入、体外诊断试剂等领域 122 项检测对象、1433 个检测参数的检验资质，现有"有源医疗器械、电磁兼容、无源医疗器械、体外诊断试剂"四大类 648 个检测对象 7294 个检测参数。获得 GB/T 20984—2022《信息安全技术　信息安全风险评估方法》国家 CMA 资质，成为唯一一家取得资质的医疗器械检验检测机构。积极参与市场监管总局、中检院等机构组织的能力验证活动 19 项，领域覆盖全面，频次达到要求，验证结果均为满意。

科研工作

2023 年，主持参与 26 个"国际标准、国家标准、行业标准、团体标准和地方标准"的制修订，牵头完成《医用超声雾化器》《眼科 A 型超声测量仪》《超声理疗设备 0.5MHz～5MHz 频率范围内声场要求和测量方法》3 份行业标准的制修订工作。成功入选第一批国家强制性标准实施情况统计分析点（医疗器械）。以"医用超声治疗设备的科技前沿与发展方向"为主题举办了首届超声论坛，主持召开标准宣贯会 1 期、标准年度审定会 1 期。2023 年，获批《光声/超声双模态多光谱功能成像系统研发》

等国家重点研发计划国家级科研项目 5 项。持续推进"十三五"国家重点研发计划科研项目的课题研究。

重要活动、举措、成果

国家药监局超声手术设备质量与评价重点实验室围绕超声手术设备安全有效使用的基础科学问题与技术瓶颈，开展检验检测关键技术及标准化、质量评价与风险评估、超声生物学效应评价与剂量学等相关研究。成功搭建专用测试平台和宽频域平台 2 个检测平台、研制了离体血管爆破压测量装置和超声刀测试平台 2 个新工具，获得 4 项专利，重点实验室年度考核连续两年获评"优秀"等次。2023 年新增超声医疗国家工程研究中心武汉分中心、中国生物材料科普基地，与襄阳公检中心联合共建"医疗器械和电工电子联合实验室"，与国家电子计算机质量检验检测中心联合共建"医疗器械及信息技术质量测评联合实验室"等创新平台。人工智能超算平台为 15 家企业、高校、科研机构提供公共算力超 20 万小时，累计服务企业和研发机构 2700 次，成功孵化"肠息肉电子下消化道内窥镜图像辅助检测软件""运动功能障碍辅助评估软件系统"两款产品注册。"湖北人工智能医疗器械超级计算平台"项目参加由工信部指导、中国信通院组织的首届"华彩杯"算力创新应用大赛，在全国近 5000 个参赛项目中通过层层角逐在全国总决赛的巅峰对决中脱颖而出，荣获三等奖和"华彩之星（十佳辩手）"称号。

通过整合"人机料法环测"等要素，湖北器械院上线"业务受理、样品管理、设备管理、检验管理、报告管理"等环节，打造智慧实验室，全面提升实验室管理质量，提高检验检测效率，实现业务受理"全程不见面"，检验检测全过程电子化，环境和设备信息自动关联，检验报告自动生成。获批"仪器设备管理系统 2.0"等两张软件著作权登记证书。

组建一支90人的志愿者服务队，结合单位职能优势，开展家用医疗器械进农村、进社区和实验室开放日（进单位）科普宣传活动3次，有效提升公众安全用械意识，不断增强人民群众的获得感、幸福感、安全感。

广东省药品检验所

概　况

广东省药品检验所（中华人民共和国广东口岸药品检验所、广东省药品质量研究所）成立于1962年，为广东省人民政府按照《药品管理法》设立的法定药品检验机构，是参照公务员制度管理的公益一类事业单位。

2023年，广东省药品检验所聚焦服务药品高水平安全监管和医药产业高质量发展，踔厉奋发、躬身实干，推动检验检测事业迈上了新台阶。一年来，广东省药品检验所持之以恒抓党建、铸忠诚，以无私奉献和辛勤付出诠释"为民检验"初心，荣获2023年广东省"五一"劳动奖状；踔疾步稳促创新、谋突破，获批筹建国家药监局化妆品标委会检验检测方法分技术委员会秘书处、国家药监局重点实验室、粤港澳大湾区药典委员工作站等创新活力持续迸发，省科技进步奖取得重要进展；坚持不懈强能力、促协同，牵头发起、组织承办第一届"岭南杯"药品检验系统中药材鉴定技能竞赛，促进全省系统技术能力提升，推动全省一体化建设向纵深迈进。

检验检测

2023年，全所发出检品25768批件，同比增长20.4%，创2018年进口化学药品取消强制性检验以来的历史新高。有力有效推动监督检验工作。承担5个品种的国家药品抽检任务，承检的双氯芬酸钠制剂、小建中制剂在全国质量分析报告现场评议中分别斩获第4名和第12名的佳绩，其中双氯芬酸钠制剂网评获得第1名。2019年至2023年，4年在国家化妆品监督抽检工作中获得国家药监局表扬。研究建立探索性研究方法8项并应用于2023年的化妆品检测，国家化妆品风险监测总体问题发现率提升超3倍，发现风险点的靶向性进一步增强。持续巩固进口检验优势。口岸服务覆盖4个口岸城市、对应12个口岸，2023年进口检验量15104批件，同比增长39.8%，检验量连续四年排名全国第一。进口货值97.8亿元，税值约12.7亿元，社会效益和经济效益显著。精准快速开展涉案检验工作。2023年，共受理涉案检验448批件，同比增长89.03%，不合格或检出阳性率51.07%，为有效打击药品违法犯罪行为提供了有力的技术支撑。化妆品安全突发事件应急检验新体系在全省系统获得推广。高质量完成广东省市场监管局的凉茶专项。配合破获"4·06"特大非法生产销售肉毒素药品案，总涉案金额高达5.3亿元。

能力建设

2023年参加外部能力验证计划35项，组织并通过外部评审2次，通过CMA评审能力参数1903项，通过CNAS评审能力参数1420项。连续第8年组织实施能力验证计划项目，全面启动WHO实验室预认证。率先实现省内在产上市疫苗批签发授权全覆盖。快速构建起放射性药品检验能力，即将成为继中检院和上海市食品药品检验研究院之后全国第3家拥有放射性药品检验资质的实验室。全省药检一体化建设走通联动、错位、协同发展新路径，梅州市食品药品监督检验所成为粤东西北首家通过CNAS认可的药检机构。

标准化工作

2023年，承担国家药品标准提高任务33项，承担任务量连续三年在全国省级药检机构中排名第一。生物制品标准研究课题与标准药典收录数量，与中检院、上海院一同稳居全国第一梯队。

13 个辅料标准被收载于《中国药典》（2020 年版）第一增补本，收载量居全国第一，陈英同志荣获"第十六届中国药学发展奖突出贡献奖"。推动成立粤港澳大湾区中药标准专家委员会，广陈皮、化橘红等首批 6 个品种进入大湾区中药标准发布程序。

科研工作

强化科研创新。全年组织申报各级科研项目 92 项，立项 83 项，获批资助经费 486.5 万元。国家药监局化妆品标委会检验检测方法分技术委员会秘书处、广东省生物医药协同创新中心等创新平台高水平推进。参与的《临床急需男科用药产业化研究与创新升级》项目荣获中国产学研合作创新成果奖一等奖。《广东省中药质量控制和标准体系的构建与应用》入选省科技进步奖一等奖提名，以网评第 2 的成绩首次进入最终答辩阶段。

重要活动、举措和成果

积极服务产业。通过重点项目绿色检验通道，检验平均提速率高达 39.8%；助力重点项目众生睿创的新冠感染治疗药物来瑞特韦片成功上市；与重点企业签署产研检平台共建协议，在化学药、中成药等多领域均取得了重要成果。技术服务工作稳步提升，签订了 3 份超百万的技术开发合同，其中，与广东双林生物制药有限公司签订的"血液制品检测方法研究"合同，为所内第 1 份获得省科技厅认定通过的技术开发合同。

海南省检验检测研究院

概　况

食品检验检测中心、药品检验所系海南省检验检测研究院直属技术机构，主要承担全省食品、保健食品、药品、医疗器械等检验检测职能。2023 年，海南省检验检测研究院以习近平新时代中国特色社会主义思想为指导，深入贯彻习近平总书记重要指示批示精神和党的十九大、二十大精神，以"四个最严"为根本导向，以守底线保安全、追高线促发展为基本任务，不断创新制度机制和方式方法，协同高效做好新形势下的食品药品检验工作。

检验检测

2023 年，食品检验检测中心全年资质扩项变更 390 项，资质达到通用参数 2388 项 + 产品标准 328 个，参加国际及国内权威机构组织的能力验证 22 个样品，56 个项目均获得满意结果。承担国家及省级监督抽检、评价性抽检、风险监测、日常监督、投诉案件、应急检验及复检仲裁、节日专项、校园专项、米粉制品和豆制品等专项整治检验共 7007 批，8 万个检测项。

2023 年，药品检验所完成检品 3996 批，其中药品 3091 批、化妆品 787 批、医疗器械 111 批、洁净区（室）7 批，共检出不合格样品 40 批。主要任务完成如下：完成国家药品抽检和监测任务 1145 批，其中：药品抽检 472 批，化妆品抽检 551 批，医疗器械抽检 20 批，化妆品安全风险监测 102 批，检出不合格样品 16 批。

完成省计划药品抽检任务 774 批，其中：药品抽检 612 批，医疗器械抽检 58 批，化妆品抽检与安全风险监测 104 批，检出不合格样品 6 批。完成注册检验 1306 批，其中：药品注册检验 1301 批（含一次性评价 315 批），医疗器械注册检验 5 批。

完成进口药品检验 412 个抽样单位，其中 2 批共 11 个抽样单位不符合规定。完成委托及咨询检品 355 批，复验检品 4 批，检出不合格样品 7 批。

全年完成 3 个品种的药品探索性研究与质量分析任务，2 项化妆品安全风险监测结果分析工作，2 项国家中成药质量标准复核任务，30 项进口药品标准复核任务，10项海南省地方药材（饮片）质量标准复核任务，1项科研课题获批2023年海南省自然科学基金项目。先后通过实验室认可复评审、检验检测机构资质认定复评审、GLP实验室定期监督检查、国家药品抽检督导检查。

科研工作

"热带果蔬质量与安全"国家市场监管重点实验室建设稳步推进。举行学术委员会一次，全面开展重点实验室课题42项。承担省重点研发、省自然科学基金、市场监管总局科技计划项目等15项。成功立项海南省"南海新星"《采后龙眼不同货架期真菌多样性及毒素测定分析》项目1项。申报省市场监管局计划项目4项、自然科学基金1项、省重点研发项目1项。验收2022年度重点实验室相关课题35项。省重点研发项目1项。发表论文57篇，获得专利7项。参与制定标准13项。出版专著1部。建立405种农药高通量筛查技术1套、44种真菌毒素高通量筛查1套。完成香蕉、芒果、豇豆等6种果蔬中农药残留风险评估，运用点评估和概率评估等模型开展了16项膳食暴露风险评估。建立33种新烟碱类杀虫剂高分辨质谱筛查、多农残多壁碳纳米管净化－色谱质谱技术、番石榴21种氨基酸检测等技术方法40项。

药品检验所完成科研任务47项。共完成3个国家药品抽检品种的探索性研究与质量分析任务、2项化妆品安全风险监测结果分析工作、2项国家中成药质量标准复核任务、30项进口药品标准复核任务、10项海南省地方药材（饮片）质量标准复核任务。此外，1项科研课题获批2023年海南省自然科学基金项目。报名参加25项能力验证项目，其中国际项目7项。

海南省市场监管局授予食品检验检测中心2023年博鳌论坛保障先进单位；2023年3月《守好菜篮子安全助力海南自贸港特色农业》获市场监管总局检验检测创秀优秀案例。2023年

11月《坚持党建引领　加强食品安全技术支撑　为海南自贸港高质量发展保驾护航》获省直机关工委党建论文优秀奖。《39种海南中药材质量评价技术及质量标准的研制与应用》获海南省科学技术进步奖二等奖。

重要活动、举措、成果

与华中农业大学、中国检验检疫科学研究院等21家省内外高水平机构广泛开展科研合作。参办"2023年第六届全国食品质量与安全学术研讨会""2023FFPSI·食品风味感知科学与创新技术论坛"。积极组织参加省内外各项学术技术交流18次，业内影响力逐步显现。大力开展"科技周""质量月""食品安全宣传周""你点我检""实验室公众开放日"等一系列公益交流活动10余次，增强公众对食品安全工作的参与度和支持度。

重庆医疗器械质量检验中心

概　况

2023年，重庆医疗器械质量检验中心（以下简称"重庆中心"）紧紧围绕年初确定的"强管理、重学习、转作风、求突破"工作总基调，努力提升技术支撑能力，高质量推进各项重点工作稳步开展，圆满完成了各项任务和既定工作目标。

检验检测

全年共出具各类检验检测报告3977批次，同比增长15.3%；其中委托检验2492批次、市抽1213批次、外省抽检113批次、国家抽检41批次、风险监测105批次。全年委托业务收入1778.74万元，在2022年增长47.84%的基础上再次实现85.67%的增长。国抽在2023年国家医疗器械抽检数据抽查中排名第一。为推进9706检验工作提速，重庆中心进一步优化检验环节，

提高原始记录模板的可读性和可填写性，提高检验的整体工作效率；组织业务骨干成立新版9706送检专班，开展送检资料专项服务，为企业分批次分阶段集中讲解标准理解、资料准备等问题；对于不熟悉的领域邀请企业资深专家，对检验人员进行专题交流培训，提升检验员的检验能力。同时专题开展新版9706标准培训和风险文档编写指导，为企业详细讲解，提升送检速度；召开特定电磁波产品标准换版专题培训会，解决企业在标准实施过程中的难题，全年累计培训企业140余家共计300余人次。累计接收新版9706有源医疗器械送检439批次（安规260批次、电磁兼容179批次），出具检验报告261批次（安规130批次、电磁兼容131批次）。获批新版9706检验资质标准在全国省级检验机构中排位十二、西部第一，检验排队时间全国最短。

能力建设

完成能力增扩项任务，新增89个产品共990个检验参数的检测能力，其中新版9706标准41个。积极参加能力对比，参加外部能力验证、实验室间比对、测量审核共21项，18项结果已出均为满意。Lims系统新增"外省监督抽样"模块、检时查询等功能，切实解决企业反映的检时过长问题。大力推进CNAS认证工作，在完成前期工作基础上及时向国家认监委提交认证申请。

科研工作

全年中心共组织申报各类科研项目18项，其中，国家级2项，省部级4项，标准制修订项目12项（已立项4项），参与国际标准预申报1项。国家重点研发计划"基于物联网技术的围术期生命监测支持仪器的评价研究"等9个项目已结题。完成横向科研21个，发表科技论文8篇，获得专利5个。联合重庆市第五人民医院共同申报了"睡眠障碍诊疗技术与可用性研究重点实验

室"；与广东省医疗器械质量监督检验所签署了《医疗器械科研和标准创新研究平台共建合作框架协议》；与重庆医科大学生物医学工程学院、超声医学国家重点实验室、超声医疗国家工程中心签订战略合作协议；深化川渝医疗器械检验检测一体化合作，签订《川渝"两院一中心"药品医疗器械技术支撑能力建设合作备忘录》，细化了6个方面的合作事项。筹建"重庆药学会医疗器械专委会"，打造综合性学术交流平台；出台《科研管理办法》，加强中心科研管理，调动科研工作积极性。邀请中检院张辉副院长来渝指导，进一步促进了检验检测能力的提升。

党建工作

一是扎实开展理论学习。坚持以习近平新时代中国特色社会主义思想为指导，严格落实"第一议题"制度，通过"三会一课"专题学习党的二十大精神，全年召开支委会24次，开展理论学习中心组学习12次。二是推动主题教育走深走实。扎实开展读书班活动，全员集中学习8次，开展专题研讨5次，党员交流发言63人次，赴涪陵816遗址开展三线教育；深入辖区35家企业开展走访调研，与30家企业建立提前对接机制，为陌达、康巨全弘公司解决标准物质购买难题，助力山外山公司参加国家药品医疗器械集中采购，为蜀轩公司解决半成品积压问题，挽回经济损失上百万元。三是切实加强党风廉政教育。开展了"不作为、慢作为、乱作为"和酒驾醉驾专项整治，组织职工2次集中收看警示教育片《零容忍》并开展"以案四说"；全年专题开展党风廉政建设形势研判2次，排查党风廉政风险点12个，制定出台防控措施14条，节假日发送廉政短信300余条。四是充分发挥党建共建引领作用。联合重庆医科大学生物医学工程学院、涪陵药检所等开展主题党日活动，推动落实共建计划。深入推进"红岩先锋 四强支部"建设，创建"械检卫士 服务先锋"党建特色品牌，全

面提高机关党建质量，同时积极参加微宣讲、知识竞赛和"重庆药监青年谈"微视频等活动。

四川省药品检验研究院

概　况

四川省药品检验研究院（四川省医疗器械检测中心）依法承担药品、医疗器械、化妆品、药包材、药用辅料等检验检测、科技研究、技术服务、技术培训及生产环境卫生评价等工作。全院共有在职人员 370 人，其中高级职称 85 人，博士研究生 17 人，硕士研究生 158 人，有 70 余名由国家药典委员会委员、国家药品审评委员会委员、国家和省级药品 GMP、GSP、GLP 认证员等构成的专家群体。全院各类检验检测仪器设备共计 3586 台/套，资产原值 4.99 亿元，在用实验室和辅助用房面积 3.1 万平方米。获得省级 CMA 项目和参数 1412 项，国家级 CMA 项目和参数 4080 项，CNAS 项目和参数 5771 项。在建四川省药品医疗器械检验检测能力提升建设项目（温江项目）于 2021 年 1 月 27 日获省发改委批复立项（川发改投资〔2021〕29 号），占地面积约 5.3 万平方米，建设面积约 8.1 万平方米。

检验检测

服务药品安全监管成绩突出。深化检验大数据运用，全年完成抽样 5070 批次、指令性检验 9260 批次（含"行刑衔接"类应急检验 357 批），基于全省抽检大数据，优化全省药检机构药品质量风险研判会商机制，分析研判药品质量风险信息 48 项，上报重大风险 2 项，为监管决策提供有力支撑。紧盯重点品种风险管控，及时发现并上报 1 个高风险疫苗品种的重大质量安全问题，调动最优的检验资源，配合四川省药监局开展工作，帮助企业寻找到技术问题关键点，有效化解产品上市可能引发的重大药品安全风险，

全力保障了民众用药安全。

服务高质量发展迈出坚实一步。全院全年共承接委托检验 6694 批次；"进园区、进企业"面对面沟通交流、答疑解惑和公益技术咨询 140 余次，免费公益培训 8 次。完善智能化客户服务平台，开通线上退检、退费、电子发票等功能，为近 400 家企业提供"一站式"服务；服务川渝药监一体化建设，探索跨区域合作模式，签订川渝药品检验机构战略协议及合作备忘录；助力海南自由贸易港建设，与海口国家高新区管委会达成战略合作，挂牌"创新服务工作站"并签订合作备忘录。

加快建设"现代化"检验体系。规范推进温江项目建设，构建 4 大机制，运用 4 本台账，全面优化项目工作机制及制度，主体工程成功封顶；启动放射性药械能力建设；积极向国家发改委申报"四川省加强疫苗等生物制品批签发及检验检测能力建设项目"。完成园区 365 个房间 13200 余平方米的 6S 现场打造并全面进入维持管理阶段；首次开展 2023 年国家抽检专项内审，提前有效识别防范质量风险；完成第 12 版质量体系文件升级。49 项能力验证/实验室比对均为满意，口岸检验机构能力复评估以满分成绩排名全国第一。积极推进全省药检"一盘棋"建设，举行全省系统内第一届质量管理知识竞赛，开展专家团队市（州）行活动 4 期。

科研工作

推进产检研一体化科研创新体系建设。获批工信部第五批、四川省第一批产业技术基础公共服务平台，实现科创平台药械化全领域覆盖。立项国家药典委员会等各级科研项目 27 个，签订横向科研项目 363 个。全年科研及标准创新共产出高水平论文 22 篇、取得专利授权 7 个、主编/参编著作 3 部，获评四川省科技进步二等奖 1 项。

创新推进服务型综合管理体系建设。开展"到一线、听心声、解难题、谋发展"主题活动，

听取员工意见建议，动态跟进"心声"台账 99 项，同时召开全院业务管理协调通气会，打通院内横向纵向沟通机制，了解真实需求、解决实际问题、共商转型思路。经济、人事、行政等六大领域共形成 49 个管理制度，基本实现用制度来管人管事管钱。持续强化安全生产工作，以强化人员意识、深化制度建设为手段，以安全生产风险隐患台账管理为核心，优化"1＋2＋N"安全生产管理体系，推动实现安全风险闭环管理，开展多维度多层级安全生产检查 500 余次、应急演练 6 次，全院安全生产事故（事件）"零发生"。全面优化人力资源管理，首次将全成本数据引入绩效考核指标，真正发挥了绩效的正向激励作用。提高财务科学管理水平，建立健全成本核算体系。打造"四川药检"品牌，获评省科技厅"四川省优秀科普微视频"三等奖。

持续推进系统性信息运维体系建设。探索推进"智慧药检"建设，做好全院信息化顶层设计，出台《网络安全及信息化建设五年规划》，进一步明确"智慧药检"建设的总体方向和实施路径。

云南省食品药品监督检验研究院

概　况

云南省食品药品监督检验研究院（以下简称"云南省药检院"）前身是 1919 年省会警察局创办的云南省卫生试验所，是全国最早设立药检机构的省份之一。2016 年更名为云南省食品药品监督检验研究院，依法承担药品（包含生物制品）、化妆品的法定检验、技术研究等工作，是全国药检机构中首家入选工业和信息化部产业技术基础公共服务平台的机构。2022 年建成云南省体量最大、功能最齐全的生物制品检验综合实验室，截至 2023 年已获得 2 个疫苗品种批签发（检验）授权，跻身全国生物制品批签发机构行列。目前，共有在职人员 144 人，本科以上 140 人，硕士研究生 94 人，博士研究生 1 人，专业技术人员占比超 86%，其中高级职称 31 人，中级职称 35 人，有 33 名由国家药典委员会委员、市场监管总局评审专家、CNAS 认可评审员、国家和省级药品 GMP、GSP 认证员等组成的专家群体。全院拥有各类检验检测仪器设备共 1048 台/套，价值约 1.89 亿元，用房面积约 3 万平方米。

2023 年，云南省药检院以习近平新时代中国特色社会主义思想为指导，在云南省药品监督管理局领导下，紧扣药品检验检测高质量发展主线，以科学服务监管、助推产业高质量发展为核心，推动党建与业务工作双促双融，厚植服务大局意识和党聚民心优势，狠抓生物制品批签发、科研赋能发展硬实力提升，初步构建全省检验检测体系建设大格局，实干担当，创新争先，整体发展稳中有进，持续向好。2023 年，云南省药检院获得国家药监局"检验管理工作表现突出单位"表彰、省直机关工委"省直机关规范化建设示范团支部"表彰。

检验检测

2023 年共完成国家和省级药品、化妆品各类监督抽检、风险监测、注册检验和委托检验等共计 13846 批次，是 2022 年全年检验总量的 2.29 倍，完成抽样 537 批次。发现并向中检院上报严重药品质量风险 1 个，一般性药品质量风险信息 8 条、质量标准问题 4 条，向云南省药监局上报风险问题 39 个。其中药品国抽检验 387 批、省抽检验 564 批次、进口药材检验 2315 单 10989 批次（是 2022 年进口药材检验总量的 5.39 倍），审批注册、招投标委托检验 862 批次，首次进口药材检验 141 批次、省级风险监测 176 批次。化妆品国抽检验 608 批次、国家级风险监测 100 批次、省级跟踪抽检及投诉举报检验 6 批次、省级风险监测 4 批次，发现并向云南省药监局上报 2 批次风险监测样品汞超标 1000 倍的检验情况、风险研判及意见建议。

2023 年 4 月，云南省药检院正式获得国家药监局 Sabin 株脊髓灰质炎灭活疫苗（Vero 细胞）批签发授权，10 月 1 日起，正式承接省内企业生产的该疫苗批签发工作，11 月 14 日发出云南省第一张批签发证书。12 月紧急承接玉溪沃森 mRNA 疫苗 15 个项目的协检工作。截至 2023 年 12 月 31 日，完成 9 批次 118.9575 万剂脊灰疫苗批签发工作。

能力建设

2023 年，根据实验室认证认可工作要求，完成 CNAS 及 CMA 扩项评审各 1 次。其中，CNAS 扩项涉及两个场地，扩项后检验检测机构资质认定（CMA）项目和参数达 1838 项，包含药品及辅料、洁净区环境、化妆品等领域。中国合格评定国家认可委员会（CNAS）项目和参数达 195 项，包含药品、生物制品、化妆品领域。

其中，生物制品能力建设方面，2023 年 3 月顺利通过生物制品批签发实验室动物使用许可证现场审查、病原微生物实验室二级备案，8 月顺利通过云南科技计划项目"生物制品质量控制能力提升建设"现场验收，生物制品批签发实验室步入正轨常态化运行。截至 2023 年 12 月 31 日，云南省在产的 13 个疫苗品种中，云南省药检院已获得 3 个疫苗品种批签发（检验）授权，完成 4 个品种全项能力建设，1 个品种主要项目能力建设，生物制品领域 CNAS 能力参数共 45 项，较 2022 年增长 125%，CMA 能力参数 15 项。

化妆品能力建设方面，以国家考核为牵引，进一步提升资质能力和检验规范性，新获化妆品 CMA 扩项参数 20 个，目前化妆品 CMA 资质达 647 项，CNAS 资质 57 项，基本实现检验能力全覆盖云南省承担国家化妆品安全抽检品种及项目，95% 以上覆盖化妆品注册和备案检验资质项目。

2023 年参加国际、国内能力验证/实验室比对共 27 项，满意率 96%。连续四年组织全省 16 个州市药检机构和生产企业开展能力验证及免费专题培训，共 950 余人参加学习，有力带动全省检验机构和生产企业持续提升质量控制能力。

科研工作

依托工信部"产业技术基础公共服务平台"，整合科研与服务资源，支撑产业以标准话语权赢得发展主动权。2023 年完成 2 个品种特色民族药材检验方法示范性研究，其中 1 个修订标准由云南省药监局正式颁布实施；完成 6 个品种中药（民族药）数字标本研究，1 个中药（民族药）对照药材研制，3 个品种《中国药典》（2025 年版）饮片标准水分、灰分和含量测定项目研究。1 个云南省药检院牵头与州市药检机构合作的联合科研项目"国家药品标准物质研制—云南中药对照药材研制"项目荣获中国民族医药协会科学技术一等奖，该项目历经十年，先后完成 40 余个中药民族药对照药材研制工作，经中检院验收以"国家药品标准物质"发布 36 个，占中检院所有发布民族药对照药材总数的 58.3%，研制品种居全国各省份之首，有力填补了云南民族药对照药材研制空白。

重要活动、举措、成果

以云南省在产疫情保供高风险药品"盐酸氨溴索注射液"为演练样品，2023 年 4 月组织全省 16 个州市药检机构在 15 个自然日内完成药品应急检验演练。通过演练情况日报机制、关键环节拍摄记录等方式，上下两级联动高效顺畅圆满完成演练活动。并以问题为导向，全面梳理总结经验，组织召开全省应急演练工作总结培训会，紧紧围绕分析发现的检验流程、实验操作、数据处理、报告书不规范等方面问题有针对性进行分类指导，有效提升全省药检机构协同作战水平、应急检验意识和应急检验能力。活动先后被中国食品药品网、云南法制报采编报道。

紧抓国家支持加快建设面向南亚东南亚辐射中心的重大机遇，加快促进口岸经济转型发展，从2023年进口药材入关逾2315单1万余批次（较2022年全年总量增长逾207%）引发的检验量超负荷影响通关效率难题入手，立足拥有全国最大中药材进口口岸优势，探索打造口岸检验体系，着力解决进口药材口岸检验机构压力过大、检验资源不均衡等突出问题。围绕促进进口药材经济持续高质量发展目标，结合主题教育，化问题为机遇，以深化调查研究为抓手，深入开展"新形势下云南省进口药材检验体系建设"调研课题。以破解进口药材检验瓶颈为切入点，着眼长远，有力推动调研课题切实转化为指导口岸检验体系建设的实际成果。通过优化检验流程、加大内部资源倾斜等举措，连轴运转超负荷完成检验任务2315单，是2022年全年进口药材检验总量的5.39倍，有力保障入关效率，守好进口药材安全国门关。2023年，云南省进口药材货值金额超过4.2亿元，较2022年全年增长116%，为云南省口岸经济发展注入强劲动力。

党建工作

实施"铸魂"行动，强化政治引领。以习近平新时代中国特色社会主义思想为指导，学习贯彻党的二十大精神为主线，学习贯彻习近平新时代中国特色社会主义思想主题教育为抓手，持续深化政治机关建设。坚持领导班子会议"第一议题"学、理论学习中心组专题学、主题教育读书班集中学、走进红色史迹现场感悟学，有力推动党员干部学用结合、以学促做。实施"强基"行动，夯实组织堡垒。全面落实云南省委提出的"五个表率""四有""八对标"要求和三个"一流"目标，按照"五个基本"标准，扎实推进基层党组织规范化建设。实施"聚力"行动，服务中心大局。聚焦年度重点工作，研究制定党建与业务工作深度融合的路数，探索"专班+党群"

攻坚模式，在重点工作一线组建党群服务队、攻坚队3个。主动下沉积极服务群众，院领导带队到企业开展服务调研11次，开展与药企党建共建1次，开展技术咨询服务和我为群众办实事50余次。实施"凝心"行动，落实全面从严治党。严格落实"一岗双责"责任，层层签订党风廉政责任书、承诺书172份，建立完善廉政档案、班子成员政治素质档案，深化清廉机关建设。严格落实廉政约谈制度，开展廉政谈话74人次，组织开展意识形态研判和党员思想状况分析8次，开展党员信教排查和整治1次。深入推进作风革命效能革命，以高度的政治责任感、使命感开展"躺平式"干部专项整治。组织开展清廉药检廉洁书画征集展示活动，选出6个优秀作品制成文创书签分发给全体干部职工，以独具药检特色的活动引导干部职工增强廉洁自律意识。

云南省医疗器械检验研究院

概　况

2023年是全面贯彻落实党的二十大精神的开局之年，也是"十四五"规划承上启下的重要之年，云南省医疗器械检验研究院坚持以习近平新时代中国特色社会主义思想为指导，紧紧抓住云南建设面向南亚东南亚辐射中心的重大历史机遇，围绕云南省委"3815"战略发展目标和生物医药大健康产业发展规划，根据2023年全国药品监督管理及党风廉政建设工作会议精神、国家药监局医疗器械监管工作会、云南省药品监管工作会部署，按照云南省药监局"六局"目标、"五为"观念和"六大"行动的各项要求，全院干部职工牢固树立"今天再晚也是早、明天再早也是晚"的效率意识，以全面提升技术支撑能力为核心，以检验能力和队伍建设为重点，技术保障更加有力，服务水平更加高效，持续构建适应监管需要和产业高质量发展需求的医疗器械及药品包装材料检验技术支撑体系。截至 12 月 31 日，共受理国抽、省抽、防疫物资、注册和委托检验各类样品 1789 批次，其中，医疗器械 1304 批次、药包材 475 批次、实验动物 7 批次、洁净室检测 3 批次。有序推进党建与党风廉政建设，扎实开展学习贯彻习近平新时代中国特色社会主义思想主题教育和医药领域腐败问题集中整治等活动。积极协调推进"马龙实验室"建设，GB 9706 系列标准检验检测能力扩能、实验室能力验证和科研等各项重点工作均已按时按质完成。

检验检测

2023 年，承接委托检验 579 批次，与 2022 年的 668 批次相比，下降 13.32%。（原因：疫情防控转段后，防护用品企业大量停产，委托检验有所减少；各州市地方防疫用品抽检相应减少。）2023 年，云南省医疗器械、药包材抽验合格率达到 96.0% 和 100%，医疗器械抽验合格率同比下降 1.78%，药包材抽验合格率同比上升 3.33%。

能力建设

稳步推进能力提升工作。2023 年，以 GB 9706 系列标准检测能力为重点，持续推进扩项工作。11 月 19 日，顺利通过国家级 CMA 认证现场评审，新增检验资质 39 项，其中：GB 9706 系列标准 17 项，膝关节假体、水抽提蛋白质限量、腹股沟疝气补片（医保集采）、椎间融合器等无源产品 22 项，综合检验资质达到 1422 项。完成病原微生物实验室备案。11 月 1 日，顺利通过昆明市卫生健康委病原微生物实验室备案。加快推进"马龙实验室"建设。3 月 10 日，与曲靖市马龙区政府签订合作协议，建设"云南省医疗器械检验研究院马龙实验室"，重点打造医疗器械生物安全评价、体外诊断试剂、电声学领域和实验动物质量检测实验室。计划 2024 年底完成实验室装修和试运行，并向国家认监委申报 CMA 检验资质。加大检验设备投入。在云南省药监局党组的大力支持下，完成 2023 年度中央转移支付和省本级专项资金 70 台（套）检验设备（包含 GB 9706 系列标准扩项设备 49 台）政府招标采购和验收。积极参加实验室能力验证。参加国家药监局、中检院等能力验证机构组织的涉及无源医疗器械、有源医疗器械、药品包装材料、化妆品等 4 个领域的 17 项实验室能力验证，较 2022 年增加 5 项，比对结果均为满意。积极推动科研工作。建立完善制度，制定《科研工作管理办法》《研发验证工作管理办法》《科研经费管理办法》等相关制度；持续推进科研项目，完成昆明医科大学开放基金项目《注射剂包装完整性质量提取法测试研究》课题论文结题验收；完成国家药典委员会委托《包装系统密封完整性通用检测方法之质量提取法标准起草》项目研究和实验室间标准验证复核工作；对云南省市场监管局立项的 3 个药包材相关课题开展文献资料调研。加强院校合作。根据昆明医科大学 2021 级本科生《药品包装学》实验课程，对昆明医科大学药学院 21 级药剂学专业 75 名本科生开展药品包装实践课程；"1 对 1"带教昆明医科大学 19、20 级药学专业 12 名本科生完成毕业实习；带教昆明医科大学药学院 1 名研究生开展药品包装材料研究工作。

按照"一企一策"，院领导率队分别深入 9 家医疗器械和药包材生产企业现场解难题；组织开展云南省内第三类医疗器械生产企业产品标准宣贯和检测技术培训；帮助 15 家企业完成 106 个医疗器械产品技术要求评价；为 7 家生产企业提供产品性能验证和技术咨询服务；帮助 8 家企业培训 13 名技术人员。

党建工作

突出以学促行，把习近平总书记系列重要讲话精神、《习近平著作选读》《党的二十大报告学习辅导百问》等作为支委会、党员大会、职工大会等会议的"第一议题"来学习，组织开展思想政治学习 15 次，组织开展"实干兴滇强院"大讨论大交流、参观云南省档案馆党的历史图片展等主题党日活动 15 次，组织收看"云岭先锋"夜校访谈节目 3 期，开展党课教育 5 次。压实意识形态责任，定期分析研判意识形态领域情况，开展谈心谈话共 10 次，开展意识形态分析研判 10 次，党员思想状况分析 1 次。同时，严格把关各种文件和上网信息，从源头上堵塞漏洞，牢牢守住意识形态阵地。

始终坚持党要管党、全面从严治党，以党的政治建设为统领，服务中心、建设队伍。突出主体责任。党支部书记、院长切实履行"第一责任人"职责，班子成员认真履行"一岗双责"。规范发展党员。重视党员发展工作，1 名同志转为预备党员。抓好作风建设。持续巩固落实中央八项规定精神，认真开展元旦、春节、"五一"、端午和国庆中秋节期间纪律作风建设，组成监督检查组在云南省市场监管局直属单位间进行交叉式、推磨式监督检查；开展"清廉机关"建设活动，全院 47 名职工（含 8 名劳务派遣职工）签订了党风廉政建设承诺书。加强专技人员培训。派出 4 名专业技术人员到上海市食品药品检验研究院学习 GB 9706 系列标准、骨科植入产品和血管支架产品检验技术；2 人到驼人集团学习血液透析、腹股沟疝气补片和基础外科产品理化检测技术；2 人参加中检院举办为期半年的检验技术高级培训班；加强干部选拔和职称聘用。组织完成 3 名中层干部选拔任用工作；同时，1 人晋升为高级职称，1 人晋升为中级职称，推荐 1 人成为全国测量、控制和实验室电器设备安全标准化技术委员会成员。

陕西省食品药品检验研究院

概 况

陕西省食品药品检验研究院（以下简称"陕西省院"）截至 2023 年底共有在编职工 115 人。

享受国务院特殊津贴专家 1 人，国家药典委员会委员 4 人，国家级评审专家 15 人，省级评审专家 37 人。

现有实验场所三处，实验楼面积共 35930 平方米，其中高新院区 13260 平方米，朱雀院区 5683 平方米，沣西院区 16987 平方米。全院现有仪器设备价值 1.9 亿元。具备药品、食品、保健食品、保健用品、化妆品、生物制品、药包材、兽药毒理和洁净度检测共 5647 个参数的检验能力。

检验检测

2023 年，陕西省院共完成各类检品 14461 批（件）。其中药品 8522 批次，占 59%；食品 4501 批次，占 31%；化妆品检验 1438 批次，占 10%。

2023 年，陕西省院承担国家药品计划抽验小活络丸等 4 个品种的标准全检和非标探索性研究任务，其中注射用头孢唑肟钠品种质量分析报告被评为优秀，获评质量分析工作表现突出单位。完成中亚峰会保障食品专项检验 428 批，快检 499 余批，陕西省院被陕西省市场监管局评为中亚峰会保障工作先进集体。

能力建设

质量体系有效运行，制定 2023 年度质量监督和质量控制计划，保证质量体系规范可控。开展检验检测机构资质认定换证复评审及扩项评审工作 2 次，扩项 379 个参数。组织参加国家药监局、中检院、欧洲药品质量管理局等组织的能力验证 25 项，涵盖药品、化妆品、微生物、生物制品、药包材及食品等检验领域，取得满意结果。

科研工作

申报省科技厅、省中医药管理局项目立项 6 项，省药监局科学监管项目 6 项，获得资金支持 154 万元。组织召开陕西道地中药材趁鲜切制工作研讨会，推动标准研究，加强中药材质量"源头"管理。鼓励全院人员开展学术研究，完成学术论文25篇，其中SCI论文1篇。

深入推进国家药监局药品微生物检测技术重点实验室、陕西省食品药品安全检测重点实验室和刘海静创新工作室建设工作，开展座谈交流和项目推进会，完成重点实验室年度考核自评工作。起草的补充检验方法《粮食加工品中噻二唑、苯并噻二唑、噻菌灵及福美双的测定》由市场监管总局正式发布。陕西省院牵头申报的"基于质量整体控制策略创建中药标准及应用"项目获2023年度市场监管总局第二届市场监管科研成果三等奖。牵头申报的《食品安全关键指标检测技术建立及标准化》项目荣获2022年度陕西省科学技术三等奖，《特异性识别分析方法的建立及其在生物医药领域中的应用》获2023年度陕西省科学技术二等奖。承办西北食品安全风险预警交流联盟首届食品抽检技能大赛。

重要活动、举措、成果

承担陕西省药监局建成陕西省第三批节约型机关，在"十四五"公共机构节约能源资源中期评估中被评为优秀等次。"企业送检服务平台"正式上线运行，实现在网站送检信息填报、检验进度查询和报告真伪验证等功能，打通政务服务"最后一公里"。积极建设生物制品疫苗批签发检测室和化妆品功效性评价实验室，实施疫苗及有关生物制品检验能力建设项目。

发挥对全省药品行业的技术指导作用，举办全省药品检验检测技术培训会，完成地市药检机构、药品企业进修培训20人次，接收高校实习学生104人次，提供一对一的技术指导，受到社会广泛好评。外派专家参加检查、核查、评审20人次，发挥了检验检测机构在生产现场检查中的重要作用。承办陕西省药监局机关干部培训13期，培训干部人数793人。组织召开陕西省药学专业技术人员继续教育基地首届专家聘任仪式暨2023年度药学专业课科目课题研讨会。举办全省药学继续教育培训班7期，培训人数935人。

党建工作

深入学习贯彻习近平新时代中国特色社会主义思想。围绕学思想、强党性、重实践、建新功总要求，开展专题研讨、主题教育读书活动，积极撰写学习笔记。召开专题组织生活会，深入谈心谈话，认真检视问题，落实整改责任，干部素质得到进一步提高。

严格落实"一岗双责"，逐级落实党风廉政建设责任。加强意识形态工作，将全面从严治党主体责任落实到党建工作全过程。精准防控廉政风险，针对工作运行中的风险岗位和薄弱环节、细化防控措施，完善监督机制，实现廉政风险防控全覆盖。开展精神文明创建活动17次，进一步巩固精神文明成果。陕西省院志愿队被授予"高新区优秀志愿服务团队"，陕西省院中药标本科普馆被授予"高新区首批新时代文明实践基地"。

陕西省医疗器械质量检验院

概　况

2023年，陕西省医疗器械质量检验院（以下简称"陕西省器检院"）坚持以习近平新时代中国特色社会主义思想为指导，深入贯彻落实国家药监局、陕西省药监局药监工作会议精神，在陕西省药监局党组的正确领导下，以扎实开展主题教育为契机，坚持党建引领，聚焦陕西省药监局"三个年"活动，对标检验检测高质量发展，紧紧围绕检验检测中心任务，聚焦主责主业，加强质量管理水平和实验室标准化建设，扎实推动GB 9706系列标准宣贯实施，稳步提升医疗器械检验检测能力水平。

现有干部职工90人，其中硕士以上30人（博士5人），高级职称12人。现有建筑面积21526.1平方米，其中实验室面积17000平方米，各类仪器设备 840 余（套），价值 1.3 亿元。具有国/行标检测能力 578 项（包括新版 GB 9706 系列标准 28 项）。

检验检测

2023 年，完成国抽 4 个品种 46 批次（含复检 3 批次）的检验任务，完成省抽 195 批次的抽样工作，其中：无源类产品 160 批次；有源类产品 35 批次。根据陕西省药监局有关文件要求，陕西省器检院积极开展并完成了稳价保质专项抽检 7 批次；集采抽检 11 批次；委托监督抽检 3 批次；完成省抽 1131 批次检验任务，外省省抽复检任务 5 批次，完成委托检验 747 批次。

制定出台《关于促进全省医疗器械产业高质量发展的若干措施》，营造良好营商环境，主动与企业对接，在标准培训、摸底测试、设计开发参数验证、关键元器件检验等方面开展科研合作，推动创新产品尽快上市。对企业产品送检资料进行容缺受理，为创新医疗器械和审评发补项目开辟绿色通道，做到优先安排、随到随检。全年为 23 家医疗器械生产企业开辟绿色通道。在费用减免方面，为创新医疗器械和"专精特新"企业优惠减免相关检验费用，全年为 7 家生产企业 36 批次产品减免费用 12.95 万元。

能力建设

全面梳理检验检测业务流程，逐项排查潜在的风险点，研究制定《推进实验室标准化建设暨加强质量管理工作的措施》，修订完善陕西省器检院《初、中、高级职称评审工作管理办法（试行）》和管理体系文件（含第三层规范性文件、规范报告、原始记录模板等），全年共发布新修订（含新增）管理（技术）规范 18 份、作业指导书（SOP）13 份、记录表格 49 份，体系换版修订（质量手册、程序文件）1 次。全年共组织开展了三次质量开放日活动，参加能力验证（比对）试验 6 次，均为满意结果。11 月份顺利通过

2023 年度市场监管总局组织的资质认定检验机构"双随机、一公开"现场检查。

与西安交通大学就进一步完善国家药监局医用增材制造器械（3D 打印）研究与评价重点实验室运行机制、加强业务合作等进行交流，达成合作框架协议。引进相关专业高层次人才，大力推进能力建设项目设备培训及系统联调等。联合西安电子科技大学成功申报陕西省高等学校"先进诊疗技术与装备"重点实验室，双方将充分发挥科研、人才队伍和设备等资源优势，在生物医学工程以电子科学与技术为主、检验检测、标准化研究等方面开展深入研究，着力推动陕西省医疗器械产品研发与科研成果转化。

科研工作

2023 年，陕西省器检院申报了《黄精产地趁鲜加工实用技术应用与示范》乡村振兴科技项目；组织完成《橡胶手套拉伸试验方法研究》和《防护口罩防护效果头模传动测试系统研究》项目结题。2023 年，全院发表科研论文 2 篇，2 篇论文均被 SCI 收录。组织申报了《一种一次性使用手套物理性能联用检测智能化设备》等 12 项国家实用新型专利。

党建工作

组织召开集中学习研讨会和主题教育工作推进会，建立党员示范岗，抓好培育党员先锋岗位，强化示范引导发力。开展调查研究，撰写《陕西省增材制造医疗器械产业现状及检测服务能力提升对策研究》调研课题，解决制约产业发展难题，确保主题教育走深走实。与供销总社西安生漆涂料研究所党委联合开展"联学联建·互学互鉴"主题活动等一系列活动。

强化党建引领，落实责任担当，与分管领导签订党风廉政建设责任书，印发《2023 年全面从严治党工作要点》《党委书记、党委委员全面从严治党主体责任清单的通知》《院纪律检查委员

会 2023 年工作要点》，认真落实"第一议题"制度、"三会一课"，加强党建工作的督导和检查力度，多措并举筑牢廉政防控底线。加大党建文化宣传，充分利用每层楼道空间，打造党建、党史、廉政、核心价值观等文化墙，不断增强职工党性觉悟和团队凝聚力。设置举报邮箱、举报电话和意见征集表，畅通投诉举报渠道。扎实开展"三共"活动，分别与慧康集团西安伊蔓蒂电子科技有限公司、西安京工医疗科技有限公司开展"三共"活动。

甘肃省药品检验研究院

概　况

2023 年，甘肃省药品检验研究院坚持用习近平新时代中国特色社会主义思想指导实践，结合学习贯彻主题教育，扎实推进"三抓三促"行动，坚决落实"四个最严"要求，树牢"四个意识"，坚定"四个自信"，做到"两个维护"，自觉在思想上、政治上、行动上同党中央保持高度一致。按照"讲政治、强监管、保安全、守底线、促发展、惠民生"的工作思路，坚持检验检测与科研工作同步推进，持续提升能力建设，有效完成全年各项工作任务。

检验检测

全年完成各类检品共计 7672 批。其中药品 5443 批，包括化学药品 1074 批、抗生素类药品 238 批，原辅料 212 批，中成药、中药材及饮片 3431 批，生物制品 488 批；化妆品 1830 批（化妆品国抽共 10 大类 656 批，国家化妆品安全风险监测任务中美容修饰类产品 100 批，化妆品过度包装治理专项抽检 150 批，省级化妆品监督抽检和风险监测任务共 403 批）；药品包装材料检验 142 批；洁净区检测 117 批；保健食品检验 88 批；其他类别检验 52 批。其中药品国评按期完

成 5 个品种共 807 批样品检验和探索性研究工作。发现 33 批次碳酸钙 D_3 制剂不符合规定，第一时间上报国家药监局，为及时化解系统性重大药品安全风险隐患提供了科学依据。上报风险警示函 9 个，两个品种入围现场交流评议。圆满完成承担的 2023 年国家化妆品抽样检验牙膏类化妆品质量分析报告编制任务，得到中检院充分肯定和表扬。

能力建设

提升生物制品批签发能力，获得 A 群 C 群脑膜炎球菌多糖疫苗检验授权。申报 b 型流感嗜血杆菌结合疫苗、口服轮状疫苗的全项检验授权，全力推进甘肃省生物制品批签发中心（药物安全评价中心）项目建设。推动人才队伍建设再上台阶，全年公开招聘硕士研究生及引进高层次人才共 23 名。启动第一批"师带徒"，扎实推进"师带徒"带教培养工作。建成运行甘肃省药品检验一体化实验室平台项目。完成能力验证项目 21 项，收到结果均为满意。顺利通过六年一次的 CNAS 认证复评审（含扩项评审）。

科研工作

科研立项 46 项，获得甘肃省药学发展奖一、二、三等奖各 1 项，发表各类论文 53 篇，申报甘肃省科技进步奖 1 项。获批甘肃省科技厅"甘肃省中药品质与安全评价工程技术创新中心"、甘肃省市场监督管理局科普基地；承担 5 个品种的国家药品标准提高项目，国家药典委员会中药饮片填平补齐任务 16 个，完成测定方法制修订验证工作 2 项；组织召开国家药监局重点实验室学术委员会，报送问题整改及年度报告，与 9 个协同创新中心签订建设协议，发布菘蓝等繁育技术规程。完成《中国药典》中 23 种中药材和饮片质量标准修订及提高研究、15 种道地药材快检红外光谱建模工作。

起草并发布 150 个品种甘肃省中药配方颗粒

质量标准，审核发布 106 个甘肃省藏药炮制规范；17 个产地片质量标准及产地加工技术规范、14 个地方中药材标准及标准规范的制定、审核工作。颁布执行《甘肃省中药配方颗粒标准》（第一卷）、《甘肃省中药炮制规范》（2022 年版）。积极开展"20 种甘肃省中药材标准对照药材的制备与标定""甘肃省道地药材大黄、柴胡、枸杞子、金银花及黄芩中禁限用农药残留研究"等专项检验与研究工作。对全省 17 家药品检验检测机构开展检查和技术指导工作，提升基层质控实验室能力水平。承担甘肃省卫生健康监督保障中心委托的婴幼儿洗消类产品中氯倍他索丙酸酯的专项检验任务，甘肃省公安部门委托的疑似保健食品中非法添加壮阳类药物、食品（保健食品）非法添加西布曲明的检验工作，向卫生健康和公安部门提供专项检验鉴定报告共计 143 批次。

党建工作

持续深入推进"一活动两行动"，落实"第一议题"制度，中心组学习 12 次，各支部组织集体学习 70 次，研讨 19 次。开展党支部标准化建设量化测评，举办专题读书分享交流会。高标准、高质量开展主题教育工作。将主题教育和"三抓三促"行动有机融合、一体推进，坚持"一把手"亲自抓，成立领导小组，制定实施方案，开展专题调研，形成 5 个高质量调研报告，持续做好成果转化工作。帮助指导帮扶村张寨村党支部标准化建设，举办专题培训，对接合作企业。每季度组织开展廉洁警示教育大会，持续深化纠治"四风"，推进作风建设常态化长效化。打造政治强、作风正、业务能力过硬的干部队伍。

宁夏回族自治区药品检验研究院

概　况

2023 年，宁夏回族自治区药品检验研究院（以下简称"宁夏药检院"）始终以主题教育开展为主线，以宁夏回族自治区药监局党组织提出的六项攻坚行动为抓手，紧紧围绕药品检验研究院核心职能，紧紧围绕国家枸杞产品质量检验检测中心（宁夏）［以下简称"枸杞国检中心（宁夏）"］顺利验收运行工作目标，紧紧围绕业务素质能力提升年主题，科学统筹、狠抓落实，积极推动全院各项工作有效开展，较好地完成了各项工作目标任务。

检验检测

2023 年，共完成药品、化妆品、医疗器械等各类型检品 2940 批次。其中，药品 1467 批次，化妆品 633 批次，医疗器械 139 批次，枸杞 701 批次。撰写了 30 余万字的 4 个质量分析报告并上报国家药监局。开展了 14 个品种 40 批次注册检验，完成了 9 个品种 14 万余字的复核资料撰写工作。完成"两品一械"靶向监督、风险监测 266 批次。完成 19 批次的药品和医疗器械非法添加筛查。

能力建设

依据 2023 年化妆品、医疗器械国抽、省抽任务能力要求，完成了化妆品 6 个检验方法 24 个参数和医疗器械 10 类产品 42 个参数的扩项工作。全年参加国家药监局、中检院和国际能力验证项目 16 项，其中国际能力验证 2 项，均取得满意结果。积极加强与外省兄弟院所交流合作，为年轻干部搭建学习锻炼平台，派 3 人赴中检院、陕西省院进修学习，成功举办"2023 年全区药品检验业务素质能力提升培训班"。2023 年以来，宁夏药检院严格按照枸杞国检中心（宁夏）验收要求，加强组织协调，完善档案资料，固强补弱、查漏补缺。4 月通过了市场监管总局形式审查，11 月份顺利通过专家现场评审验收。成功获批组建自治区级重点实验室 1 个（宁夏回族自治区药品质量控制与评价重点实验室）；完成 1 项基础条件建设项目验收工作（380万）；完成仿制药一致性评价重点实验室平台建设项目申报答辩并获批150万专项建设经费。与香港标准及检定中心（STC）就检测结果互认等签订了技术合作协议。完成与苏银产业园联合建设"宁夏药检院医疗器械检验室"相关工作。

科研工作

2023年在研课题13项，完成5项。申报课题18项，获批14项，获自治区专项经费195万。发表论文5篇，申请专利2项。全年主持和参与标准制修订工作共计11项，其中主持国家药典委员会标准提高3项，完成地方标准8项。

重要活动、举措、成果

2023年3月15日，宁夏医科大学与自治区药品监督管理局签订战略合作协议，姜怡邓和王生礼代表双方签署了《宁夏回族自治区药品监督管理局宁夏医科大学战略合作框架协议》。

2023年6月9日，市场监管总局认可检测司副司长张颖一行赴宁夏药检院调研枸杞国检中心（宁夏）建设情况。

2023年8月25日，宁夏药检院与香港STC签订了支持枸杞产业发展的技术合作协议。

2023年9月22日，苏银产业园管理委员会与宁夏回族自治区药品监督管理局签署合作协议，共同建设"宁夏药检院医疗器械检验室（苏银产业园医疗器械检验检测公共服务平台）"。

2023年11月4日，市场监管总局组织的专家组对枸杞国检中心（宁夏）开展现场评审并顺利通过验收。标志着"国"字号公共检测服务平台正式建成并投入运行。

2023年12月13日，宁夏药检院受聘为第一届宁夏枸杞现代产业学院理事会理事单位，马宗卫任理事。

党建工作

严格履行全面从严治党主体责任，将党风廉政建设和队伍作风建设作为全院的重点工作谋划落实。主动过好"双重"组织生活会，大力抓好党风廉政建设，逐级签订责任书，压实工作责任。积极开展"党风廉政学习月""两个永远在路上"活动，组织召开"纠治形式主义官僚主义"等专项行动工作专题会2次，开展集体廉政谈话1次，增强了干部廉洁自律和依法履职意识。

认真落实意识形态工作责任制，巩固拓展主题教育成果，切实增强做好药检宣传思想文化工作的责任感，把意识形态工作作为党总支民主生活会的重要内容，强化意识形态阵地管理，严格落实信息审核报告制度，做好微信群等新媒体安全管理。全年开展意识形态专题会议2次，青年理论组学习4次。持续开展纪律作风建设，营造风清气正的良好工作氛围。

持续推进"五型"机关、"星级"支部建设、区级文明单位创建等工作，坚持党建业务深度融合，共促共建广泛开展。开展联合主题党日活动3次，组织和参加互观互检各2次。结合文明单位创建、行风建设三年攻坚行动，深化拓展"我为群众办实事"实践活动，组织专业人员到老年大学、敬老院等开展志愿服务，宣传日常用药用械用妆安全，有效提升服务群众工作能力。

大连市药品检验检测院

概　况

大连市药品检验检测院（以下简称"大连院"）是大连市检验检测认证技术服务中心下设分支机构，是以药品检验为中心，承担区域授权范围内的药品、化妆品、保健食品、医疗器械和药品包装材料等的监督检验、风险监测和委托检验工作，承担经大连口岸进口药品的抽样和口岸检验工作，同时开展相关产品标准、检验方法、技术规范的研究、制修订和验证工作，为全额拨款事业单位。

大连院现有编制内员工 70 人，其中专业技术人员 65 人，具有高级职称资格 53 人，中级职称 8 人，博士 4 人。大连院实验室面积约 7500 平方米，检验和科研仪器设备 845 台套，原值约 8600 万元。

检验检测

2023 年，大连院共完成各类检品 2004 批，其中国内药品 1262 批（含国家药品抽检 2 个品种共 104 批），进口药材通关检验 99 批，进口药品注册检验 28 个品种 111 批，国内药品标准起草与复核 4 个品种 33 批，化妆品 71 批，保健食品 40 批，药品委托检验 388 批。

一年来，大连院通过畅通绿色通道服务机制，优化检验资源配置，提升服务药品监管工作效能，为各项监管工作提供有力技术支撑。年内，为行刑衔接案件办理开展委托检验 56 批次（不合格 37 批次），并在协助破获特大生产、销售假药香港"益安宁丸"案件（涉案金额 5000 余万元）中起到了重要技术支撑作用并获得行业主管部门专函肯定和表扬。同时，聚焦优化营商环境建设，持续做好服务区域医药企业药品委托检验工作，年内，与大连地区 19 家医药企业签订技术服务合同，免费为企业提供了 343 批的委托检验与技术服务，直接节省检验成本 38 余万元。此外，为进一步发挥药检人员在技术监督方面的优势作用，大连院协助辽宁省药监局药品审核查验中心开展 GMP 检查派员 29 人次，检查药品生产企业 32 家。

能力建设

2023 年，大连院在能力建设方面着重解决药品、化妆品等领域硬件设施不足和仪器设备老化问题，实施了仪器设备的阶梯式更新换代。年内，完成微生物与分子生物学实验室改扩建工作

并通过二级生物安全实验室备案，新增原子吸收分光光度计、差热分析仪和不溶性微粒检测仪等多台套精密仪器，有效保证了各项检测任务的顺利开展。目前，大连院具有资质认定（CMA）参数 1389 项，实验室认可（CNAS）产品 82 个，参数 746 项，覆盖药品、药品包装材料、化妆品和保健食品检测领域。

科研工作

2023 年，大连院新获批科研项目 5 项，其中国家药品标准提高起草 1 项，大连市科技人才创新支持政策项目 2 项，中心内部课题 2 项。年度内结题 4 项，以第一作者在国家级核心期刊发表学术论文 10 篇，获批实用新型专利 1 项，获得 2023 年度大连市科技进步三等奖 1 项。

大连院持续推进产学研检一体化平台建设，积极参与中国科学院大连化学物理研究所主导的大连凌水湾实验室建设项目，探索在中药材质量鉴别与标准制定方面实施科研成果转化落地；加强与大连理工大学、大连医科大学、大连大学等高校的合作，共同促进学生实践教学基地的建设和发展；积极面向大连医药产业发展需求，助力企业实施技术难题协同攻关。年内，与大连理工大学签署合作共建"研究生联合培养基地"意向协议，获评大连医科大学 2021—2022 年度先进教学基地，实施技术帮扶进药企项目 3 个，与大连理工大学、大连药学会共同承办了第十四届全国抗生素学术会议。

此外，大连院积极参与药品质量安全社会共治服务，通过举办"人民至上—大连药检 70 周年院庆图片展"宣传在党领导下我国药检事业发展的光辉历程，展现了几代大连药检人的奋斗足迹；通过举办"药检有约""童心同行""检验检测实验室开放日"等多种形式的公益科普活动不断提升区域公众药品安全科学素养，为推动药品安全社会共治，助力"健康中国"建设添砖加瓦。

哈尔滨市药品和医疗器械检验检测中心

概　况

2023年，哈尔滨市药品和医疗器械检验检测中心（以下简称"哈尔滨药械中心"）紧紧围绕哈尔滨市市场监督管理局"两品一械"监管工作部署，积极履职尽责，坚持做好加强人才梯队建设、发挥技术支撑优势、探索科研能力创新等工作，有效推动"两品一械"检验检测工作落地见效，全年完成"两品一械"检验检测1457批次，超额完成了全年目标任务。

检验检测

药品方面。全年完成药品检验1192批次，分别为：化学药品497批、中成药品466批、中药材（饮片）137批、案件类药品92批。抽样范围均为经营和使用环节，其中：经营环节占比51.27%，使用环节占比48.73%。经检验，5批次中药饮片不符合标准规定，不合格率3.65%，不合格项为：杂质、水分、含量测定；案件类药品检出不合格22批次，不合格率23.91%，不合格项为：中成药中非法添加化学药品、鉴别。

化妆品方面。全年完成化妆品检验135批次，其中：监督131批次、案件4批次。监督抽检品种涉及：牙膏、染发类产品、儿童类、防晒类、美白祛斑类、面膜类、洗发护发类、宣称祛痘类。经检验，3批次监督面膜类化妆品检验结果不符合标准规定，不合格项为：激素、微生物指标；案件类4批次化妆品检验结果均不合格，不合格项为：甲基氯异噻唑啉酮等12种组分。

医疗器械方面。全年完成医疗器械抽检130批，抽检品种包括：医用脱脂棉、压敏胶带、一次性使用麻醉穿刺包、一次性使用产包自然分娩用、一次性使用无菌注射器、一次性使用输液器、一次性使用精密过滤输液器、医用防护口罩、医用外科口罩，经检验，结果均符合标准规定。

重要活动、举措和成果

苦练内功，夯实业务本领，不断提升检验检测技术能力。一是选派年轻技术人员到中检院化学药品检验所学习进修检验技术；二是选派技术骨干参加中检院、黑龙江省药检院、仪器公司培训11次；三是组织检验技术能手开展内部培训23次；四是完成国家、省能力验证10项，均获得"满意"结果，组织开展内部仪器比对考核4次。通过能力验证、培训练兵、分享交流经验，进一步夯实了检验检测队伍的整体素质能力。

积极探索科研技术能力创新，全力做好检验检测技术支撑。一是承担国家药典委员会标准复核壬苯醇醚、壬苯醇醚栓2项；二是参与《中国药典》附录红外、近红外标准修订2项；三是《鹿茸》《鼻用冷敷凝胶》2项科研项目取得科研成果；四是在哈蟆油研究基础上，筹备水蛭PCR鉴别方法研究。

加强助企纾困，为企业排忧解难。为有效推进能力作风建设"工作落实年"活动，发挥检验技术优势，对有需求的生产企业开辟绿色通道，帮扶企业解决实际困难，先后为圣泰药业、儿童制药等6家企业提供技术支持，帮助企业解决生产、发展中的难题。

争先创优，加强团队协力合作。鼓励干部职工创先争优，经不懈努力，荣获省"三八"红旗集体标兵称号；获得黑龙江省药监局科技创新个人、集体"三等奖"各一项；能力验证结果得到黑龙江省药监局通报表扬；2023年度药品不良反应监测工作被国家、省药品不良反应监测中心通报表扬。

杭州市食品药品检验科学研究院

概　况

杭州市食品药品检验科学研究院（杭州市药品与医疗器械不良反应监测中心）（以下简称"杭州市食药检院"）成立于 1960 年 11 月，是杭州市市场监督管理局所属的具有独立法人资格的全额拨款事业单位（公益一类），主要承担辖区内食品、药品、医疗器械、化妆品质量分析研究及与安全性、有效性相关的研究。全院共有十部职工 142 人（其中在编 78 人），本科及以上学历 112 人，占职工总数的 79%；硕士博士共 51 人；高级职称 34 人，占比 24%。全院建筑面积为 13660 平方米，其中实验室面积 9600 平米，仪器设备原值 1.7 亿元。

检验检测

2023 年，完成食品、药品、医疗器械检验 9902 批次。其中，食品检验 6870 批次（监督抽检及风险监测 4520 批次、委托检验 2350 批次）；药品检验 2905 批次（监督抽检 2448 次、委托检验 376 批次、注册检验 81 批次）；医疗器械检验（含洁净度检测）127 批次。

2023 年，完成市级审核查验检查 1267 家，其中药品批发、医疗器械生产、化妆品生产、精麻药品购用、药品类易制毒化学品购用等各类许可检查 514 家次；受理食品生产企业有效许可申请 753 家次。

落实"1+2"考核机制，健全"一体两翼"监测评价体系。2023 年收集上报 ADR 报告 19562 例，百万人口报告数为 1581 例；收集上报 MDR 报告 6064 例，百万人口报告数为 508 例；发现并上报风险信号 4 个，国家药品不良反应监测中心采纳 2 个；因疫苗国家监管体系评估工作突出，获浙江省药监局颁发的事业单位集体嘉奖；获评"2023 年全国药品不良反应监测评价受表扬基层监测机构"。

能力建设

2023 年，通过资质认定复评审和扩项评审，资质能力为非食品 665 项［其中药品 197 项、化妆品 423 项、医疗器械 64 项（仅国家资质认定）、洁净区域等 45 项］；食品 2004 项（包含保健食品、非法添加、食品添加剂），共计 2733 项。目前实验室认可能力共 647 项，其中药品 180 项，食品含保食 256 项，化妆品 100 项，医疗器械 64 项，防护用品 47 项。2023 年根据杭州市药监局工作部署，强化能力储备，持续聚焦杭州市体外诊断试剂（盒）产业发展，顺利通过国家资质认定/实验室认可现场评审，通过标准 44 个，展开项目参数 356 个，提升了医疗器械体外诊断试剂（盒）的检测能力，为加强药械监管工作提供技术支撑。

科研工作

以"科研共建"为导向，积极探索"产学研"共建共享科研生态创新建设。2023 年主持申报并获立项的纵向科研项目 7 项，获资助科研经费 139.2 万，与浙江大学合作的省科技厅项目"大宗农产品高效提取技术研究和产品开发—杨梅叶特色功能因子开发及产业化"等 9 项省、市级重点研发计划项目分别通过会议验收或结项。获批"鳖甲胶标准提升项目"等标准化工作项目 6 项，覆盖药品补充批件标准、团体标准、方法检测、等级评价等标准化工作领域。参与完成"功能活性肽特色浓缩乳提质关键技术及产业化"等多个课题，分获中国乳制品工业协会 2023 年度技术发明奖一等奖、2023 年度中国商业联合会科学技术奖一、二等奖；申请通过"离心过滤设备"等发明专利 3 项；全年发表学术论文 8 篇，其中 SCI 论文 1 篇，其他核心期刊论文 7 篇。

重要活动、举措、成果

"零缺陷、高质量"完成亚（残）运会食源性兴奋剂保障任务。杭州市食药检院以确保亚运食材安全"两个零发生"为目标，坚持底线思维和问题导向，研究制定了 60 种食源性兴奋剂的实验室检测标准，通过 CMA 资质认定评审，填补部分参数检测方法空白，进一步提高了检测效率。亚运会期间完成食源性兴奋剂样品 2072 批次。其中运动员专仓抽检 823 批次，91% 检验时效在 48 小时内，按时完成率 100%；牛羊供应商飞行检查和风险监测分别为 476 批次、773 批次，圆满完成保障任务，荣获 2023 年度"浙江省五一劳动奖状"光荣称号。

出色完成国家药品抽检工作和省级药品抽检工作。2023 年国家药品抽检工作获得"质量分析工作表现突出单位"，省级药品质量风险考核工作获得全省第一名。首次采用省级药品监督项目和市级药品监督专项项目并行，进一步提高了监督质量和抽检的靶向性。

积极推进数字化实验室建设。2023 年投入资金补齐技术指标参数要求，优化物资管理系统功能，实现实验室管理系统（LIMS）选代升级，获评全省食品安全数字化 B 级实验室；根据浙江省市场监管局相关要求，完成食品参数系统升级；开展杭州市药械警戒程序建设，包含多个数字化模块功能，同时更新设备，进一步提升网络安全防护能力。

坚持探索创新，在杭州市委、市政府的支持下，积极筹建浙江省食品药品检验研究院药品注册检验实验室，为企业注册检验解难、提速、增效。

深度挖掘清廉地标和点位特色，设计制作清廉检验建设宣传展板和文化墙，打造清廉走廊，绘制可看可学可复制的清廉线路。"清廉检验"特色品牌入选"清廉杭州建设优秀实践案例"。

青岛市食品药品检验研究院

概　况

2023 年，青岛市食品药品检验研究院（以下简称"青岛市食药检院"）在青岛市市场监督管理局的正确领导下，践行"服务型执法"工作理念，充分发挥服务发展平台和技术支撑平台职能，找准工作中心点、落脚点、发力点，以真抓实干的工作作风扎实开展各项工作，强化检验检测能力建设，不断提高食品、药品、医疗器械、化妆品、药品包装材料等领域安全保障水平。提高站位，树牢"食药卫士　检验为民"的品牌意识，牢固树立以人民为中心的发展思想，紧紧守住食品药品安全底线。

检验检测

2023 年，青岛市食药检院完成食品类抽检 1232 批，其中承担海军纪念日等两次重大活动 368 批食品安全保障任务；国家抽检两个品种布洛芬及小儿化痰止咳共 573 批。完成省评价抽检 504 批；省监督抽检 417 批；地方监督抽检 1050 批；山东地产药材农残专项 50 批次。完成进口药材通关抽检 1800 余批次；进口药品注册检验 29 个品种；医疗器械医用口罩风险监测 24 批次；市抽检化妆品 45 批次；市保健食品抽检 80 批。完成执法办案检验 295 批次，是去年的 2 倍。

重要的活动、举措、成果

口岸药检所建设取得实效。在青岛市药监局大力支持下，获批口岸药检所建设项目"检验数据信息管理平台建设"专项资金 308.9 万元和仪器设备专项资金 1000 万元。积极参加并圆满完成药品检验国际能力验证。

重点实验室建设有序推进。一是规划重点实验室发展。召开学术委员会，确定下一步发展规划，为重点实验室的高质量发展再次加速。制定规则制度，形成较为完善、规范的运行管理机制。二是高效开展科研工作。承担中国药品监管科学行动计划项目 2 个子课题研究，完成 2 项中药标准物质研制开放课题；20 种海洋中药的地方标准已正式公布实施，为海洋中药的市场监管提供了新方法、新标准；完成 3 种地方中药标准物质的制备，为地方标准的实施提供了保障。三是推动人才队伍建设。承担青岛市人才创新建设项目，超额完成各项指标。获青岛市拔尖人才 1 人、山东省先进工作者 1 人、青岛工匠 1 人。四是加大媒体宣传力度。工作成效分别在人民日报海外版、中国医药报、国家药监局内刊、中国质量新闻网等多家主流媒体进行宣传报道。举办实验室公众开放日活动；制作科普宣传微视频。五是开展公益科普活动。参加"3·15"国际消费者权益日活动，重点实验室数名药品检验专家参与活动；参加 2023 年"监测护航"——"百店千村"药品安全科普宣传活动，讲解专业知识并进行实验室宣传。

服务监管执法检测能力不断提升。一是在国家药品抽检中，承担的"小儿化痰止咳颗粒"项目在全国中成药组中获得了第四名，小儿用药专项分析工作收到了国家药监局药品监管司发来的感谢信。不良反应报告共计约 3 万份，面向全市医疗机构针对药械化安全监测和药物警戒举办 11 次线下培训和 7 次线上培训。二是不断扩大检验检测能力。不断扩大食品检验及化妆品注册备案检验资质范围，顺利通过资质认定复评审，新增食品、化妆品检测资质 35 项，持续提升检验检测能力。

技术赋能产业发展力度持续加强。一是专业服务进口药材企业，为青岛市营造良好口岸营商环境。多种举措服务药材进口企业，通过开展业务指导、进口抽检培训、提高进口药品通关检验，提高企业质量意识、业务熟练程度和仓储专业化水平，并进一步压缩检验周期，促进青岛港

口经济良性发展。二是检验融入"青岛优品"建设，为青岛市食品行业高质量发展助力。紧抓预制菜、崂山茶、特食等三条主线，制定院"青岛优品"实施方案及详尽措施。主办预制菜食品安全控制与技术主题活动，撰写《预制菜标准体系调研报告》。到崂山茶生产加工企业调研，抽检 98 批次茶叶进行风险监测并提出解决方案。到两家婴幼儿配方乳粉生产企业座谈，做好技术支撑，服务新兴产业，带动山东特殊食品行业高质量发展。三是检验嵌入服务型执法，为青岛市食药安全提供技术支撑。赴国风药业等 10 余家企业进行一对一技术帮扶及 CNAS 认证技术指导，提升企业核心竞争力。免费对口培训定西市药检所专业技术骨干 12 人，将东西部帮扶工作，走深走实。为区市局及食品药品生产企业进行免费专业培训。

广州市药品检验所

概 况

2023 年，广州市药品检验所（以下简称"广州所"）坚持以习近平新时代中国特色社会主义思想为指导，全面贯彻落实党的二十大精神和二十届二中全会精神，稳步做好"两品一械"检验检测，以科研创新带动检验进步，持续建设国家药监局重点实验室，深入开展药品标准研究，不断助力粤港澳大湾区医药建设，切实把二十大精神转化为推动药检事业高质量发展的强大动力。

检验检测

2023 年，广州所完成检品共计 7803 批，9057 件，较上年增长 8.95%。广州所实现首次进口药品检验时限缩短 20%，助力进口药品快速通关上市。2023 年共完成首次进口药品检验品种 70 个品种，同比批次数增长了 21%。优质服务获报验企业好评，收到多家企业发来 4 封感谢信和

1面锦旗。

完成中检院进口药品注册质量标准复核任务42个品种，更好地服务进口报验单位，助力审批流程时间较快，推动报验单位进口业务落地广州口岸，促进外贸稳定增长。首次参加口岸药品检验机构注册检验能力评估考核取得95分的优异成绩。

开通应急检验绿色通道，全力配合完成各项涉案打假抽检，共受理应急打假检验51批，其中开展24小时应急检验完成"3·15"曝光化妆品应急抽检，高质量完成亚运会化妆品应急专项抽检。10月启动7天应急检验通道完成越秀区药监局、荔湾区药监局应急事件处置。

完成2023年国家药品抽检品种"妇康片"的法定检验和质量探索性研究任务，上报重大风险2项。针对现行的人参、妇康片质量标准修订、企业对中药材原料的质量控制、人参种植加工过程等提出4条监管建议。因国抽工作表现突出被国家药监局综合司发文表扬为2023年"检验管理工作表现突出单位"。

持续加强生物制品检验能力建设，实现辖区内上市单克隆抗体类药物品种全覆盖。单抗药物进口口岸检验批数同比增长300%。完成广州口岸第二个进口抗体药物首次进口检验。积极拓展复杂抗体药物检验业务。首次开展全球第一个肿瘤双免疫检查点双特异性抗体（PD-1/CTLA-4）药物的监督抽检。

承办2023年广东省药学会中成药专业委员会学术年会暨广州生物医药质量控制与分析技术培训会，邀请多位国内权威专家学者就中药和生物医药领域的前沿学术动态和技术难题作专题学术报告，开拓技术人员学术眼界。

能力建设

2023年，广州所持续加强检验检测能力建设和仪器设备配置，提升药检硬实力。截至年底，资质认定能力共1294项。参加欧洲药品质量管理局（EDQM）、国家药监局、中检院等能力验证活动34项，有30项反馈满意结果，4项暂未有结果。共采购1185.42万元的实验设备，现拥有仪器设备共2149台，总价值22668.5万元。

科研工作

广州所以科研创新带动检验进步，2023年申报科技项目17项，截至2023年底，在研各级科技项目34项。其中完成国家重点研发计划课题《道地南药化橘红中药大品种开发与产业化课题三"化橘红加工炮制规范化研究"》；完成2021年中检院化妆品安全技术规范制修订项目"化妆品中抗组胺类药物的测定"。参与中检院课题项目"基于风险评估的中药质量安全检测技术平台及标准体系的建立与应用"的2023年度国家科学技术奖申报工作，广州所排名是第四位。

发表论文33篇，申请发明专利2项，起草的"口炎清颗粒"质量标准获国家知识产权局授权专利1项。

重要活动、举措、成果

由中检院主办、广州所承办的2023年进口化学药品注册检验工作交流会在广州市召开。全国口岸药品检验所代表参加，多位业内专家作专题报告。丁怡所长作专题报告。

2023年获得国家药典委员会立项的2023年国家药品标准提高项目课题23个。共完成13个品种的标准起草、6个品种的标准复核和7个通用技术要求研究。完成广州所主编的《中国药典》配套工具书《中成药薄层色谱彩色图集（第二册）》的编撰。完成《中药材薄层色谱彩色图集》中9种中药材薄层色谱鉴别的复核。完成并上报《中国药典》（2020年版）159个中成药品种基本情况统计。完成国家化妆品标准《化妆品中地氯雷他定等51种原料的检验方法》制定。起草南大青叶标准，收入《广东省中药饮片炮制规范》（第二册）。广州所主导制定的"ISO 22256:2020

中医药—辐照中药光释光检测法" ISO 中医药国际标准荣获广东省标准化突出贡献奖标准项目奖二等奖。

依托广州所的国家药监局中成药质量评价重点实验室持续完善实验室制度建设，召开重点实验室第一届学术委员会第四次会议，编制并上报《重点实验室 2022 年度报告》。承担中检院牵头的国家药监局中国药品监管科学行动计划第二批重点项目中 3 项课题研究。分别承办国家药典委员会中药薄层色谱鉴别应用实操培训班和中药农药残留检测实操培训班。

重点实验室配套中药标本馆已建成科研与科普一体的交流平台及教学实践基地，2023 年共举行 6 次科普活动，接待 240 人次参观，科普常用中药材真伪优劣鉴别知识，提升市民科学安全用药意识。代表队荣获广东省第一届"岭南杯"药品检验系统"中药材鉴定技能竞赛"团体一等奖、个人特等奖、二等奖和三等奖。拍摄制作《揭秘银花之间的恩怨情仇》中药科普短视频荣获广东省药品监督管理局 2023 广东药品科普创作大赛特等奖。中药室荣获广州市委、市政府授予的"2023 年广州市三八红旗集体"称号，妇女职工爱岗敬业、务实奉献的职业精神备受肯定，同时也展现了新时代女性勇于逐梦奋斗，敢于争创一流的巾帼风采。

党建工作

广州所坚持以党建工作引领业务工作发展，坚定不移加强党风廉政建设和思想政治建设。一是把党员学习教育融入党建工作主线，深入学习领会习近平新时代中国特色社会主义思想为主线，认真学习贯彻党的二十大精神。二是制定主题教育学习计划，采取"四个结合"的灵活学习方法，做到个人自学与集中学习相结合、"常规学"与"重点学"相结合、"线下学"与"线上学"相结合、"正面引领"与"反面警示"相结合。三是创建"秉药执本"为主题的基层党建品牌，被广州市市场监督管理局机关党委认定为"广州市市场监督管理局第一批基层党建品牌"（第二名）和"党建基地"，持续打造"清心治本，直道身谋"中药主题廉洁文化教育园地，深入建设中药标本馆，全面打造具有中药特色的基层党建品牌，以党建引领业务发展。四是积极加强组织建设，完成党、工、团换届改选，积极发展党员。五是坚持全面从严治党，强化廉政教育，作风建设长效化，加强日常纪律教育管理，开展廉政谈心谈话。

成都市药品检验研究院

概　况

2023 年，成都市药品检验研究院深入贯彻落实党的二十大和习近平总书记对四川工作系列重要指示精神，以党的政治建设为统领，以学习贯彻习近平新时代中国特色社会主义思想主题教育为主线，以提升科学监管技术服务能力、赋能产业高质量发展为核心，各项工作取得新成绩。

检验检测

聚焦主责主业、全面谋划。新增仪器设备 119 台/套、药械化检测参数 62 项，参加国际国内能力验证 26 项均获满意结果，实施内部检验检测能力监控计划 49 批次，完成 4 项环境设施改造，升级 5 个信息化支撑系统。2023 年完成各级各类药械化检验 4867 批，省级药品抽样 1504 批，药品抽检合格率保持在 99% 以上，圆满完成春雷行动、大运会保障药品专项抽检。审核评价药械化不良反应/事件报告 40585 份，百万人口报告数达 1939 份，上报药物滥用监测调查表 3615 份，实时监测疑似预防接种异常反应 10058 例。获国家药品抽检质量分析工作表现突出单位、省级药品抽检先进单位，省、市药械化监测技术优秀集体。

科研工作

加速转型升级、蓄势赋能。巩固发挥国家、省药监局重点实验室的骨干作用，立项开放课题11项、自立课题6项，开展3个国家、省级重点品种探索性研究，承接省藏药饮片标准技术复核20个，上报补充检验方法1项，出版专著《中国民族药材品种》1部。开馆运行中药传承创新展示馆，已接待国家药监局、四川省药监局、药检系统单位、药企、中小学校等600余人次参观指导。获国家重点研发计划、国家药品标准提高等科研项目立项19项，结题验收6项，科技成果登记备案8项。挖掘上报药品质量安全风险信号41个（被上级采纳9个），发布地方标准2项，申请发明专利10项，获发明专利1项、实用新型专利授权1项，发表论文12篇。

能力建设

聚力靠前服务、主动作为。与成都中医药大学、成都医学院共建实践基地，建设运行生物样本、医疗器械等检测研究服务平台。放射性药品检验检测平台已具备放射性药品检测能力，符合国家药监局锝标记及正电子类放射性药品检验机构评定条件，待中检院技术验收和国家药监局授权后可开展相关检测工作。积极推动药物研发成果转移转化，助力产业建圈强链和自贸区建设，协助43家企事业单位攻克技术难题、解决技术瓶颈67项，一致性评价研究工作助企获3个国家药监局药品注册证书，为46家企业出具157个药品定期安全性更新检索报告，为中药材市场提供快检咨询400余次、巡场检查商户2200余户，外派专家参加现场核/检查等31人次。

突出以点带面、辐射带动。积极融入成渝地区双城经济圈和成德眉资同城化发展暨成都都市圈建设战略部署，开展区域药检机构间风险监测研究和实验室比对，牵头推动签署《成德眉资同城化发展药品安全性监测合作协议》，积极为川渝药企提供质量标准研究技术服务。加强基层业务指导，配合推进药品监管能力标准化建设和药品安全巩固提升行动，联合区（市）县局开展药械化不良反应监测等技术培训会13次，组织科普宣传19次，惠企惠民4000余人次。密切与《欧洲药典》《德国药品法典》的联系合作，主持起草的国际标准桑叶已在 *Pharmaeuropa* 公示。承办"2023年中药检验与数字化培训班"等大型活动，受邀在第四届药物及诊断试剂研发与质控国际研讨会及全国、全省药品检验监测等相关业务工作会上作经验交流。

党建工作

坚持政治建院、廉洁从检。以党的二十大精神为指引，高质量完成学习贯彻习近平新时代中国特色社会主义思想主题教育等专题教育，落实"第一议题"及普规普纪学习机制，围绕党性、警示、青年、家风等各类主题开展"三会一课"，筑牢新时代干事创业的组织根基。把强队伍作为抓党建的重要任务，拥有各级各类专家34人次（含第十二届国家药典委员会委员1人），高级职称49人，以党员为模范，凝聚奋斗新时代的模范力量。以清单为牵引一体推进全面从严治党主体责任落实，动态调整廉政风险点，聚焦关键环节抓实日常监督，深化作风建设，营造风清气正的政治生态。

西安市食品药品检验所

概　况

2023年，西安市食品药品检验所按照市市场监管局党委"1556"工作思路，紧盯"打造一流人才队伍、健全一流管理制度、提升一流检测能力、建设一流信息平台"目标，坚持"管理规范、检验及时、报告公正、服务优质"质量方针，在监督抽检、重大活动、民生保障、药械化不良反应监测等方面，积极探索、精准施策、精准发力、精细落实，为全市食品药品安全提供了坚实有力的技术保障。

精心组织实施，各项任务圆满完成。

检验检测

严格按照国家、省、市安排部署，充分发挥职能作用，详细制定工作计划，对抽检产品、时间、频次、抽样地区、环节和场所、检验项目、组织实施、质量管理、结果报送、工作纪律等方面进行严格规定，确保年度抽检任务按时、保质、保量完成。全年共完成食品实验室检验 9145 批次、药品实验室检验 2059 批次、化妆品实验室检验 320 批次，涵盖国抽、省抽、省级风险监测、市抽、委托检验、联合执法办案检验等。

坚决服从组织安排，逐级传达上级部门要求，逐项落实任务，全力以赴投入到各项重大活动保障工作中，用实际行动彰显始终践行大局意识的决心和毅力。中国—中亚峰会期间，圆满完成陕西宾馆和 11 个保障点位的食品安全保障工作，检测结果均在第一时间上报现场保障组。在此次保障工作中，做到了责任"零缺位"、检验事故"零发生"，被评为中国—中亚峰会保障工作先进集体，多名同志被评为保障工作先进个人。

在派驻全市大型农批市场的 9 个食品快检室，创新推行"凌晨抽检、清晨公示"工作机制，推进农产品安全关口前移落到实处，筑牢食用农产品安全防线，同时常态化开展"你送我检"进市场活动，全力打造"开门办抽检、服务惠民生"的食用农产品快检服务品牌。全年完成食用农产品快速检测 114538 批次。其中，完成"你送我检"检测 1162 批次。

对"西安市化妆品不良反应填报系统"进行优化升级，受到广大市民群众和企事业单位广泛关注，为市场监管部门提供了重要的参考依据，也为公众提供了更加透明、全面的化妆品安全信息。全年共审核评价药品不良反应报告 14224 份；医疗器械不良事件报告 4326 份；化妆品不良反应报告 1092 份。同时组织区县局和三级医疗机构监测人员进行专题培训 33 次。

能力建设

顺利通过首次 CNAS 实验室认可现场评审，顺利取得新址资质认定证书，两次通过检验检测机构资质认定复评审、扩项及标准变更，新增食品检测参数 45 项，化妆品检验参数 29 项，洁净度参数 48 项，药包材参数 319 项。目前已具备检验检测参数 8 大类共 6074 项。报名参加国内外各级食品、药品、化妆品能力验证计划 40 项，收到 39 项满意结果反馈，实验室检验能力得到了全面提升，获得国际互认。同时加强人才队伍建设，组织开展各类业务培训 44 次，培训 1400 余人次。

通过专家组论证、现场验收，挂牌成立"陕西省保健食品质检中心"，成为陕西省首家省级保健食品质检中心。经市场监管总局审批，正式通过"特殊食品验证评价技术机构备案信息系统"备案，成为特殊食品验证评价技术机构，为推动陕西省保健食品和特殊食品产业高质量发展贡献西安食品药品检验力量。被西安市药监局授予"西安市市场监督管理局药品监管人才实训基地""西安市市场监督管理局药品监管人才实训基地现场教学点"，6 名同志被聘为特聘讲师，为有效助推市场监管人才能力提升搭建了更广阔的成长平台。此外，与执法部门共建"食品药品安全执法与检验检测联动工作机制"，为助推办案质效提档升级，贡献了食药检验力量。

科研工作

积极倡导以科研引领检验的理念，不断探索研究，拓展创新，牵头起草制定《蓝田荞面饸饹》食品安全地方标准发布实施，参与制定的陕西省食品安全地方标准《八月炸》、国家粮食和物资储备局标准《米皮》《面皮》标准获批立项，上报的9项国家、省、市级课题项目，其中3项获批，自建的5个非标兴奋剂检测方法顺利通过国家知识产权局发明专利授权。

2024年，西安市食品药品检验所将继续毫不动摇坚守为民服务的初心，坚决贯彻落实"四个一流"发展目标，努力践行"服从监管需要、服务公众健康"的宗旨，不断加强科研技术攻关，提升检验技术能力，强化人才培育培养，全力为提高全市食品药品监管水平、促进食品药品化妆品行业健康发展、保障全市人民饮食用药安全等方面提供更加有力技术支撑，以争创一流的食品、药品、化妆品等综合性检验研究机构为目标，奋力谱写新时代新征程中的辉煌篇章。

深圳市药品检验研究院（深圳市医疗器械检测中心）

概　况

2023年，深圳市药品检验研究院（深圳市医疗器械检测中心）（以下简称"深圳药检院"）坚持以习近平新时代中国特色社会主义思想为指引，深入学习贯彻党的二十大精神，坚持把高质量发展作为新时代的硬道理，在深圳市市场监督管理局的领导下，在中检院的指导下，接续奋斗、砥砺前行，有力推动检验检测、科研创新、能力建设和产业服务等各项工作稳中求进、进中向好。截至2023年底，全院员工317人，其中硕士以上学历占比超41%，高级以上职称占比22%。各类专家群体130余人次，其中国际、国家级专家37人次。实验室建筑面积6.2万平方米，配备各类大型精密检验仪器4804台/套，支撑政府科学监管和产业高质量发展的动能日趋强劲。

检验检测

检品总量再创新高。2023年，完成药品、医疗器械、化妆品等各类型检品23001批次，同比增长8.4%。检品量实现5年翻一番，近5年年均复合增长率超15%。其中，完成进口注册复核任务共38个品规，同比增长58.3%，为历年之最，平均检验时限27个工作日，较规定时限提速10%。完成中标的UNDP苏丹办事处8个品规共11批次药品检验任务。圆满完成国抽任务。承担2个品种的国家药品抽检任务，僵蚕质量分析报告获得中药饮片组第三名。承担3个品种的国家医疗器械抽检任务，参与完成的多普勒血流分析仪质量分析报告获国家药监局通报表扬。服务监管科学高效。自主研发"鹰眼"非法添加筛查系统，出具国内首份检测报告，协助破获印度版仿制辉瑞新冠治疗药造假案。持续拓展"鹰眼"非法添加筛查系统数据库和使用范围，实现"药械化"三大领域全覆盖，筛查组分超1500种，为电子烟弹中违规添加"依托咪酯"、静脉注射人免疫球蛋白（pH 4）、片仔癀等案件的破获提供技术支持。化妆品领域首次牵头国家药监局化妆品风险监测专项，及时发现掌握产品质量安全风险，获广东省药监局通报表扬。

能力建设

国抽资质全领域覆盖。取得国家医疗器械质量抽检承检和复检机构资格，首次实现"药械化"全领域国家级抽检资质覆盖。质量体系日趋健全。连续五年向WHO提交《WHO质量控制实验室年度报告》，药品检验检测工作符合PQ相关要求。全力备战WHO微生物检测实验室预认证工作。首次对样品、数据完整性进行风险评估。探索开展"能力验证提供者（PTP）"能力建设工作。前瞻布局新兴产业。开展疫苗、血液制品、细胞和基因治疗产品质量控制检验检测能力建设，检验能力基本覆盖深圳市辖区内生产的生物制品。资质能力大幅提升。口岸药品检验机构注册检验能力评估获得满意结果。先后通过CNAS、国家CMA及广东省CMA扩项评审，已获资质1388个项目/参数，同比增长6.0%，检测产品增长至 716 个，同比增长 13.1%。

科研工作

科研生态不断完善。构建"1+5"的科研制度体系，召开首届科技大会，凝练提出"四个围绕"深圳药检科研总方针，发布"2023 年度十大科研课题"。重点实验室建设成效显著。3 个国家药监局重点实验室顺利通过年度考核。深度参与科技部国家重点研发计划"中医药现代化""诊疗装备与生物医用材料"重点专项等 4 项。科研成果再创新高。发表论文 88 篇，其中 SCI 论文 27 篇，同比增加 24%，累计影响因子 156，三个指标均创历史新高。获授权专利 10 项，软件著作登记 1 项，其中 1 项专利获国家发明专利和美国发明专利双授权，首次作为唯一专利权人在植入式医疗器械领域获得国家发明专利授权。自主研发中药智能检验机器人，已在 3 家行业龙头企业及科研院所推广应用，项目共获授权实用新型专利 9 项，开辟数智实践示范引领。标准研究

多个"首次"。完成"两品一械"标准研究 80 项，首次参与制定的《欧洲药典》金银花药材标准被正式收载，首次承担并牵头生物制品领域国家药品标准提高课题，首次承担粤港澳大湾区中药标准、化妆品牙膏领域标准研究，参与起草的全国首个《家用强脉冲光治疗仪团体标准》发布实施。新获批 17 项国家药品标准提高课题，创历年最高。

创新平台接连落地。瞄准未来新兴产业需求，推动细胞产业关键共性技术国家工程研究中心细胞和基因产品研发基地等 4 个"国字号"平台顺利揭牌，深圳药检院光明分院建设项目正式开工，为生物医药新质生产力发展提质加速。服务企业主动作为。组建技术专班靠前服务，为国内首款 ECMO 产能质量双提升提供技术支撑。全年帮扶企业开展 14 项创新医疗器械产品成果转化。全面推行电子检验报告，覆盖"药、械、化"三大领域 11 种检测类型，实现了让数据"多跑路"，服务对象"少跑腿"。

附　录

获奖与表彰

为表彰先进，树立典范，进一步增强责任感、使命感和荣誉感，经党委常委会研究决定：评选安全评价研究所等 10 个部门为"2023 年度先进集体"；评选食品检定所生物检测室等 20 个科室为"2023 年度优秀科室"。给予何欢等 21 名工作人员记功奖励；给予王迎等 258 名工作人员嘉奖奖励。评选化学药品检定所和质量管理中心 2 个部门为"WHO – PQ 先进集体"；评选姚尚辰等 26 名工作人员为"WHO – PQ 先进个人"。

论文论著

2023 年发表主要论文目录

序号	题目	作者	杂志名称	期	卷	起止页码	SCI 影响因子	论文类别
1	UPLC-MS 法测定肉制品中虾过敏原含量的不确定度评定	梁瑞强，刘彤彤，曹进，孙姗姗	生物加工过程	1	22	89—98		研究
2	乳液中氢醌基体标准物质的研制	刘彤彤，金绍明，宁霄	化学分析计量	9	32	1—4		研究
3	固相萃取－二维液相色谱法同时测定婴儿配方乳粉中 VA、VD 和 VE	宁霄，金绍明，刘彤彤，赵梅，曹进	化学分析计量	8	32	35—39		研究
4	辅酶 Q10 保健食品原料技术要求研究	宁霄，金绍明，萨翼，刘彤彤，赵梅，曹进	中国食品卫生杂志	4	35	587—592		研究
5	基于超高效液相色谱－四级杆－飞行时间质谱技术的清利湿热颗粒人血成分分析	刘金连，南海鹏，陈然，陈亚文，邸松蕊，王林元，王淳，潘平平，胡培丽，张建军	世界中医药	18	6	756—760		研究
6	党参中 41 种元素分析及风险评估	左甜甜，张毅，马潇，李晓东，樊昌俊，金红宇，孙磊	药物分析杂志	3	43	440—447		研究
7	《已使用化妆品原料目录（2021 年版）》制修订内容介绍	刘敏，邢书霞，张慧文，裴新荣，孙磊	香料香精化妆品	1	2023	18—25＋41		综述
8	基于 2022 年河南省公开食品抽检数据的食品安全风险分析及建议	马怡童，李方圆，吴迪，王海燕	食品工业科技	19	44	289—295		综述
9	粉底液中铬、镍、镉、铊、铝和铋 6 种元素含量分析及健康风险评价	吴迪，王继双，王启林，王海燕	香料香精化妆品	1	/	52—57		研究

续表

序号	题目	作者	杂志名称	期	卷	起止页码	SCI影响因子	论文类别
10	微波消解－电感耦合等离子体质谱法测定儿童牙膏中15种无机元素的含量	王继双、吴迪、王海燕、孙磊	香料香精化妆品	2	/	29—35		研究
11	高效液相色谱法测定化妆品中对羟基苯乙酮、对茴香酸和辛酰羟肟酸	王继双、李莉、王海燕、许鸣镝	化学分析计量	6	32	65—69		研究
12	一测多评法测定化妆品中的21种防晒剂	王继双、李莉、王海燕	分析试验室	10	42	1373—1379		研究
13	超高效液相色谱－四级杆/飞行时间高分辨质谱法测定膏霜类化妆品中的阿托品（英文）	邱倩倩、路勇、王欣然、吴宝金、王海燕、孙建博	日用化学工业（中英文）	53	6	706—713		研究
14	UHPLC-MS/MS法检测化妆品中禁用原料非那西丁	董亚蕾、袁莹莹、乔亚森、黄传峰、王海燕	香料香精化妆品	3	2023	43—47		研究
15	UPLC-Q-TOF-MS法高通量筛查儿童化妆品中139种非法添加化学药物	董亚蕾、林思静、张伟清、黄传峰、李莉、王海燕	分析仪器	2	2023	33—42		研究
16	超高效液相色谱－四级杆飞行时间质谱法筛查植物类防脱发化妆品中203种农药残留	董亚蕾、乔亚森、牛水蛟、王海燕、孙磊、路勇	理化检验化学分册	1	2023	34—43		研究
17	某企业婴儿肉毒乳粉相关样品中肉毒梭菌的分离与分型	路海朋、瞿洪仁、崔生辉等	中国食品卫生杂志	10	35	1475—1481		研究
18	化妆品中致病菌检测规范方法和微生物富集方法的评价	余文、安琳、崔生辉等	香料香精化妆品	5	10	17—24		研究

续表

序号	题目	作者	杂志名称	期	卷	起止页码	SCI 影响因子	论文类别
19	肠道出血性大肠埃希菌株及其基因组 DNA 标准物质的研制及评价	刘娜，王亚萍，崔生辉等	中国生物制品学杂志	7	36	833—838		研究
20	日本防晒产品的管理制度及对我国的启示	何欢，孙磊，温雪华，姜亚雪，刘敏，冯克然	日用化学工业	8	53	935—944		综述
21	二氧化钛及其纳米颗粒在食品、药品和化妆品领域安全风险研究进展	黄湘鹭，罗飞亚，邢书霞，孙磊	中国药理学与毒理学杂志	1	37	63—73		综述
22	我国化妆品技术标准体系现状	裴新荣，邢书霞，孙磊，路勇	环境卫生学杂志	2	13	123—127		研究
23	中药材及饮片质量等级标准研究思路和方法	陈佳，程显隆，李明华，郭晓晗，荆文光，魏锋	中国现代中药	9	23	1847—1852		研究
24	新疆维吾尔药材质量标准研究现状与建议	杨建波，于新兰，刘欣欣，王莹，程显隆，魏锋	药物评价研究	46	4	693—702		研究
25	HPLC 法测定不同产地何首乌和不同炮制工艺制首乌中顺（反）式二苯乙烯苷含量	王雪婷，杨建波，高慧宇，宋云飞，程显隆，辜冬琳，王莹，魏锋	中国药物警戒	20	4	383—387		研究
26	基于网络药理学与分子对接技术新疆阿魏抗癌作用机制探讨	张敏，李莎妮，喻楷权，吴济丽，陈宇琪，杨建波，蔡伟	药物评价研究	46	4	728—737		研究
27	川贝母药材研究进展	石岩，王晓伟，刘薇，程显隆，魏锋	中国药事	3	37	304—311		研究
28	UPLC-QDA 与机器学习区分川贝母商品规格的研究及数据增强技术应用探讨	石岩，刘薇，魏锋	中国中药杂志	16	48	4370—4380		研究
29	基于干法快速蒸发离子化质谱（REIMS）指纹图谱与机器学习算法联用的白头翁真伪判别研究	石岩，魏锋	中国中药杂志	4	48	921—929		研究

续表

序号	题目	作者	杂志名称	期	卷	起止页码	SCI 影响因子	论文类别
30	基于机器学习鉴别牛黄类药材红外光谱的研究	石岩，王晓伟，魏锋	中国药物警戒	2	20	140—145，156		研究
31	基于数据处理及分析技术的牛黄类药材红外光谱研究	熊婧，石岩，魏锋	中国药学杂志	8	58	730—736		研究
32	柱前衍生化高效液相色谱法测定麦冬中多糖的含量	孙红梅，李明华，程显隆，魏锋，杨秀伟	中国现代中药	11	24	2126—2131		研究
33	柱前衍生化高效液相色谱法用于生地黄和熟地黄中多糖的分析研究	李明华，孙红梅，程显隆，魏锋	药物分析杂志	4	43	602—611		研究
34	荆花胃康胶丸含量测定及特征图谱鉴别方法研究	魏嘉锡，郭晓晗，高展，丁文侠，程显隆	药物分析杂志	8	43	1321—1325		研究
35	蓬莪术多糖 PMP-HPLC 指纹图谱与抗氧化活性的相关分析	康荣，胡玉莹，李明华，程显隆，郭晓晗，魏锋	中国药学杂志	18	58	1650—1656		研究
36	基于 UPLC-Q-Exactive Orbitrap-MS 的固公果根指纹图谱分析及 DPPH 抗氧化谱效关系研究	康荣，程显隆，李明华，余坤子，魏锋	中国药学杂志	18	58	1664—1670		研究
37	彝族药固公果根化学成分和药理活性研究进展及其质量标志物预测分析	康荣，程显隆，高智慧，周立鹏，刘越，魏锋	中国药事	37	5	563—573		研究
38	超高效液相色谱－三重四极杆质谱法用于阿胶中成药中胶类皮源检测研究	李婷，程显隆，王郡瑶，李明华，李向日，马潇，魏锋，郭晓晗	中国药学杂志	3	58	260—265		研究
39	2017—2021 年全国中药饮片抽检质量状况分析	荆文光，程显隆，张萍，郭晓晗，李明华，魏锋	中国现代中药	5	25	969—976		研究

续表

序号	题目	作者	杂志名称	期	卷	起止页码	SCI 影响因子	论文类别
40	2021 年国家药品抽检饮片专项品种有关问题及建议	荆文光，程显隆，张萍，郭晓晗，李明华，杨建波，魏锋	中国现代中药	5	25	977—983		研究
41	广藿香和土藿香研究现状及相关建议	荆文光，赵小亮，李楚，杨建波，程显隆，魏锋	中国现代中药	6	25	1342—1349		研究
42	一种特殊虫草与冬夏草的表型和 DNA 条形码特征比较分析及鉴别方法研究	张文娟，李明华，程显隆，段庆梓，魏锋，华桦，赵军宁	中国现代中药	9	25	1872—1877		研究
43	炮制工艺对壳花化学成分、药理毒理及药材质量影响的研究进展	米宏英，张萍，高慧媛，魏锋，陆兔林	中国药学杂志	10	58	865—874		研究
44	中成药质量标准研究有关问题思考	聂黎行，吴炎培，刘静，胡晓茹，何风艳，王亚丹，汪祺，于健东，戴忠，魏锋	药学学报	8	58	2260—2270		研究
45	《香港中药材标准》发展概况、工作程序和研究技术特点	聂黎行，康帅，鲁静，戴忠，于健东，王淑红，刘永利，张亚中，魏锋	中草药	5	54	1597—1608		研究
46	广藿香化学成分和药理作用研究进展及潜在质量标志物预测分析	李楚，荆文光，莫小路，魏锋，张玉杰	中国药学杂志	11	58	954—965		研究
47	基于血清药物化学和网络药理学的广藿香干预病毒性肺炎药效物质基础和作用机制研究	李楚，荆文光，赵小亮，魏锋，张玉杰	中国现代中药	2	25	304—313		研究
48	广藿香药材及饮片质量标准提升研究	李楚，荆文光，程显隆，魏锋，张玉杰	中国现代中药	2	25	281—289		研究
49	心脑静片的 UPLC 指纹图谱研究	何风艳，胡晓茹，郭淋，戴忠	中国现代中药	2	25	390—395	/	研究
50	HPLC-MS/MS 法同时测定心脑静片中 10 个成分的含量	何风艳，周亚楠，戴忠，张海鸣	药物分析杂志	4	43	564—572	/	研究

续表

序号	题目	作者	杂志名称	期	卷	起止页码	SCI 影响因子	论文类别
51	HPLC-MS/MS 同时测定心脑静片中 5 个生物碱类成分的含量	何风艳，郭日新，武营雪，张海鸣，戴忠	药物分析杂志	7	43	1156—1162	/	研究
52	铁丝威灵药材、饮片及其制剂心脑静片掺伪威灵仙的检测方法研究	高妍，康帅，何风艳，宋平顺，戴忠	中国药事	1	37	59—65		研究
53	基于 CiteSpace 探讨马钱子碱的研究现状及趋势分析	高妍，郭琳，戴忠	中国现代应用药学	40	13	1818—1826		研究
54	^{1}H 核磁共振定量法用于 25(R,S)－鲁斯可皂苷元及其光学异构体的含量研究	胡晓茹，冯玉飞，徐翊雯，郭日新，周亚楠，刘晶晶，戴忠	药物分析杂志	43	1	96—102		研究
55	药品补充检验方法在中成药质量监管中的应用	胡晓茹，杨青云，周亚楠，刘晶晶，戴忠	中国药事	37	1	39—47		研究
56	2008—2021 年国家药品抽检中成药质量分析	刘静，于健东，朱嘉亮，王翀，朱炯，戴忠	中国现代中药	1	25	9—14		研究
57	基于国家药品抽检的骨刺片质量分析	刘静，刘燕，郑笑为，汪祺，何风艳，王菲菲，王亚丹，何铁，聂黎行，胡晓茹，戴忠	中国药物警戒	37	1	292—295		研究
58	舒筋定痛片对斑马鱼胚胎发育的急性毒性研究	刘静，王峰，张靖溥，孟杰，戴忠	中国药物警戒	3	20	262—265，272		研究
59	指纹图谱结合一测多评在中成药丹参片质量控制中的应用	周亚楠，胡晓茹，戴忠	中国现代中药	9	25	1973—1978		研究
60	《香港中药材标准》发展概况、工作程序和研究技术特点	聂黎行，康帅，鲁静，戴忠，于健东，魏锋，王淑红，刘永利，张亚中	中草药	5	54	1597—1608		研究

续表

序号	题目	作者	杂志名称	期	卷	起止页码	SCI 影响因子	论文类别
61	基于 AP-MALDI-IT-TOF 和 DESI-Q-TOF 的板蓝根全质谱成像及品质相关指标成分群的研究	裴黎行，黄烈岩，钱秀玉，康帅，戴忠	中国药学杂志	9	58	823—830		研究
62	板蓝根中外源性有害残留的全面检查及风险评估	裴黎行，陈佳，张烨，赵慧，戴忠	中国药物警戒	4	20	379—408		研究
63	中成药质量标准研究有关问题思考	裴黎行，吴炎培，刘静，胡晓茹，何凤艳，王亚丹，汪祺，于健东，戴忠，魏锋	药学学报	8	2023	2260—2269		研究
64	何首乌蒽醌类单体成分致 HK-2 细胞毒性研究	兰洁，文海若，黄芝瑛，汪祺	中国药物警戒	6	20	616—622＋628	1.5635	研究
65	红参－制何首乌药对对神经细胞保护作用的谱效关系	刘晶晶，戴忠，王莹，徐蓓蕾，刘越，汪祺	中国药物警戒	6	20	623—628	1.5635	研究
66	红参－制何首乌药对抗衰老作用的 HT22 细胞和秀丽隐杆线虫模型初步研究	刘晶晶，徐蓓蕾，杨建波，王莹，刘越，汪祺	中国药物警戒	6	20	629—633	1.5635	研究
67	黑豆汁拌蒸对何首乌中 24 种成分含量的影响	李妍怡，文海若，王莹，杨建波，刘越，汪祺，张玉杰	中国药物警戒	6	20	609—615	1.5635	研究
68	基于 UPLC-MS/MS 分析不同采收期对何首乌蒽醌含量的影响	李妍怡，王莹，张南平，杨建波，刘越，汪祺，张玉杰	中国中药杂志	12	19	1277—1284	1.5635	研究
69	基于 UPLC-Q-TOF-MS 的火把花根片指纹图谱及化学成分研究	陈明慧，张众谋，闫建功，王江瑞，王亚丹，戴忠	中国中药杂志	58	18	1629		研究
70	UPLC-MS/MS 同时测定昆明山海棠片中 15 种活性成分的含量	陈明慧，张众谋，闫建功，王亚丹，戴忠	中国中药杂志	58	18	1641		研究
71	超高效液相色谱串质谱筛查款冬花中 135 种农药残留及其风险评估	鲁珂，赵磊，姜大成，王莹，金红宇，马威	中国药物警戒	8	20	885—890		研究

序号	题目	作者	杂志名称	期	卷	起止页码	SCI 影响因子	论文类别
72	苍术麸炒前后吡咯里西啶生物碱含量变化研究	昝珂, 周颖, 陈翠玲, 王莹, 李耀磊, 金红宇, 左甜甜	中国药事	3	37	298—303		研究
73	离子色谱－积分脉冲安培检测法测定肉苁蓉多糖的单糖组成及游离单糖含量	许玮仪, 姜振邦, 范晶, 金红宇	药学学报	8	58	2476—2482		研究
74	一种没药属药用植物的生药学研究	许玮仪, 崔秀梅, 石佳, 金红宇, 康帅	中国药学杂志	4	58	314—319		研究
75	中药真菌毒素质量控制概况、限量标准制定及有关问题的思考	刘丽娜, 李海亮, 李耀磊, 金红宇	中草药	19	54	6197—6207		研究
76	固相萃取－同位素内标-GC-MS/MS 法测定根及根茎类中药材中 18 个多环芳烃残留量	刘丽娜, 金红宇, 昝珂	药物分析杂志	4	43	448—456		研究
77	中药中农药残留现状及分析方法研究	王莹, 刘芫汐, 刘丽娜, 李耀磊, 左甜甜, 于健东, 金红宇, 魏锋	中国现代中药	5	25	940—950		研究
78	GB 2763《食品安全国家标准 食品中农药最大残留限量》中药品种限量标准转化原则初探	王莹, 刘芫汐, 郑尊涛, 张磊, 申明睿, 何轶, 金红宇, 魏锋	中国药学杂志	15	58	1416—1421		研究
79	LC-MS/MS 测定菊花不同加工方式下 8 种农药的加工因子	陆静娴, 李文庭, 王莹, 陈碧莲	中国现代中药	5	25	959—963		研究
80	液相色谱质谱联用技术在中药多糖类成分分析中的应用	范晶, 刘芫汐, 昝珂, 王莹, 金红宇	中国现代中药	1	25	210—215		研究
81	何首乌多糖提取方法的比较研究	辜冬琳, 汪祺, 昝珂, 王莹, 金红宇	中国新药杂志	1	32	51—56		研究
82	基于 UPLC-MS/MS 分析不同采收期对何首乌首乌蒽醌含量的影响	李妍怡, 王莹, 张南平, 杨建波, 刘越, 汪祺, 张玉杰	中国药物警戒	19	22	1277—1284		研究

续表

序号	题目	作者	杂志名称	期	卷	起止页码	SCI 影响因子	论文类别
83	液相色谱－串联质谱法测定何首乌中 87 种农药残留	刘彗汐、革冬琳、王莹、金红宇	中国药物警戒	6	20	601－608		研究
84	中药中真菌毒素检测的误差来源与控制方法研究进展	李海亮、李耀磊、王赵、昝珂、刘丽娜、金红宇	中国药物警戒	10	20	1184－1188		研究
85	菊花加工过程中农药残留转移行为及风险评估研究	李海亮、刘彗汐、王赵、昝珂、王莹、金红宇	中国药物警戒	11	20	1228－1233		研究
86	LC-MS/MS 测定川牛膝中 57 种农药残留及风险评估	何成军、王莹、耿昭、钟恋、高必兴、金红宇、杨莆、苟琰	中国现代中药	5	25	951－958		研究
87	党参中 41 种重金属及微量元素分析及风险评估	左甜甜、张毅、马潇、李晓东、樊昌俊、金红宇、孙磊	药物分析杂志	3	43	82－89		研究
88	中药中重金属及有害元素限量标准的制定及有关问题的思考	左甜甜、申明睿、张磊、金红宇	药物分析杂志	4	43	166－176		研究
89	中药外源性有害物质和内源性有毒成分风险评估技术体系研究进展及展望	左甜甜、刘静、王莹、聂黎行、昝珂、刘丽娜、刘彗汐、魏锋、金红宇	中国现代中药	6	25	1179－1186		研究
90	基于体外消化/Caco-2 细胞模型分析乌药水煎液中铝、镉和砷的生物可给量及累积风险评估	左甜甜、所雅琼、罗飞亚、孔德娟、金红宇、孙磊、邢书霞、郭愿生、王钢力	药学学报	8	58	2461－2467		研究
91	基于多元素快速筛查西洋参中毒性元素的非致癌性与致癌性风险评估	左甜甜、王赵、郭愿生、魏锋、金红宇	中国药物警戒	10	20	1108－1112		研究
92	基于生物可给性和靶器官毒性剂量法的乌梢蛇中铝和砷联合暴露评估	左甜甜、高飞、金红宇、刘丽娜、王丹、昝珂	药物评价研究	12	45	2473－2477		研究

续表

序号	题目	作者	杂志名称	期	卷	起止页码	SCI 影响因子	论文类别
93	天然药物国际注册数据库的构建设想	王赵，金红宇，胡笑文，昝珂	中国新药杂志	1	32	30—34		研究
94	从市场抽验角度探讨中药配方颗粒质量标准相关问题	王赵，金红宇	中草药	3	54	677—687		研究
95	柴胡舒肝丸光释光法辐射筛查研究	王赵，赵剑锋，于新兰，金红宇	中国药物警戒	5	20	514—518		研究
96	党参中外源性重金属及相关元素检测和风险评估的研究进展	钟盈盈，王赵，左甜甜，李耀磊，李海亮，金红宇	中国药物警戒	11	29	1309—1315		研究
97	五灵脂中重金属及砷形态、价态的研究和安全性评价	李耀磊，李海亮，昝珂，王莹，金红宇	药物评价研究	11	46	2354—2359		研究
98	朱砂七药材中重金属残留和相关元素形态价态分析	李耀磊，王赵，李海亮，昝珂，金红宇	中国药物警戒	11	29	1234—1237		研究
99	冬虫夏草繁育品中重金属及有害元素分布特征研究及风险评估	李耀磊，李海亮，左甜甜，王莹，钱正明，李文佳，金红宇	中国药事	11	37	1120—1128		研究
100	虫草类药材中总砷及砷形态研究	李耀磊，林志健，张冰，昝珂，金红宇	中国药学杂志	5	58	391—395		研究
101	基于化学计量学结合 ICP-MS 的菊苣不同药用部位微量元素指纹谱研究及其安全性评价	李耀磊，巨珊珊，张冰，昊昊，任志鑫，林志健，金红宇	中华中医药杂志	3	38	1190—1195		研究
102	附子二萜类生物碱 UHPLC-Q-Exactive Orbitrap MS 的系统分析鉴定	宋书伟，兰先明，徐静，崔议方，周红燕，郑健，戴胜云，张加余	药物分析杂志	6	43	918—929		研究
103	草乌、川乌及附子中生物碱类成分的 UHPLC-Q-Exactive Orbitrap MS/MS对比分析	戴胜云，崔议方，徐静，周红燕，宋书伟，兰先明，张稳态，郑健，张加余	中国中药杂志	1	48	126—139		研究

续表

序号	题目	作者	杂志名称	期	卷	起止页码	SCI 影响因子	论文类别
104	中药口服固体制剂制造分类系统（Ⅱ）：片剂崩解行为分类	赵晓庆，廖冬灵，齐飞宇，梁子辰，唐雪芳，戴胜云，乔延江，徐冰	中国中药杂志	12	48	3180—3189		研究
105	民族药材小叶金花草的研究现状与思考	戴胜云，张荣林，谢培德，郑健，林雀跃	世界中医药	7	18	959—963		研究
106	基于国家药品评价性抽检的巴戟天饮片质量分析与研究	乔菲，刘杰，戴胜云，连超杰，郑健	中国药事	9	37	1022—1027		研究
107	中药与肠道微生物的相互调节作用研究概况	刘杰，房文亮，唐哲，戴胜云，连超杰，乔菲，过立农，郑健	中国药学杂志	17	58	1533—1539		研究
108	黄芪的研究进展及其质量标志物的预测分析	谷海媛，刘杰，王淼，高慧媛，郑健	中国药事	10	37	1180—1192		研究
109	芸香草与同属清混品的性状与显微鉴别研究	吕林锋，康帅，刘亮汐，张南平，谢浙裕	中国药学杂志	4	58	320—325		研究
110	冬虫夏草与其红花色素染色伪品的鉴别研究	康帅，杜晓娟，黄晓炜，王冰，王淑红，郑玉光，张炜	中国药学杂志	4	58	296—302		研究
111	川产陈皮（"大红袍"）的数字化及其应用	罗霄，康帅，雷蕾，高鹏，许莉，杨小艳，代琪，文永盛	中国药事	2	37	177—186		研究
112	一种没药属药用植物的生药学研究	许祎仪，崔秀梅，石佳，金红宇，康帅	中国药学杂志	4	58	314—319		研究
113	基于光学显微镜和台式扫描电镜的小活络丸掺伪鉴别研究	宋晓光，石佳，张南平，康帅，李俊强，李星辰	中国药学杂志	2	58	105—111		研究
114	午香草的民族药用考证与生药学鉴别研究	林春燕，康帅，刘娜，师瑶，董媛，任洁，赛华，张芝洁	中国药学杂志	4	58	303—313		研究
115	蒙古族习用药材占巴的生药学研究	红霞，康帅，刘娜，高巢，张建平，张南平，王栋，周雪梅	药物分析杂志	5	43	754—763		研究

续表

序号	题目	作者	杂志名称	期	卷	起止页码	SCI 影响因子	论文类别
116	紫苏叶的化学成分、药理活性和质量控制研究进展	王馨平，裴黎行，康帅	中国药事	10	37	1193—1212		研究
117	四烯类抗真菌抗生素效价测定方法的改进	王立新，马步芳，张培培，姚尚辰，宁保明，常艳	中国抗生素杂志	7	48	778—785		研究
118	药品领域中非常规检测项目（方法）的能力维护研究	刘雅丹，王朔威，刘燕，常艳，于健东	中国药事	8	37	705—713		研究
119	《世界卫生组织新型结核病疫苗首选产品特性》的解读与思考	董佳欣，赵爱华，夏焕章，徐苗	中国防痨杂志	11	45	1016—1020		综述
120	新型 BC 佐剂系统的研究进展	江秋虹，陶立峰，王国治，赵爱华	中国生物制品学杂志	1	37	99—105		综述
121	重组结核分枝杆菌变态反应原皮肤试验用制剂命名探讨	赵爱华，郝伟欣，王国治，徐苗	中国防痨杂志	4	45	333—335		综述
122	鼠耶尔森菌 F1 抗原检测试剂国家参考品的研制	张园园，张平平，赵爱华，周亚洲，杨瑞馥，魏东	微生物学免疫学进展	51	1	26—30		研究
123	鼠疫耶尔森菌基因分型国家参考品研制	张园园，靳娟，彭文轩，周亚洲，赵爱华，崔玉军，杨瑞馥，郭彦，魏东	中国医药生物技术	18	3	271—273		研究
124	冻存对复溶后人粒细胞刺激因子国家标准品生物学活性的影响	朱留强，史新昌，刘兰，裴德宁，秦玺，周勇，王军志	中国生物制品学杂志	9	36	1093—1096		研究
125	UHPLC-MS 分析人促红素产品中 CHO 宿主细胞蛋白残留	于雷，秦玺，张晓夕，史新昌，周勇，李响	药物分析杂志	8	43	1402—1407		研究
126	人干扰素 α2b 理化对照品质控方法与质量标准研究	裴德宁，陶磊，韩春梅，范文红，秦玺，毕华，周勇，杨靖清	药物分析杂志	7	43	1189—1194		研究
127	双重数字 PCR 法评价 Luc2P 系列报告基因细胞系的稳定性	于雷，王光裕，裴德宁，安怡方，史新昌，周勇	中国生物制品学杂志	7	36	826—832 + 838		研究
128	人促红素糖链单糖组成解析	安怡方，史新昌，于雷，李响，周勇	中国新药杂志	8	32	853—857		研究

续表

序号	题目	作者	杂志名称	期	卷	起止页码	SCI 影响因子	论文类别
129	重组 5 型腺相关病毒基因组滴度测定用国家标准品的研制	郑红梅，于雷，李永红，史新昌，安怡方，郭莹，韩春梅，饶春明，周勇	中国生物制品学杂志	4	36	429—433		研究
130	TrypLE 双抗体夹心定量 ELISA 检测方法的建立及验证	毕华，卢宁，牛林茹，王玉哲，朱香，李文慧，杨凌，赵君，周勇，梁雅丽	中国生物制品学杂志	2	36	187—192		研究
131	工程化细胞因子的研究进展	侯宗文，黄钰，史新昌，周勇，张怡轩	中国生物制品学杂志	11	36	1383—08		综述
132	一种 rAAV2-ND4 注射液基因组转录水平的生物学活性检测方法	秦玺，陈龙，史新昌，杨靖清，潘燕群，于雷，毕华，裴德兰，安怡方，潘悦，李响，周勇	药物分析杂志	11	43	10—15		研究
133	rAAV5 基因组滴度测定的数字 PCR 方法的建立	郑红梅，秦玺，李永红，于雷，毕华，饶春明，朱留强，杨靖清，史新昌，周勇	药物分析杂志	11	43	16—22		研究
134	重组腺相关病毒（rAAV）基因治疗制品质控检验验技术重点考量	秦玺，于雷，陶磊，毕华，王光裕，史新昌，周勇	药物分析杂志	11	43	3—9		研究
135	应用 SEC-UV-MALS-RI 技术分析重组腺相关病毒（rAAV）的颗粒滴度和实心率	李响，史新昌，王恒，韩春梅，秦玺，周勇	药物分析杂志	11	43	30—36		研究
136	CGE-LIF 方法分析重组腺相关病毒（rAAV）衣壳蛋白的比例含量	李响，高铁，史新昌，陈泓序，唐红梅，秦玺，周勇	药物分析杂志	11	43	23—29		研究
137	不同实验条件对新型冠状病毒疫苗临床血清 IgG 抗体检测结果的影响	赵丹华，杨立宏，刘欣玉，黄艳秋，吴小红，李玉华	中国医药生物技术	5	18	468—470		研究
138	我国与 WHO 血液制品去除/灭活病毒技术方法与验证指导原则的比较研究	徐宏山，岳广智，杨立宏，刘欣玉，李玉华	中国药事	4	37	367—375	0.98	研究

续表

序号	题目	作者	杂志名称	期	卷	起止页码	SCI 影响因子	论文类别
139	首批人抗乙型脑炎病毒血清候选国家标准品的研制	徐宏山, 刘欣玉, 贾丽丽, 董德梅, 周蓉, 孙明波, 杨开娟, 杨会强, 李玉华	微生物学免疫学进展	6	50	15—19		研究
140	新一代高通量 RNA 测序在黄热减毒活疫苗（鸡胚细胞）毒种库质控中的应用	徐宏山, 黄艳秋, 刘欣玉, 贾丽丽, 李玉华	中国生物制品学杂志	11	36	1335—1340	0.8	研究
141	登革病毒 Ban18HK20 株非结构蛋白氨基酸定点突变对病毒增殖及毒力的影响	李明, 房恩岳, 刘晓辉, 李玉华	中国生物制品学杂志	8	36	902—910	0.55	研究
142	人血清中福氏 2a 及宋内志贺菌 O-特异性多糖抗体 IgG 含量同接 ELISA 定量检测方法的验证及应用	李红, 石刚, 郭丽娜, 陈琼, 付宏斌, 王国东, 胡小华, 朱卫华, 王斌, 叶强	中国生物制品学杂志	36	6	714—719	0.61	研究
143	sIPV 疫苗 D 抗原含量双抗体夹心 ELISA 检测方法的建立及验证	徐康维, 朱文慧, 宋彦丽, 英志芳, 王剑锋, 权娅茹, 李长贵	中国生物制品学杂志	10	36	1230—1234		研究
144	慢病毒载体整合位点检测方法的系统适应性对照品初步研究	周小雅, 贾芳英, 吴雪伶, 张可华, 孟淑芳	中华微生物学和免疫学杂志	43	10	791—801		研究
145	甲型流感病毒感染动物模型的研究进展	王忆菲, 黄维金, 耿彦生, 赵晨燕	中华微生物学和免疫学杂志	9	43	727—732	核心	综述
146	世界卫生组织《传染病体外诊断试剂二级标准物质研制指南》解读	王一平, 郝晓甜, 孙会敏, 梁争论, 吴星	中国病毒病杂志	13	3	165—168		综述
147	戊型肝炎疫苗效力国家参考品的制备	高帆, 卞莲莲, 毛群颖, 梁争论, 吴星	中国生物制品学杂志	36	9	1127—1131＋1137		研究

续表

序号	题目	作者	杂志名称	期	卷	起止页码	SCI 影响因子	论文类别
148	重组 SARS-CoV-2 蛋白抗原含量通用检测试剂盒的研制	安超强, 刘东, 卞莲莲, 刘明琛, 么山山, 徐康维, 李鑫, 吴星, 毛群颖, 高帆, 徐苗, 姜崴, 梁争论	中国生物制品学杂志	36	4	411—418		研究
149	《欧洲药典》通则"用于疫苗质量控制的体外方法替代体内方法"的解读和思考	张旋旋, 吴星, 毛群颖, 徐苗, 梁争论	中国生物制品学杂志	36	1	1—4+10		综述
150	生物制品国家标准物质生命周期管理的思考	王一平, 谭德讲, 孙会敏, 毛群颖, 梁争论	中国生物制品学杂志	36	2	252—256		综述
151	SARS-CoV-2 抗体标准物质的研制及应用进展	张辉, 毛群颖, 梁争论, 徐苗	中国生物制品学杂志	36	2	230—234		综述
152	我国疫苗批签发管理的发展及持续完善	张辉, 毛群颖, 梁争论, 徐苗	中国生物制品学杂志	36	8	1021—1024		综述
153	单抗制剂中典型不溶性微粒的形态特征分析	郭莎, 李萌, 贾哲, 贺鹏飞, 高洁, 韩静, 吴昊, 王兰	中国药事	7	37	787—797		研究
154	阿达木单抗生物学活性质量控方法的建立和验证	贾哲, 郭莎, 王文波, 杨雅岚, 龙彩凤, 王兰, 刘万卉	中国新药杂志	14	32	1423—1431		研究
155	折光率对微流成像法检测蛋白制剂不溶性微粒的影响	郭莎, 李萌, 贾哲, 梅玉婷, 贺鹏飞, 田向滨, 吴昊, 王兰	中国药事	8	37	944—953		研究
156	纳米级差示扫描荧光法在阿达木单抗热分析中的应用	郭莎, 贾哲, 贺鹏飞, 田向滨, 于传飞, 武刚, 崔永霏, 刘春雨, 王兰	药物分析杂志	1	43	154—161		研究
157	组分百日咳疫苗安全性检测体外替代方法的应用和初步评价	吴燕, 卫辰, 王丽婵, 晁哲, 马霄	中国药事	9	37	1047—1053		研究
158	肉毒毒素细胞检测方法的研究进展	杨克娜, 朱衍志, 杨英超	微生物学免疫学进展	5	51	86—92		综述

续表

序号	题目	作者	杂志名称	期	卷	起止页码	SCI 影响因子	论文类别
159	抗 HER2 单抗注射液（皮下注射）的质量控制	杜加亮，于传飞，王文波，武刚，崔永霏，郭璐韵，梅玉婷，俞小娟，李萌，王兰	山西医科大学学报	5	54	643—651		研究
160	反相高效液相色谱法测定抗体药物中组氨酸的含量	杜加亮，武刚，梅玉婷，于传飞，王兰	山西医科大学学报	2	54	236—243		研究
161	以 CD79b 为靶点抗体偶联药物的质量研究	李萌，赵雪羽，武刚，杜加亮，王文波，郭璐韵，龙彩凤，杨雅岚，付志浩，小娟，刘春雨，段茂芹，徐刚领，于传飞，王兰	药物分析杂志	10	43	157—166		研究
162	分子动力学模拟研究利妥昔单抗国际标准品中人血清白蛋白的活性保护机制	俞小娟，李萌，于传飞，武刚，段茂芹，徐刚领，刘春雨，杨雅岚，郭璐韵，崔春博，王文波，郭莎，房森彪，王兰	中国医药生物技术	4	18	289—297		研究
163	抗 PD1/CTLA4 双特异性抗体的质量评价	俞小娟，于传飞，刘春雨，武刚，李萌，王文波，郭璐韵，付志浩，赵雪羽，王兰	中国生物制品学杂志	10	36	1198—1205		研究
164	单克隆抗体药物中重组人透明质酸酶活性测定方法的建立	崔春博，刘春雨，于传飞，付志浩，杜加亮，王文波，王兰	山西医科大学学报	8	54	1133—1137	0.9	医学
165	治疗重症肌无力抗体类药物的研究进展	徐刚领，王兰	微生物学免疫学进展	4	58	82		综述
166	狂犬病毒中和单抗表位鉴定和中和广谱性评价研究进展	王文波，于传飞，王兰	中国药事	10	37	1172—1179		综述
167	兔出血症 2 型研究进展	董浩，张乐颖，左琴，董青花，朱婉月，刘佐民，梁春南	动物医学进展	9	44	97—101		综述
168	从腹泻实验兔分离的一株大肠埃希菌的生物学特性研究	董浩，刘志国，李楠，邢进，许中衍，邢壮壮，冯育芳，马丽颖	实验动物科学	4	40	49—54		研究

续表

序号	题目	作者	杂志名称	期	卷	起止页码	SCI 影响因子	论文类别
169	hKDR$^{+/+}$ 人源化及 Rag1$^{-/-}$ 基因缺陷新型双靶点遗传修饰荷瘤小鼠模型的建立	刘甦苏，吴勇，曹愿，赵皓阳，翟世杰，孙晓炜，李琳丽，范昌发	实验动物与比较医学	43	2	103—111		研究
170	实验动物遗传检测能力验证样本稳定性研究	王洪，魏杰，周佳琪，李欢，付瑞，岳秉飞	实验动物科学	1	40	68—71		研究
171	实验动物能力验证计划肽酶-3检测	王洪，魏杰，李欢，周佳琪，岳秉飞，马丽颖	实验动物科学	3	40	71—74		研究
172	实验小鼠核酸样品单核苷酸多态性标记检测的能力验证结果评价	魏杰，张心妍，王洪，赵蓝，刘魏，李欢，付瑞，乔萌，赵萌，项新华，岳秉飞	实验动物与比较医学	42	6	505—510		研究
173	北京地区实验动物中猴痘病毒感染情况调查	李晓波，王吉，王淑菁，李威，秦晓霞，岳秉飞，付瑞	实验动物科学	2	40	17—21		研究
174	鼠肺炎病毒实时荧光定量聚合酶链反应方法的建立及其在新型冠状病毒感染模型用小鼠等动物检测中的应用	王吉，王莎莎，王淑菁，李威，秦晓霞，李晓波，付瑞，岳秉飞，梁春南	中国病毒病杂志	4	13	264—271		研究
175	实验动物四种呼吸道病原菌实验室检测能力验证结果分析	冯育芳，王洪，付瑞，张雪青，高强，岳秉飞，邢进	实验动物与比较医学	42	6	498—504		研究
176	基于问题导向的国家药品抽检计划设计方法探讨	朱嘉亮，陈蕾，王翀	医药导报	3	42	436—442		综述
177	基于 2021 年国家药品抽检中成药质量状况分析的监管策略研究	朱嘉亮，李文莉，王翀，朱炯，戴忠	中国现代应用药学	18	40	2584—2590		研究
178	欧盟 DCP/MRP 药品市场监督抽检策略研究	郗昊，朱炯，王翀	中国药事	4	37	469—479		研究

续表

序号	题目	作者	杂志名称	期	卷	起止页码	SCI 影响因子	论文类别
179	国家药品抽检中补充检验方法的建立情况分析	王翀, 刘文, 朱炯, 胡增嵘	药物评价研究	10	46	2061—2070		研究
180	药品抽检的抽样常见问题分析与应对策略	王翀, 刘文, 冯磊, 朱炯, 胡增嵘	中国药事	7	37	751—756		研究
181	国家药品抽检中复验改判情况分析与建议	王翀, 刘文, 朱炯, 胡增嵘	中国现代应用药学	2	40	410—413		研究
182	国家药品化妆品抽查检验信息公开体系研究	王胜鹏, 朱炯, 刘刚, 王慧	中国现代应用药学	15	40	2150—2154		研究
183	超高效液相色谱－串联质谱法测定化妆品中 52 种抗感染药物	张丽蓉, 肖紫芬, 谢朵阳, 毛林芳, 王慧, 陈硕	分析测试学报	11	42	1503—1509		研究
184	2021 年全国药品监督抽检情况及质量分析	杜庆鹏, 乔菡, 王翀, 朱嘉亮, 朱炯	中国药事	2	37	171—176		综述
185	首批利伐沙班国家对照品的研制	刘倩, 冯玉飞, 綦梦洁, 杨东升, 关皓月, 牛剑钊	中国新药杂志	6	32	572—575		研究
186	采用高分辨显微成像技术从药物制剂结构角度分析盐酸特拉唑嗪片溶出度测定结果	鲁孟晴, 黄韩韩, 张广超, 马玲云, 许鸣镝, 牛剑钊, 刘倩	中国药事	2	37	187—191		研究
187	不同厂家富马酸喹硫平片在 5 种溶出介质中溶出曲线的比较	汪路楠, 马玲云, 翟晨斐, 刘倩, 黄黄, 冯玉飞, 许鸣镝	中国新药杂志	13	32	1315—1324		研究
188	采用平行人工膜测定不同厂家富马酸喹硫平片体外渗透速率	马玲云, 汪路楠, 张广超, 黄黄, 牛剑钊, 许鸣镝	中国药学杂志	14	58	1327—1333		研究
189	盐酸罗哌卡因注射液中 29 种元素杂质的含量测定	王静文, 徐代月, 陈华, 尹利辉	药物分析杂志	43	5	849—858		研究
190	复方甘草片溶出度方法的建立和溶出曲线相似性评价	周晓力, 曾月林, 尹利辉, 陈华	药物分析杂志	43	2	280—288		研究

续表

序号	题目	作者	杂志名称	期	卷	起止页码	SCI 影响因子	论文类别
191	^{19}F qNMR 法用于测定草酸艾司西酞普兰及其杂质对照品含量的方法研究	周晓力，陈华	药物分析杂志	43	5	895—901		研究
192	利用 Nb2-11 细胞建立 PEG 化重组人生长激素生物学活性测定方法	张孝明，黄盈，王绿音，李懿，李晶，梁成罡	药学学报	58	3	773—778		研究
193	首批重组胰蛋白酶国家标准品的研制	王绿音，张慧，吕萍，李晶，梁成罡	中国生物制品学杂志	36	6	663—667		研究
194	In-cell Western 法测定人胰岛素生物学活性	王绿音，杨艳枫，梁誉龄，张慧，李晶，梁成罡	中国新药杂志	32	10	1000—1006		研究
195	重组人促卵泡激素体外生物学活性测定方法的联合验证	王绿音，吕萍，张慧，李晶，梁成罡	药学学报	58	3	760—766		研究
196	利用 LC-MS/MS 法解析化学修饰型胰岛素类似物的氨基酸序列	胡馨月，丁晓丽，孙悦，秦希月，张慧，李晶，梁成罡	中国新药杂志	32	3	301—310		研究
197	利用高分辨质谱技术综合解析胰岛素类制品复杂二硫键结构	胡馨月，丁晓丽，孙悦，张慧，李晶，梁成罡	药学学报	59	1	188—197		研究
198	基于液质联用技术的脂肪酸修饰型 GLP-1 类似物一级结构测定	胡馨月，孙悦，李懿，吕萍，张慧，李晶，梁成罡	中国医药生物技术	18	6	540—549		研究
199	报告基因法测定人绒毛膜促性腺激素生物活性	黄盈，张孝明，李鹤洋，王绿音，张慧，吕萍，李晶，高向东，梁成罡	药学学报	6	18	540—549		研究
200	去氨加压素片及其注射液质量评价	孙悦，胡馨月，李晶，张伟，丁晓丽，张慧，梁成罡	中国药物警戒	网络首发 2023-10-31				研究

续表

序号	题目	作者	杂志名称	期	卷	起止页码	SCI 影响因子	论文类别
201	人胰岛素及其类似物中残留溶剂测定方法研究	孙悦，胡馨月，丁晓丽，李晶，吕萍，张慧，梁成罡	中国医药生物技术	18	3	212—218		研究
202	生长抑素及制剂有关物质测定方法的优化及含量测定方法的建立	张伟，张慧，梁成罡	中国药学杂志	58	5	453—458		研究
203	生长抑素在新生产工艺过程中的有关物质分析及稳定性研究	张伟，张慧，梁成罡	中国新药杂志	32	1	80—85		研究
204	嗜热脂肪地芽孢杆菌的芽孢在 4 种溶液中的 D 值比较研究	王似锦，褚娟，马仕洪	中国医药工业杂志	1	54	131—153		研究
205	环境分离菌在药品微生物检验中的应用	王似锦，余萌，王杠杠，马仕洪	中国药事	12	36	88—93		综述
206	多糖类抗血栓药物舒洛地特与低分子肝素的多方位比较分析	吴朝阳，李湛军，董武军	中国药事	7	37	817—824		综述
207	舒洛地特老药新用在治疗 COVID-19 中的作用	吴朝阳，李湛军，董武军	世界临床药物	8	44	865—870		综述
208	半微量法测定氮含量能力验证及新评价方法的应用	刘莉莎，李京，廖海明，常艳，张会亮，刘雅丹，项新华，郭乘风，范慧红	中国药学杂志	11	58	1026—1030		研究
209	硫酸氨基葡萄糖固体口服制剂质量、企业执行标准评价及质量控方法探索性研究	王悦，李俏吟，宋玉娟，程舒情，韩苗，范慧红	药物评价研究	11	46	2346—2353，2359		研究
210	基于液相高分辨质谱联用与核磁共振技术的甘露糖特钠结构鉴定	王悦，陈欣桐，刘博，宋玉娟，李俏吟，范慧红	中国药学杂志	18	58	1657—1663		研究
211	海洋多糖类药物藻酸双酯钠制剂质量状况评价和质量研究	王悦，宋玉娟，陈欣桐，李振华，韩苗，邓利娟，范慧红	中国海洋药物	5	42	1—9		研究

续表

序号	题目	作者	杂志名称	期	卷	起止页码	SCI影响因子	论文类别
212	蛇毒血凝酶质控关键技术研究进展	刘博，郭云霄，刘莉莎，范慧红	中国药物警戒	10	20	1195—1200		综述
213	基于液相高分辨质谱用技术的乌司他丁糖蛋白中 O-糖胺聚糖的结构鉴定与评价研究	刘博，黄露，王悦，汴蓉蓉，范慧红	中国药学杂志	18	58	1636—1640		研究
214	基于国际药物警戒经验探讨收集患者报告的意义	逄瑜，刘博，吕少利，王涛，邢颖，秦星宇，田月月洁，吴文宇	中国药物警戒	9	20	978—981		研究
215	合成肽类药物的质量控制	任丽洋，范慧红	中国药事	8	37	925—931		综述
216	多西他赛注射液血液平衡透析研究	董美阳，许开，施亚琴，孙茂北	药物分析杂志	4	43	636—643		研究
217	新的特殊药品监管政策下放射性药品检验工作探讨	贾娟娟，黄宝斌，施亚琴，张庆生	中国新药杂志	3	32	236—240		研究
218	医疗机构制备氟［18F］脱氧葡糖注射液的质量回顾及建议	贾娟娟，张文在，弓全胜，孙得洋，施亚琴，黄海伟	同位素	1	36	77—82		研究
219	氟［18F］脱氧葡糖注射液中未知杂质三甲基硅醇的研究	贾娟娟，孙得洋，程茗，施亚琴，弓全胜，张文在	同位素	2	36	198—202		研究
220	放射性药物配体 DOTATATE 的杂质谱研究	孙得洋，党永红，施亚琴，贾娟娟，孙茂北	中国药学杂志	13	58	1210—1217		研究
221	2011—2022 年 FDA 批准的放射性药物及其在国内的应用现状	孙得洋，贾娟娟，黄海伟	中国药物化学杂志	9	33	679—695		综述
222	超高效液相色谱－串联质谱法测定厄贝沙坦和氯沙坦钾原料药中 3 种叠氮类基因毒性杂质	黄海伟，袁松，张龙浩，何兰，张庆生	中国新药杂志	7	32	742—746		研究

续表

序号	题目	作者	杂志名称	期	卷	起止页码	SCI 影响因子	论文类别
223	注射用头孢唑肟钠的聚合物杂质分析	李进，姚尚辰，宁保明，胡昌勤	中国新药杂志	32	1	72—79		研究
224	头孢氨苄原料的聚合物杂质分析	符雅楠，李进，冯芳，尹利辉，姚尚辰	中国药学杂志	58	4	365—375		研究
225	基于质量源于设计理念建立硫酸新霉素中外源 DNA 的检测方法	张培培，姚尚辰，张夏，邹文博，许明哲，王珐，宁保明	中国新药杂志	9	32	947—954	1	研究
226	新型抗真菌药物——olorofim	冯艳春，裴文莉，宁保明	临床药物治疗杂志	10	21	11—16	1	研究
227	电子舌在药品口感评价中的应用进展	戚淑叶，耿利华，赵悦，王晨，朱俐，姚尚辰，宁保明	药学学报	11	58	3151—3159		研究
228	现有电子舌设备的技术现状与发展趋势	戚淑叶，毛岳忠，耿利华，杨道宣，涂慧丹，姚尚辰，田师一，宁保明	药学学报	11	58	3165—3172		研究
229	水合氯醛口服液的处方筛选研究	戚淑叶，刘文辉，涂慧丹，姚尚辰，宁保明	药学学报	11	58	3210—3215		研究
230	阿奇霉素干混悬剂适口性比较与改善	戚淑叶，郑义，黄旻，杨敏，涂慧丹，姚尚辰，宁保明	药学学报	11	58	3216—3221		研究
231	基于化合物结构预测人体 ADME/PK 性质的效能评价	罗燕，陈涛，王钰玺，任洪灿，高婕，吴卓琼，王晨	中国药事	7	37	776—786		研究
232	高效液相－纳克级激光计数检测器联用法测定注射用兰索拉唑中葡甲胺的含量	杨茜，惠艳春，王晨，张现化，许明哲	中国药物警戒	4	20	361—364		研究
233	琥珀酸美托洛尔中潜在的环氧乙烷类基因毒性杂质含量测定研究	刘春亮，刘小琼，张磊，朱克旭，曹杰永，王晨，许明哲，张现化	中国药物警戒	4	20	370—373 + 378		研究
234	UPLC-MS/MS 测定酒石酸伐尼克兰中基因毒性杂质 N-亚硝基伐尼克兰	袁松，黄海伟，张龙浩，陈华，张庆生	中国现代应用药学	9	40	1219—1223		研究

续表

序号	题目	作者	杂志名称	期	卷	起止页码	SCI 影响因子	论文类别
235	甲钴胺标准物质原料的引湿性研究	刘毅，郭贤辉，覃玲，严菁，陈华	中国药事	8	37	961—965		研究
236	国家药品标准物质阿卡波糖的引湿性研究	刘毅，郭贤辉，覃玲，严菁，陈华	药物分析杂志	8	43	146—151		研究
237	往复架法在药物溶出度研究中的应用进展	陈天伊，庾莉菊，宁保明，许卉，张军，徐昕怡，张启明	药物分析杂志	3	43	375—385		综述
238	脂质体制剂制备工艺及质量控制研究进展	郭文娣，彭玉帅，许卉，陈华	药物分析杂志	1	43	61—69		综述
239	透皮贴剂渗透性研究进展	江霞，马迅，刘万卉，陈华	中国药事	3	37	312—320		综述
240	盐酸罗哌卡因注射液中 29 种元素杂质的含量测定	王静文，徐代月，陈华，尹利辉	药物分析杂志	5	43	849—858		研究
241	^{19}F qNMR 法用于测定草酸艾司西酞普兰及其杂质对照品含量的方法研究	周晓力，陈华	药物分析杂志	5	43	895—901		研究
242	纸喷雾离子化质谱快速筛查复杂基质中的西格列汀	宋东宁，刘静，张才煜，刘阳，何兰，张庆生	中国药物警戒	4	20	388—391		研究
243	中国与美国药典细菌内毒素检查法应用指导原则的比较和解读	裴宇盛，陈晨，蔡彤，赵小燕，高华	中国药物警戒	3	20	317—320 + 330		研究
244	首批单核细胞活化反应检查法专用细菌内毒素国家标准品的建立与应用	裴宇盛，陈晨，宁青，蔡彤	中国药物警戒	20	20	1217—1220		研究
245	第 3 批缩宫素国家标准品的建立	张媛，杨泽岸，孟长虹，李晓洁，高华，吴彦霖	药物评价研究	3	46	578—582		研究
246	垂体后叶激素及相关药物质量标准研究进展	郭龙静，高华，张媛	中国新药杂志	1	32	46—50		综述

续表

序号	题目	作者	杂志名称	期	卷	起止页码	SCI 影响因子	论文类别
247	生物来源的缩宫素注射液升压物质检查替代方法的研究	郭龙静，杨泽岸，吴彦霖，蔡彤，高华，张媛	中国药理学通报	4	39	794—799		研究
248	胆固醇的细菌内毒素检查方法研究	陈晨，赵小燕，裴宁盛	中国现代应用药学	1	40	82—85		研究
249	如何建立方法的分析目标概要	杨美玲，孙佳敏，韩璐，耿颖，杜颖，杭太俊	中国新药杂志	22	32	69—75		综述
250	药品质量标准中杂质的限度确定方式探讨	孙佳敏，杨美玲，杜颖，耿颖，韩璐，刘万开，谭德讲	中国新药杂志	21	32	9—13		综述
251	实验室内部技术人员能力的科学评估方法探讨	李娜，郑学学，谭德讲，王翠杰，李向群，杜颖	实验室研究与探索	8	42	258—264		研究
252	N-亚硝基-N-甲基-4-氨基丁酸化学对照品稳定性研究	张雅军，靳龙龙，陈忠兰，徐溯雯，孙会敏，吴先富	中国药学杂志	58	6	523—526		研究
253	国家药品标准物质原料的风险管理及征集采集对策	谢晶鑫，王青，刘明理，吴先富，钱佳琳，孙会敏	中国医药工业杂志	12	53	1814—1819		研究
254	国内外交联羧甲纤维素钠结构及功能性指标的质量研究	刚宏月，孙考祥，孙会敏	中国医药工业杂志	54	3	374—382		研究
255	核磁共振氢谱法对 3 种低相对分子质量肝素中残留溶剂乙醇的定性和定量分析	李馨白，徐溯雯，张雅军，孙会敏，吴先富	中国药学杂志	8	58	725—729		研究
256	药用气雾剂辅料 1,1,2-四氟乙烷及其主要杂质国家对照品的研制	赵燕君，仪忠勋，谢兰桂，肖新月，杨会英，孙会敏	中国新药杂志	32	16	1677—1683		研究
257	生物制品国家标准物质命周期管理的思考	王一平，谭德讲，孙会敏，毛群颖，梁争论	中国生物制品学杂志	36	2	252—256		研究

续表

序号	题目	作者	杂志名称	期	卷	起止页码	SCI 影响因子	论文类别
258	世界卫生组织《传染病核酸或抗原体外诊断试剂二级标准物质研制指南》解读	王一平, 郝晓甜, 孙会敏, 梁争论, 吴星	中国病毒病杂志	13	3	165—168		研究
259	定量核磁共振氢谱法测定那屈肝素钙中钙离子的含量	徐朔雯, 李馨白, 王璐, 孙会敏, 吴先富	药物分析杂志	7	43	1183—1188		研究
260	^{1}H 定量核磁共振波谱法测定那红地那非的含量	冯玉飞, 黄海伟, 吴先富, 孙会敏	中国新药杂志	14	32	1478—1481		研究
261	米非司酮 17-位立体异构体的合成及绝对构型确定	靳龙龙, 张雅军, 孙会敏, 路勇, 吴先富	中国医药工业杂志	12	53	1715—1718		研究
262	核磁共振波谱法对维莫非尼的定性和定量分析	陈忠兰, 靳龙龙, 徐朔雯, 张雅军, 吴先富	中国新药杂志	7	32	747—751		研究
263	国家药品标准物质的供应流程研究	邵俊娟, 胡康, 高志峰, 孙会敏	中国药事	8	37	913—918		研究
264	监管认定所需劣药药检验模式的建立	黄宝斌, 洪建文, 倪维芳, 张炜敏, 薛晶, 黄清泉	中国药业	10	32	17—19		研究
265	新要求下的假劣药药检验工作模式研究	黄宝斌, 刘必柳, 章云勇, 张炜敏, 薛晶, 黄清泉, 成双红	中国新药杂志	18	32	1822—1827		研究
266	药品检验机构检验工作全流程电子化的实践与建议	薛晶, 黄宝斌, 黄清泉	中国药业	18	32	25—29		研究
267	基于法规辨析假劣药认定检验受理情形	张炜敏, 黄清泉, 梁静, 黄宝斌	医药导报	6	42	938—941		研究
268	对比分析新旧《政府购买服务管理办法》探讨药品监管领域政府购买服务	张炜敏, 黄宝斌	医药导报	12	41	1762—1767		研究

续表

序号	题目	作者	杂志名称	期	卷	起止页码	SCI影响因子	论文类别
269	药品补充检验方法在中成药质量监管中的应用	胡晓茹，杨青云，周亚楠，刘昌晶，戴忠	中国药事	1	37	39—47		研究
270	注射用奥美拉唑钠与不同硼硅玻璃注射剂瓶的相容性研究	齐艳菲，贺瑞玲，王颖，赵霞，肖新月	中国药学杂志	2	58	170—177		研究
271	高端药物制剂用特殊功能辅料的研究进展	贺刘莹，杨锐，王晓锋，许凯，王珏，杨会英，肖新月	中国药学杂志	3	58	197—204		综述
272	国产粒料与进口粒料制备聚丙烯输液瓶的质量对比评估初探	李颖，韩小旭，袁淑胜，赵霞，肖新月	中国医药工业杂志	2	54	259—267		研究
273	聚山梨酯指纹图谱建立及成分鉴定	王珏，许凯，杨洋，杨锐，孙会敏，肖新月	中国药业	6	32	55—59		研究
274	药用玻璃输液瓶线热膨胀系数测定能力验证	王颖，齐艳菲，赵霞，肖新月	中国药业	5	32	80—83		研究
275	质谱技术在微塑料分析领域的发展及应用	贾菲菲，赵耀，汪福意	质谱学报	2	44	131—145		综述
276	食品药品塑料包装中塑料微粒的产生、检测及健康风险研究进展	吴慧，田霖，谢兰桂，杨会英	塑料科技	5	51	109—114		综述
277	中国药包材微生物检查方法及标准的合理性探讨	康美娟，李辉，赵霞	中国现代应用药学	10	40	1435—1440		综述
278	药用气雾剂辅料1,1,1,2-四氟乙烷及其主要杂质对照品的研制	赵燕君，仪忠勋，谢兰桂，肖新月，杨会英，孙会敏	中国新药杂志	32	16	1677—1683		研究
279	洁净环境生物污染检测实验室同比对研究	田霖，赵燕君，仪忠勋，吴慧，谢兰桂，杨会英	中国医药生物技术	4	18	328—332		研究

续表

序号	题目	作者	杂志名称	期	卷	起止页码	SCI 影响因子	论文类别
280	药用辅料二丁基羟基甲苯吸收系数测定的能力验证研究	王珏，许凯，杨洋，杨锐，肖新月，杨会英	中南药学	8	21	2224—2227		研究
281	药用辅料二氧化硅生产工艺稳定性评价策略与分析	王晓锋，张靖，王会娟，王露露，杨锐，杨会英	中国药事	9	37	1001—1006		研究
282	我国15家检验检测机构洁净环境风速检测能力验证	赵燕君，田霖，谢兰桂，仪忠勋，杨会英，肖新月	中国药业	32	18	77—80		研究
283	透皮贴剂的质量控制技术	黄婷，张靖，杨锐，肖新月，汪晴	中国药事	9	37	989—1000		综述
284	质量风险管理在注射剂和滴眼剂质量控制中的应用	田霖，赵燕君，仪忠勋，谢兰桂，肖新月，杨会英	中国药事	11	37	1271—1281		研究
285	医疗器械标准化技术委员会评估体系构建	毛歆，韩倩倩	中国药业	3	32	12—16		研究
286	软组织修复医用材料及产品的研究进展	李佳琪，王蕊，韩倩倩，孙雪	中国医疗器械杂志	4	47	415—423		综述
287	动物源医疗器械可沥滤物的研究进展	刘璟，刘子琪，丁黎，付步芳	癌变·畸变·突变	3	35	224—227	0.901	综述
288	同种异体产品中可沥滤物分析方法研究	陈卓颖，刘子琪，郝丽静，付步芳	中国医疗器械杂志	3	47	332—336	0.86	综述
289	医疗器械监管中致癌性试验研究进展	陈宇婷，陈丹丹，李博	中国药事	5	37	574—582		综述
290	新型可吸收蜡的临床前动物实验研究	杨柳，陈丹丹，付海洋	生物骨科材料与临床研究	5	20	7—12		研究
291	数字疗法产品质量评价探讨	王晨希，李茜	中国医疗设备	38	4	25—31		研究
292	冠脉 CT 影像处理软件中 AI 算法性能测试概述	王晨希，王浩	中国医疗设备	38	4	31—35		研究

续表

序号	题目	作者	杂志名称	期	卷	起止页码	SCI 影响因子	论文类别
293	超声手术刀刀头在多次清洗、消毒和灭菌后的性能变化研究	王权, 王浩, 李蔺, 王晨希	中国医疗设备	6	38	34—37		研究
294	超声诊断类人工智能医疗器械测试方法研究	王权, 王浩, 张超, 孟祥峰	中国医疗设备	4	38	35—39		研究
295	医用可穿戴柔性电子设备质控技术研究	王权, 郝烨	中国医疗设备	2	38	63—67		研究
296	电磁兼容数据报告电子化方法研究与探讨	王权, 李蔺	中国医疗设备	1	38	6—9 + 19		研究
297	心室辅助装置基本性能研究	王权, 李蔺	中国医疗设备	8	38	6—10		研究
298	医用硬性内窥镜标签与随附资料标准要求解析与探讨	王权, 王浩	医疗卫生装备	7	44	85—88		研究
299	人工智能医疗器械数据集质控解决方案	王浩, 孟祥峰, 林晓兰, 梁会营	医疗卫生装备	2	44	12—15		研究
300	基于神经网络的心电分类算法抗扰性影响分析	王浩, 唐桥虹, 唐娜, 郝烨, 李蔺, 孟祥峰	中国医疗设备	3	38	61—65		研究
301	行业标准《人工智能医疗器械 质量要求和评价 第 1 部分：术语》解析	孟祥峰, 王浩	协和医学杂志	5	14	1175—1179		研究
302	基于自动聚焦的近眼显示虚拟距离测试装置研究	徐豪, 梁浩文, 李蔺, 孟祥峰	中国医疗设备	8	38	11—15		研究
303	可复用超声刀手术剪清洗工艺确认及有效性评价	张潇, 段晓杰, 赵岩, 李枝东, 王权, 陈亮, 徐丽明	中国医学装备	225	20	37—43		研究
304	基于胃蛋白酶耐受性的变性胶原蛋白定量分析方法	陈丽媛, 梁杏, 彭琪惠, 李奕恒, 叶春婷, 徐丽明	生物学杂志	1	40	16—20		研究

续表

序号	题目	作者	杂志名称	期	卷	起止页码	SCI影响因子	论文类别
305	尿素测定试剂盒国家监督抽验质量分析	高飞，胡泽斌，黄杰	中国药业	6	32	81—84		研究
306	血清中肇酮测定的能力验证研究	高飞，胡泽斌，黄杰	中国医药生物技术	1	18	84—86		研究
307	尿酸测定试剂盒质量分析研究	高飞，孙楠，黄杰	中国医药生物技术	2	18	173—176		研究
308	脊髓小脑共济失调Ⅲ型atxn3基因变异检测国家参考品的研制	高飞，胡泽斌，黄杰，周海卫	分子诊断与治疗杂志	11	15	190—192		研究
309	乙型肝炎病毒RNA国家标准品的建立	郝晓甜，李克坚，周诚	中国病毒病杂志	6	12	428—432		研究
310	乙型肝炎病毒RNA国家参考品的研制	郝晓甜，刘艳，李克坚，周诚	中国药事	4	37	396—403		研究
311	柯萨奇病毒A16型检测试剂国家参考品的建立	郝晓甜，李曼郁，李克坚，周诚	中国生物制品学杂志	4	36	419—1422，428		研究
312	柯萨奇病毒A组6型的研究进展	郝晓甜，李克坚，周诚，毛群颖	中国生物制品学杂志	10	36	1271—1275，1280		综述
313	世界卫生组织《传染病核酸或抗原体外诊断试剂二级标准物质研制指南》解读	王一平，郝晓甜，孙会敏，梁争论，吴星	中国病毒病杂志	3	13	165—168		综述
314	HBV核酸血筛试剂国家参考品的研制	李克坚，郝晓甜，周诚	中国生物制品学杂志	5	15	585—590		研究
315	结核抗原检测试剂国家参考品的研制	石大伟，陈湘霖，董文竹，文舒安，张婷婷，王玉峰，黄海来，许四宏	中国防痨杂志	12	45	1141—1146		研究
316	第二代人乳头瘤病毒全基因组分型国家参考品的研制	田亚宾，沈舒，周海卫，许四宏	中国医药生物技术	5	18	458—461		研究
317	肺炎衣原体IgG抗体检测试剂国家参考品的研制和建立	赵兰青，沈舒，邓明镜，周海卫，许四宏	中国医药生物技术	5	18	453—457		研究

续表

序号	题目	作者	杂志名称	期	卷	起止页码	SCI 影响因子	论文类别
318	结核抗体检测试剂国家参考品的建立	石大伟, 王威, 杨晓, 于丽, 黄嘉维, 张春涛, 许四宏	中国防痨杂志	3	45	285—291		研究
319	胃蛋白酶原 I / II 测定试剂盒行业标准的建立和验证	孙楠, 胡泽斌, 张文新, 孙晶, 贾峥, 高飞, 于婷, 曲守方	中国医药生物技术	2	18	169—172		研究
320	BCR-ABL 融合基因检测试剂盒（荧光 PCR 法）的评价	张文新, 曲守方, 李丽莉, 孙楠, 黄传峰, 黄杰	分子诊断与治疗杂志	5	15	729—732		研究
321	BCR-ABL 融合基因定量检测试剂盒的性能评价	李丽莉, 黄杰, 张文新, 孙楠, 黄传峰, 曲守方	分子诊断与治疗杂志	8	15	1288—1291		研究
322	基因治疗药物 AAV5-脂蛋白脂肪酶异体在小鼠体内的毒性研究	侯田田, 马思思, 吴小兵, 周晓冰等	中国药物警戒	1	20	19—26		研究
323	扩增活化的淋巴细胞在重度免疫缺陷小鼠体内生物分布研究	侯田田, 李雪娇, 姜华, 秦超, 姚志伟, 黄瑛等	中国新药杂志	20	32	2051—2057		研究
324	自制红细胞裂解液对流式细胞术测定外周血 T 淋巴细胞亚群的影响研究	姜华, 黄瑛, 王超, 秦超, 孙立, 韩素芹, 王三龙, 文海若	现代检验医学杂志	5	38	165—170		研究
325	溶瘤病毒药物 HSV-1/hPD-1 在食蟹猴体内生物分布研究	王欣, 孙立, 王超, 李路路, 王三龙, 刘家家, 田超, 李小鹏, 耿兴超	中国药物警戒	1	20	12—18		研究
326	基于拟胚体面积的体外胚胎毒性模型的建立和验证	赵曼曼, 郑锦芬, 黄芝瑛, 耿兴超, 张曦, 刘晓萌, 王三龙, 周晓冰	药物评价研究	5	46	925—933		研究
327	大鼠和小鼠 Pig-a 基因突变试验历史背景数据采集	韩素芹, 姜华, 叶倩, 黄芝瑛, 耿兴超, 文海若	药物评价研究	5	46	944—951		研究
328	何首乌蒽醌类单体成分致 HK-2 细胞毒性研究	兰洁, 文海若, 黄芝瑛, 汪祺	中国药物警戒	6	20	616—622		研究
329	基因治疗药物 AAV5-脂蛋白脂肪酶变异体（GC304）临床前神经系统安全性评价	李苹苹, 夏艳, 侯田田, 王超, 石茜茜, 马雪梅, 刘子洋, 张颖丽, 吴小兵, 王三龙, 刘国庆, 耿兴超	中国药物警戒	1	20	34—39		研究

续表

序号	题目	作者	杂志名称	期	卷	起止页码	SCI 影响因子	论文类别
330	杂质 5-羟甲基糠醛及其二聚体和代谢产物遗传毒性研究	林铌，叶倩，耿兴超，王雪，靳洪涛，文海若	中国药物警戒	2	20	157—162		研究
331	基于 QSAR 模型、紫外光谱法和分子对接技术研究杂质 5-羟甲基糠醛及其二聚体和代谢产物与 DNA 的相互作用	林铌，张佳宁，刘丽，靳洪涛，王三龙，刘颖	药物分析杂志	7	43	117—123		研究
332	细胞治疗产品示踪技术研究进展	郝晓芳，耿兴超，黄瑛，李波	药物评价研究	46	4	885—889		综述
333	抗重组人血清白蛋白抗体的检测方法的建立及验证	杨淑涵，刘海涌，贾向阳，刘丽，李曙芳，潘东升，李波	中国新药杂志	18	32	1866—1873		研究
334	药物发现过程中人工智能的应用研究进展	李双星，李一昊，林志，张頔，杨艳伟，屈哲，张亚群，霍桂桃，吕建军	药物评价研究	9	46	2030—2036		综述
335	人工智能在毒性病理学中的应用	林志，张頔，李双星，屈哲，霍桂桃，高苏涛，陈旭林，张勇，柳凤丽，耿兴超，吕建军，杨艳伟	药物评价研究	7	46	1603—1610		综述
336	大数据和人工智能技术用于计算机辅助药物设计的研究进展	杨艳伟，胡文元，林志，霍桂桃，张頔，李双星，阎振龙，屈哲，吕建军	药物评价研究	6	46	1369—1375		综述
337	CAR-T 治疗诱导细胞因子释放综合征的机制及临床前安全性评价	傅盈双，李双星，李路路，屈哲，霍桂桃，杨艳伟，张頔，耿兴超，李波，林志	药物评价研究	3	46	469—477		综述
338	原发性脑肿瘤的临床前疾病模型研究进展	梁志远，黄芝瑛，耿兴超，林志，屈哲	中国新药杂志	8	32	787—792		综述
339	C60 富勒烯的安全性评价及法规管理现状	王聪，王茜，高家敏，张凤兰，王钢力	香料香精化妆品	1	2023	99—106		核心期刊
340	浅谈防晒剂胡莫柳酯的安全性评估及各国监管情况	塔娜，钮正睿，苏哲，余振喜，张凤兰，王钢力	香料香精化妆品	3	2023	1—6		综述

续表

序号	题目	作者	杂志名称	期	卷	起止页码	SCI 影响因子	论文类别
341	欧盟对内分泌干扰物质的监管及其启示	塔娜、高家敏、张凤兰、余振喜、王钢力	香料香精化妆品	2	2023	5—11		综述
342	2017—2021 年我国进口防晒化妆品注册情况分析	塔娜、余振喜、高家敏、张凤兰、王钢力	日用化学工业	10	53	1204—1210		综述
343	我国药品和医疗器械关联审评审批制度对化妆品原料管理和产品安全评价的启示	苏哲、何淼、胡康、张凤兰、余振喜、王钢力、路勇	中国药事	37	2	150—156		综述
344	化妆品纳米原料表征方法及其应用	张铮（通讯作者）、董喆、陈琼、孙春萌、涂家生、王钢力	香料香精化妆品	5	2023	30—39＋137		综述
345	皮肤类器官与皮肤芯片在药品及化妆品原料毒性测试中的应用进展	林铌、罗飞亚、张凤兰、周晓冰、余振喜、王钢力、路勇	药物评价研究	10	46	2262—2269		综述
346	基于 QSAR 模型、紫外光谱法和分子对接技术研究杂质 5-羟甲基糠醛及其二聚体和代谢产物与 DNA 的相互作用	林铌、张佳宁、刘丽、靳洪涛、王三龙、刘颖	药物分析杂志	7	43	1221—1228		研究
347	应用 insilico 模型优化形成皮肤致敏性体外替代方法整合测试策略的研究	林铌、罗飞亚、袁园、曹春然、胡宇驰、刘丽、靳洪涛、耿兴超	毒理学杂志	1	37	81—87		研究
348	基于 3D 肝细胞模型评价盐酸胺碘酮重复给药肝毒性	林铌、刘鑫磊、孙百阳、俞月、耿兴超、周晓冰、李波	中国药事	12	36	1414—1423		研究
349	杂质 5-羟甲基糠醛及其二聚体和代谢产物遗传毒性研究	林铌、叶倩、耿兴超、王雪、靳洪涛、文海若	中国药物警戒	2	20	157—162		研究
350	化妆品功效宣称评价的法规动态与监管建议	张伟、孟丽萱、张华、李帅涛、宋钰	香料香精化妆品	6	2023	108—112		综述

序号	题目	作者	杂志名称	期	卷	起止页码	SCI 影响因子	论文类别
351	化妆品新原料备案常见问题及分析	李帅涛，刘肖，孟丽萱，鄢园姣，宋钰，王钢力	香料香精化妆品	1	2023	13—17		综述
352	化妆品注册人备案人责任探讨	何淼，李帅涛，袁欢，王钢力	香料香精化妆品	6		79—95		综述
353	化妆品标签管理有关问题探讨	何淼，李娅萍，袁欢，王钢力	香料香精化妆品	1		1—12		综述
354	基于 ISO/TS 5798 国际标准对新冠病毒核酸检测设计开发及质量控制考虑要点的解析	佟乐，孙魏，杨亚莉，刘东来，郭世富，杨振	药物分析杂志	5	43	902—907		综述
355	我国医疗器械行业标准起草单位分析和思考	孟芸，董谦，戎善奎，邵姝姝，许慧雯	中国医疗器械杂志	4	47	433—436		研究
356	数字疗法软件产品分类管理研究	江潇，张春青，戎善奎，王越，王悦，余新华	中国医疗器械杂志	5	47	482—486		综述
357	医疗器械边缘产品管理属性探讨	戎善奎，许慧雯，赵佳，余新华	中国医疗设备	8	38	154—160		综述
358	外周血微核试验检测可降解生物材料补片的遗传毒性	王国伟，孙晓霞，车国蕾，盖潇潇，屈秋锦，汪晓飞，杜晓丹，刘成虎	癌变·畸变·突变	5	35	387—391		研究
359	我国与国际医疗器械监管者论坛关于体外诊断医疗器械分类原则的对比分析	崔乐，郭世富，刘可君	中国药事	4	37	382—388		研究
360	A green bridge: Enhancing a multi-pesticide test for food by phase-transfer sample treatment coupled with LC/MS	Shaoming Jin, Yi Shen, Tongtong Liu, Ruiqiang Liang, Xia oNing, Jin Cao	Molecules	19	28	6756—6770	4.6	研究
361	基于多元统计分析和模式识别技术建立浙贝母和川贝母贝母的品种鉴别体系（英文）	苏静华，张超，孙磊，邢以文	Journal of Chinese Pharmaceutical Sciences	5	32	406—416		研究

续表

序号	题目	作者	杂志名称	期	卷	起止页码	SCI 影响因子	论文类别
362	The research progress of next generation risk assessment in cosmetic ingredients and the implications for traditional Chinese medicine risk assessment	罗飞亚、蒲婧哲、苏哲、邢书霞、王清君、孙磊	Pharmacological Research-Modern Chinese Medicine	/	8	100282—100288	0.6	综述
363	Neuroprotective effect of α-lipoic acid against aβ25-35-induced damage in BV2 cells	裴新荣、罗飞亚、李小羚、邢书霞、龙鼎新	Molecules	3	28	1168—1174	4.6	研究
364	Rapid and visual detection of benzoyl peroxide in cosmetics by a colorimetric method	董亚蕾、乔亚森、袁莹莹、王海燕、孙磊、任翠玲	Chemical Papers	/	77	2151—2160	2.2	研究
365	Simultaneous determination of four active compounds in Centella asiatica by supramolecular solvent-based extraction coupled with high performance liquid chromatography-tandem mass spectrometry	袁莹莹、乔亚森、郑锌、于新兰、董亚蕾、王海燕、孙磊	Journal of Chromatography A	/	1708	464298—464306	4.1	研究
366	Rapid and visual detection of benzoyl peroxide in cosmetics by a colorimetric method	董亚蕾、乔亚森、袁莹莹、王海燕、孙磊、任翠玲	Chemical Papers	77	2023	2151—2160	2.2	研究
367	Microbiological analysis and characterization of Salmonella and ciprofloxacin-resistant Escherichia coli isolates recovered from retail fresh vegetables in Shaanxi Province, China	Cao C. , Zhao W. , Cui Setal	International Journal of Food Microbiology	387	2023	110053	5.4	研究

序号	题目	作者	杂志名称	期	卷	起止页码	SCI 影响因子	论文类别
368	Neuroprotective effect of α-lipoic acid against Aβ25-35-induced damage in BV2 cells.	Xinrong Pei, Zehui Hu, Feiya Luo, Xiaoling Li, Shuxia Xing, Lei Sun, and Dingxin Long	Molecules	11€8	28	1—13	4.927	研究
369	The research progress of next generation risk assessment in cosmetic ingredients and the implications for traditional Chinese medicine risk assessment	Feiya Luo, Jingzhe Pu, Zhe Su, Shuxia Xing, Qingjun Wang, Lei Sun	Pharmacological Research-Modern Chinese Medicine	8	2023	100282		研究
370	A quality-omprehensive-evaluation-index based model for evaluating traditional Chinese medicine quality	Jia Chen, LinFu Li, ZhaoZhou Lin, Xian-Long Cheng, Feng Wei	Chinese Medicine	1	18	89	4.9	研究
371	Dianthrone derivatives from Polygonum multiflorum Thunb: Anti-diabetic activity, structure-activity relationships (SARs), and mode of action	Jian-boYang, Cheng-shuo Yang, LiJiang, Guo-zhu Su, Jin-ying Tian, Ying Wang, Yue Liu, Fei Wei, Yong Li, Fei Ye	Bioorganic Chemistry	53	3	711—720	5.1	研究
372	Exploring the effective components and potential mechanisms of Zakamu granules against acute upper respiratory tract infections by UHPLC-Q-Exactive Orbitrap-MS and network pharmacology analysis	Kailin Li, Qian Yao, Min Zhang, Qing Li, Lilan Guo, Jing Li, Jianbo Yang, Wei Cai	Arabian Journal of Chemistry	16	2023	104875	6	研究
373	On-line identification of the chemical constituents of Polygoni Multiflori Radix by UHPLC-Q-Tof MS/MS	Xueting Wang, Jianbo Yang, Xianlong Cheng, Ying Wang, Huiyu Gao, Yunfei Song, Feng Wei	Frontiers in Chemistry	11	2023	158717	5.5	研究

续表

序号	题目	作者	杂志名称	期	卷	起止页码	SCI 影响因子	论文类别
374	Identification of Daphne genkwa and its vinegar-processed products by ultraperformance liquid chromatography-quadrupole time-of-flight mass spectrometry and chemometrics	Hongying Mi, Ping Zhang, Huiyuan Gao, Feng Wei, Tulin Lu	Molecules	28	10	89	4.927	研究
375	A combination of in silico ADMET prediction, in vivo toxicity evaluation, and potential mechanism exploration of brucine and brucine N-oxide—a comparative study	Yan Gao, Lin Guo, Ying Han, Jingpu Zhang, Zhong Dai	Molecules	28	54	1341	4.6	研究
376	Differential distribution phytochemicals in Scutellariae Radix and Scutellariae Amoenae Radix using MSI	Lieyan Huang, Lixing Nie, Jing Dong, Shuai Kang, Zhong Dai, Feng Wei	Arabian Journal of Chemistry	5	16		6	研究
377	Innovative accumulative risk assessment strategy of co-exposure of As and Pb in medical earthworms based on in vivo-in vitro correlation	Tian-Tian Zuo, Jia Zhu, Fei Gao, Ji-Shuang Wang, Qing-Hui Song, Hai-Yan Wang, Lei Sun, Wan-Qiang Zhang, De-Juan Kong, Yuan-Sheng Guo, Jian-Bo Yang, Feng Wei, Qi Wang, Hong-yu Jin	Environment International	175	2023	107933—107933	11.8	研究
378	Pyrrolizidine alkaloids and health risk of three Boraginaceae used in TCM	Ke Zan, Zhao Wang, Xiao-Wen Hu, Yao-Lei Li, Ying Wang, Hong-Yu Jin, Tian-Tian Zuo	Frontiers in Pharmacology	1	2023	1075010	5.6	研究

续表

序号	题目	作者	杂志名称	期	卷	起止页码	SCI影响因子	论文类别
379	Progress in quality control, detection techniques, speciation and risk assessment of heavy metals in marine traditional Chinese medicine	Yuansheng Guo, Tiantian Zuo, Anzhen Chen, ZhaoWang, Hongyu Jin, Feng Wei, Ping Li	Chinese Medicine	18	1	73	4.9	研究
380	Residual change of four pesticides in the processing of pogostemon cablin and associated factors	Yuanxi Liu, Zuntao Zheng, Hongbin Liu, Dongjun Hou, Hailiang Li, Yaolei Li, Wenguang Jing, Hongyu Jin, Ying Wang	Molecules	18	28	6675	4.6	研究
381	The simultaneous determination of nine furocoumarins in Angelica dahurica using UPLC combined with the QAMS approach and novel health risk assessment based on the toxic equivalency factor	Zhao Wang, Ke Zan, Xiao-Wen Hu, Shuai Kang, Hai-Liang Li, Tian-Tian Zuo, Hong-Yu Jin	Separations	19	9	14	2.6	研究
382	Distribution, speciation, bioavailability, risk assessment, and limit standards of heavy metals in Chinese herbal medicines	Tian-Tian Zuo, Yao-Lei Li, Ying Wang, Yuan-Sheng Guo, Ming-Rui Shen, Jian-Dong Yu, Jing Li, Hong-Yu Jin, Feng Wei	Pharmacological Research-Modern Chinese Medicine	6	2023	100218	5	研究
383	Distribution, determination method, risk assessment, and strategy of exogenous pyrrolizidine alkaloids in tea	Ke Zan, Zhao Wang, Ying Wang, Jian-Dong Yu, Hong-Yu Jin	Pharmacological Research-Modern Chinese Medicine	8	2023	100277	5	研究

续表

序号	题目	作者	杂志名称	期	卷	起止页码	SCI 影响因子	论文类别
384	Synergistic effect of Euphorbia kansui stir-fried with vinegar and bile acids on malignant ascites effusion through modulation of gut microbiota	Shengyun Dai, Shikang Zhou, Yonghui Ju, Weifeng Yao, Yuping Tang, Jian Zheng, Yi Zhang, Li Zhang	Frontiersin Pharmacology	14	23	1249910	5.6	研究
385	The subunit AEC/BC02 vaccine combined with antibiotics provides protection in mycobacterium tuberculosis-infected guinea pigs	郭晓楠，卢锦标，李军丽，都伟欣，沈小兵，苏城，吴永革，赵爱华，徐苗	Vaccines	12	10	2164—2175	7.8	研究
386	Characterization of adenoassociated virus capsid proteins by microflow liquid chromatography coupled with mass spectrometry	Xi Qin, Xiang Li, Lingsheng Chen, Tie Gao, Ji Luo, Lihai Guo, Sahana Mollah, Zoe Zhang, Yong Zhou, Hong-Xu Chen	Applied Biochemistry and Biotechnology	/	/	online	3	研究
387	Chip-based digital PCR as a direct quantification method for residual DNA in mRNA drugs	Wenchao Fan, Lan Zhao, Lei Yu, Yong Zhou	Journal of Pharmaceutical and Biomedical Analysis	238	2023	115837	3.4	研究
388	Integrating ultra-high-performance liquid chromatography tandem mass spectrometry and imaged capillary isoelectric focusing for in-depth characterization of complex fusion proteins	Wenhong Fan, Xiang Li, Zhen Long, Dening Pei, Xinchang Shi, Guangyu Wang, Guangyu Wang, Tao Bo, Yong Zhou, Tong Chen	Rapid Communication in Mass Spectrometry	8	37	e9484	2	研究
389	Development and application of potency assays based on genetically modified cells for biological products	Yu Lei, Zhou Yong, Wang Junzhi	Journal of Pharmaceutical and Biomedical Analysis	230	2023	online	3.4	综述

续表

序号	题目	作者	杂志名称	期	卷	起止页码	SCI影响因子	论文类别
390	Establishment of national standard for anti-SARS-Cov-2 neutralizing antibody in China: The first National Standard calibration traceability to the WHO International Standard	Lidong Guan, Qunying Mao, Dejiang Tan, Jianyang Liu, Xuanxuan Zhang, Lu Li, Mingchen Liu, Zhongfang Wang, Feiran Cheng, Bopei Cui, Qian He, Qingzhou Wang, Fan Gao, Yiping Wang, Lianlian Bian, Xing Wu, Jifeng Hou, Zhenglun Liang, Miao Xu	Front. Immunol	14	2023	1107639	7.3	研究
391	Construction and immunogenicity of an mRNA vaccine against chikungunya virus	Jingjing Liu, Xishan Lu, Xingxing Li, Weijin Huang, Enyue Fang, Wenjuan Li, Xiaohui Liu, Minglei Liu, Jia Li, Zelun Zhang, Haifeng Song, Bo Ying, Yuhua Li	Frontiers in Immunology		14	1129118	8.787	研究
392	Heterologous prime-boost immunisation with mRNA- and AdC68-based 2019-nCoV variant vaccines induces broad-spectrum immune responses in mice	Xingxing Li, Jingjing Liu, Wenjuan Li, Qinhua Peng, Miao Li, Zhifang Ying, Zelun Zhang, Xinyu Liu, Xiaohong Wu, Danhua Zhao, Lihong Yang, Shouchun Cao, Yanqiu Huang, Leitai Shi, Hongshan Xu, Yunpeng Wang, Guangzhi Yue, Yue Suo, Jianhui Nie, Weijin Huang, Jia Li, Yuhua Li	Frontiers in Immunology		14	1142394	8.787	研究
393	A randomized, double-blind, controlled phase Ⅲ clinical trial to evaluate the immunogenicity and safety of a lyophilized human rabies vaccine（vero cells）in healthy participants aged 10 – 60 years following Essen and Zagreb vaccination procedures	Xiaohong Wu, Jia Li, Lei Zhou, Jianmin Chen, Zhongqiang Jin, Qingwei Meng, Jing Chai, Hongxia Gao, Yunpeng Wang, Danhua Zhao, Heng Wu, Jieran Yu, Nan Chen, Yanan Wang, Yuan Lin, Peifang Huang, Yuhua Li, Yuhui Zhang	Vaccines	8	11	1311	5.5	研究

续表

序号	题目	作者	杂志名称	期	卷	起止页码	SCI 影响因子	论文类别
394	An mRNA vaccine against rabies provides strong and durable protection in mice	Miao Li, Enyue Fang, Yunpeng Wang, Leitai Shi, Jia Li, Qinhua Peng, Xingxing Li, Danhua Zhao, Xiaohui Liu, Xinyu Liu, Jingjing Liu, Hongshan Xu, Hongyu Wang, Yanqiu Huang, Ren Yang, Guangzhi Yue, Yue Suo, Xiaohong Wu, Shouchun Cao, Yuhua Li	Frontiers in Immunology	14	2023	1288879	8.7	研究
395	Validation of an HPLC-CAD method for determination of lipid content in LNP-encapsulated COVID-19 mRNA vaccines	Xiaojuan Yu, Chuanfei Yu, Xiaohong Wu, Yu Cui, Xiaoda Liu, Yan Jin, Yuhua Li, Lan Wang	Vaccines	5	11	937	7.8	研究
396	NS1 protein N-linked glycosylation site affects the virulence and pathogenesis of dengue virus	Enyue Fang, Miao Li, Xiaohui Liu, Kongxin Hu, Lijuan Liu, Zelun Zhang, Xingxing Li, Qinhua Peng, Yuhua Li	Vaccines	5	11	959	7.8	研究
397	Live-attenuated Japanese encephalitis virus inhibits glioblastoma growth and elicits potent antitumor immunity	Zhongbing Qi, Jing Zhao, Yuhua Li, Bin Zhang, Shichuan Hu, Yanwei Chen, Jinhu Ma, Yongcheng Shu, Yunmeng Wang, Ping Cheng	Frontiers in Immunology		14	982180	8.787	研究
398	Phase I study of a non-S2P SARS-CoV-2 mRNA vaccine LVRNA009 in Chinese adults	Gui-Ling Chen, Xu-Ya Yu, Li-Ping Luo, Fan Zhang, Xia-Hong Dai, Nan Li, Zhen-Wei Shen, Kai-Qi Wu, Dan-Feng Lou, Cong-Gao Peng, Ting-Han Jin, Yu-Mei Huang, Xi Shao, Qi Liu, Qi Jiang, Tong Guo, Fang Cao, Jing-Rui Zhu, Xiao-Hong Wu, Rong-Juan Pei, Fei Deng, Guo-Ping Jiang, Yu-Hua Li, Hai-Nv Gao, Jian-Xing He, Zhong-Chen, Yu-Cai Peng, Lan-Juan Li	Vaccine	23	S0264-410X	01278—1	5.5	研究

续表

序号	题目	作者	杂志名称	期	卷	起止页码	SCI 影响因子	论文类别
399	Development of therapeutic vaccines for the treatment of diseases	Yaomei Tian, Die Hu, Yuhua Li, Li Yang	Molecular Biomedicine	1	3	40	4	综述
400	The quantification of spike proteins in the inactivated SARS-CoV-2 vaccines of the Prototype, Delta, and Omicron variants by LC-MS	Xu, Kangwei, Huang Sun, Kaiqin Wang, Yaru Quan, Zhizhong Qiao, Yaling Hu, and Changgui Li	Vaccines	5	11	1—12	7.8	研究
401	Development of a bioluminescent imaging mouse model for SARS-CoV-2 infection based on a pseudovirus system	Xi Wu, Nana Fang, Ziteng Liang, Jianhui Nie, Sen Lang, Changfa Fan, Chunnan Liang, Weijin Huang, Youchun Wang	Vaccines	1	11	/	7.8	研究
402	Development of an automated, high-throughput SARS-CoV-2 neutralization assay based on a pseudotyped virus using a vesicular stomatitis virus (VSV) vector	Ziteng Liang, Xi Wu, Jiajing Wu, Shuo Liu, Jincheng Tong, Tao Li, Yuanling Yu, Li Zhang, Chenyan Zhao, Qiong Lu, Haiyang Qin, Jianhui Nie, Weijin Huang, Youchun Wang	Emerg Microbes Infect	2	12	e2261566	13.2	研究
403	Sera from breakthrough infections with SARS-CoV-2 BA.5 or BF.7 showed lower neutralization activity against XBB.1.5 and CH.1.1	Shuo Liu, Ziteng Liang, Jianhui Nie, Wei Bo Gao, Xinyi Li, Li Zhang, Yuanling Yu, Youchun Wang, Weijin Huang	Emerg Microbes Infect	2	12	2225638	13.2	研究
404	Immunogenicity and safety of one versus two doses of quadrivalent inactivated influenza vaccine (IIV4) in vaccine-unprimed children and one dose of IIV4 in vaccine-primed children aged 3 – 8 years	Yunfeng Shi, Wanqi Yang, Xiaoyu Li, Kai Chu, Jianfeng Wang, Rong Tang, Li Xu, Lanshu Li, Yuansheng Hu, Chenyan Zhao, Hongxing Pan	Vaccines	10	11	1586	7.8	研究

续表

序号	题目	作者	杂志名称	期	卷	起止页码	SCI 影响因子	论文类别
405	Immunogenicity and safety of the quadrivalent inactivated split-virion influenza vaccine in populations aged≥3 years: A phase 3, randomized, double-blind, non-inferiority clinical trial	Jianmin Chen, Feng Jiang, Chenyan Zhao, Jing Chai, Lanshu Li, Qinghu Guan, Xiaoyu Li, Feiyu Wang, Ansheng Li, Hongxia Gao, Minghui Wang, Liandi Fu, Fei Nie, Weijun Ling, Haobin Deng & Lei Zhou	Human Vaccines & Immunotherapeutics	2	19	2245721	4.8	研究
406	Detection of hepatitis E virus in rabbits and rabbit meat from slaughterhouses in Hebei Province of China	Hongxin Zhang, Xueli Li, Chunyan Wang, Tengfei Shi, Yansheng Geng, and Chenyan Zhao	Vector-borne and Zoonotic Diseases	11	23	588—594	2.1	研究
407	Laboratory diagnosis of HEV infection	Chenyan Zhao, Youchun Wang	Adv Exp Med Biol.	14	17	99—213	3.65	综述
408	Monkeypox virus quadrivalent mRNA vaccine induces immune response and protects against vaccinia virus	Ye Sang, Zhen Zhang, Fan Liu, Haitao Lu, Changxiao Yu, Huisheng Sun, Jinrong Long, Yiming Cao, Jierui Mai, Yiqi Miao, Xin Wang, Jiaxin Fang, Youchun Wang, Weijin Huang, Jing Yang, Shengqi Wang	Signal Transduct Target Ther	1	8	172	39.3	研究
409	High-throughput screening of spike variants uncovers the key residues that alter the affinity and antigenicity of SARS-CoV-2	Yufeng Luo, Shuo Liu, Jiguo Xue, Ye Yang, Junxuan Zhao, Ying Sun, Bolun Wang, Shenyi Yin, Juan Li, Yuchao Xia, Feixiang Ge, Jiqiao Dong, Lvze Guo, Buqing Ye, Weijin Huang, Youchun Wang, Jianzhong Jeff Xi	Cell Discov	1	9	40	33.5	研究

续表

序号	题目	作者	杂志名称	期	卷	起止页码	SCI 影响因子	论文类别
410	Head-to-head immunogenicity comparison of an Escherichia coli-produced 9-valent human papillomavirus vaccine and Gardasil 9 in women aged 18 – 26 years in China: a randomised blinded clinical trial	Feng-Cai Zhu, Guo-Hua Zhong, Wei-Jin Huang, Kai Chu, Li Zhang, Zhao-Feng Bi, Kong-Xin Zhu, Qi Chen, Ting-Quan Zheng, Ming-Lei Zhang, Sheng Liu, Jin-Bo Xu, Hong-Xing Pan, Guang Sun, Feng-Zhu Zheng, Qiu-Fen Zhang, Xiu-Mei Yi, Si-Jie Zhuang, Shou-Jie Huang, Hui-Rong Pan, Ying-Ying Su, Ting Wu, Jun Zhang, Ning-Shao Xia	Lancet Infect Dis	11	23	1313—1322	56.3	研究
411	SARS-CoV-2 spike-specific TFH cells exhibit unique responses in infected and vaccinated individuals	Rongzhang He, Xingyu Zheng, Jian Zhang, Bo Liu, Qijie Wang, Qian Wu, Ziyan Liu, Fangfang Chang, Yabin Hu, Ting Xie, Yongchen Liu, Jun Chen, Jing Yang, Shishan Teng, Rui Lu, Dong Pan, You Wang, Liting Peng, Weijin Huang, Velislava Terzieva, Wenpei Liu, Youchun Wang, Yi-Ping Li, Xiaowang Qu	Signal Transduct Target Ther	1	8	393	39.3	研究
412	Characterization of a human-mouse chimeric monoclonal antibody targeting rabies virus glycoprotein	Meina Cai, Ziliang Hu, Yi Yang, Ting Mao, Yacui Liu, Guangwen Lu, Fanli Yang, Jianxun Qi, Weijin Huang, Youchun Wang	J Med Virol	7	95	e28954	12.7	研究
413	Immunogenicity and safety of an Escherichia coli-produced human papillomavirus (types 6/11/16/18/31/33/45/52/58) L1 virus-like-particle vaccine: a phase 2 double-blind, randomized, controlled trial	Yue-Mei Hu, Zhao-Feng Bi, Ya Zheng, Li Zhang, Feng-Zhu Zheng, Kai Chu, Ya-Fei Li, Qi Chen, Jia-Li Quan, Xiao-Wen Hu, Xing-Cheng Huang, Kong-Xin Zhu, Ya-Hui Wang-Jiang, Han-Min Jiang, Xia Zang, Dong-Lin Liu, Chang-Lin Yang, Hong-Xing Pan, Qiu-Fen Zhang, Ying-Ying Su, Shou-Jie Huang, Guang Sun, Wei-Jin Huang, Yue Huang, Ting Wu, Jun Zhang, Ning-Shao Xia	Sci Bull	20	68	2448—2455	18.9	研究

续表

序号	题目	作者	杂志名称	期	卷	起止页码	SCI 影响因子	论文类别
414	Development of an ELISA assay for the determination of SARS-CoV-2 protein subunit vaccine antigen content	Lu Han, Chaoqiang An, Dong Liu, Zejun Wang, Lianlian Bian, Qian He, Jianyang Liu, Qian Wang, Mingchen Liu, Qunying Mao, Taijun Hang, Aiping Wang, Fan Gao, Dejiang Tan, Zhenglun Liang	Viruses	15	1	62	5. 818	研究
415	Establishment of the 1st Chinese national standard for CA6 neutralizing antibody	Yiping Wang, Fan Gao, Zhenglun Liang, Huimin Sun, Junzhi Wang, and Qunying Mao	Viruses	19	1	2164140	5. 818	研究
416	Research progress on substitution of in vivo method s by in vitro method s for human vaccine potency assays	Xuanxuan Zhang, Xing Wu, Qian He, Junzhi Wang, Qunying Mao, Zhenglun Liang and Miao Xu	Expert Review of Vaccines	22	1	270—277	6. 2	综述
417	Research advances on the stability of mRNA vaccines	Feiran Cheng, Yiping Wang, Yu Bai, Zhenglun Liang, Qunying Mao, Dong Liu, Xing Wu, and Miao Xu	Viruses	15	3	668	5. 818	综述
418	Non-small cell lung cancers (NSCLCs) oncolysis using coxsackievirus B5 and synergistic DNA-damage response inhibitors	Bopei Cui, Lifang Song, Qian Wang, Kelei Li, Qian He, Xing Wu, Fan Gao, Mingchen Liu, Chaoqiang An, Qiushuang Gao, Chaoying Hu1, Xiaotian Hao, Fangyu Dong, Jiuyue Zhou, Dong Liu, Ziyang Song, Xujia Yan, Jialu Zhang, Yu Bai, Qunying Mao, Xiaoming Yang and Zhenglun Liang	Signal Transduction and Targeted Therapy	8	1	366	39. 3	研究
419	Amplifying mRNA vaccines potential versatile magicians for oncotherapy	Chaoying Hu, Jianyang Liu, Feiran Cheng, Yu Bai, Qunying Mao, Miao Xu and Zhenglun Liang	Frontiers in Immunology	14	2023	1261243	8. 787	综述

续表

序号	题目	作者	杂志名称	期	卷	起止页码	SCI影响因子	论文类别
420	Non neutralizing monoclonal antibody targeting VP2 EF loop of Coxsackievirus A16 can protect mice from lethal attack via Fc dependent effector	Ruixiao Du, Chaoqiang An, Xin Yao, Yiping Wang, Ge Wang, Fan Gao, Lianlian Bian, Yalin Hu, Siyuan Liu, Qiaohui Zhao, Qunying Mao & Zhenglun Liang	Emerging Microbes & Infections	12	1	2149352	13.2	综述
421	Pseudotyped Viruses for Enterovirus	Xing Wu, Lisha Cui, Yu Bai, Lianlian Bian, and Zhenglun Liang	Advances in Experimental Medicine and Biology	1407	2023	209—228	3.65	综述
422	Research progress of aluminum phosphate adjuvants and their action mechanisms	Ting Zhang, Peng He, Dejia Guo, Kaixi Chen, Zhongyu Hu, and Yening Zou	Pharmaceutics	15	6	1756	6.321	综述
423	Safety tolerability and immunogenicity of a CpG Alum adjuvanted SARS-CoV-2 recombinant protein vaccine ZR202-CoV in healthy adults	Guang-Wei Feng, Zhong-Fang Wang, Peng He, Qin-Ying Lan, Ling Ni, Ya_x0002_Zheng Yang, Chen-Fei Wang, Ting-Ting Cui, Li-Li Huang, Yong-Qiang Yan, Zhi Wei Jiang, Qing Yang, Bang-Wei Yu, Xi Han, Jing-Jing Chen, Shu-Yuan Yuan, Lin Yuan, Ling-Yun Zhou, Ge Liu, Ke Li, Zhen Huang, Jin-Cun Zhao, Zhong-Yu Hu & Zhi-Qiang Xie	Human Vaccines & Immunotherapeutics	19	2	2262635	4.8	综述
424	Safety and immunogenicity of a protein subunit COVID-19 vaccine (ZF2001) in healthy children and adolescents aged 3-17 years in China	Lidong Gao, Yan Li, Peng He, Zhen Chen, Huaiyu Yang, Fangjun Li, Siyuan Zhang, Danni Wang, Guangyan Wang, Shilong Yang, Lihui Gong, Fan Ding, Mengyu Ling, Xilu Wang, Leilei Ci, Lianpan Dai, George Fu Gao, Tao Huang, Zhongyu Hu, Zhifang Ying, Jiufeng Sun, Xiaohu Zu0	Lancet Child Adolesc Health	7	2023	269—279	36.4	研究

续表

序号	题目	作者	杂志名称	期	卷	起止页码	SCI 影响因子	论文类别
425	Standardized neutralization antibody analytical procedure for clinical samples based on the AQbD concept	Jianyang Liu, Yu Bai, Mingchen Liu, Dejiang Tan, Jing Li, Zhongfang Wang, Zhenglun Liang, Miao Xu, Junzhi Wang and Qunying Mao	Signal Transduction and Targeted Therapy	8	1	165	39.3	研究
426	High accuracy of recombinant fusion protein early secretory antigenic target protein 6-culture filtrate protein 10 skin test for the detection of tuberculosis infection: a phase Ⅲ, multi-centered, double-blind, hospital-based, randomized controlled trial	Lu Xia, Miao Xu, Feng Li, Tao Li, Heng Yang, Weihua Wang, Qi Wu, Youlun Li, Xiaohong Chen, Qinfang Ou, Naihui Chu, Hongqiu Pan, Qunyi Deng, Xiaodong Mei, Douglas B Lowrie, Xuhui Liu, Guozhi Wang, Shuihua Lu	Int J Infect Dis	126	2023	98—103	12.074	研究
427	Heterologous Omicron-adapted vaccine as a secondary booster promotes neutralizing antibodies against Omicron and its sub-lineages in mice	Liu J, He Q, Gao F, Bian L, Wang Q, An C, Song L, Zhang J, Liu D, Song Z, Li L, Bai Y, Wang Z, Liang Z, Mao Q, Xu M.	Emerg Microbes Infect.	12	1	2143283	19.568	研究
428	Evaluation of acellular pertussis vaccine: comparisons among different strains of mice	JieWei, Jiaona Guang, Chen Wei, Hong Wang, Jiaqi Zhou, Huan Li, Lichan Wang, Xiao Ma, Bingfei Yue	Emerging Microbes & Infections	1	12	2192822	13.2	研究
429	Fingerprinting trimeric SARS-CoV-2 RBD by capillary isoelectric focusing with whole-column imaging detection	Du J, Wu G, Chen Q, Yu C, Xu G, Liu A, Wang L	Anal Biochem.	663	2023	115034	3.191	研究

续表

序号	题目	作者	杂志名称	期	卷	起止页码	SCI 影响因子	论文类别
430	Method validation of a bridging immunoassay in combination with acid-dissociation and bead treatment for detection of anti-drug antibody	Du J, Yang Y, Zhu L, Wang S, Yu C, Liu C, Long C, Chen B, Xu G, Zou L, Wang L.	Heliyon	3	9	e13999	3.776	研究
431	Human rotavirus strains circulating among children in the capital of China (2018－2022)_predominance of G9P [8] and emergence of G8P [8]	Jiao Y, Han T, Qi X, Gao Y, Zhao J, Zhang Y, Li, Zhang Z, Du J, Sun L	Heliyon	3	9	e18236	4	研究
432	Development of a novel bispecific antibody GR1801 for rabies	Caifeng Long, Wenbo Wang, Xiaobo Hao, Chuanfei Yu, Ye Feng, Changchun Tu, Sheng Sun, Lin Bian, Zhigang Liu, Lan Wang	Journal of Medical Virology	8	95	e29016	12.7	研究
433	Validation of an HPLC-CAD method for determination of lipid content in LNP-Encapsulated COVID-19 mRNA Vaccines	Xiaojuan Yu, Chuanfei Yu, Xiaohong Wu, Yu Cui, Xiaoda Liu, Yan Jin, Yuhua Li, and Lan Wang	Vaccines	11	5	937	7.8	研究
434	Establishing a novel and sensitive assay for bioactivity determination of anti-CD25 antibodies	Maoqin Duan1, Chuanfei Yu1, Yalan Yang1, Zhihao Fu, Chunyu Liu, Jialiang Du, Meng Li, Sha Guo, XiaoJuan Yu, Gangling Xu, Yuting Mei, Lan Wang	Heliyon	9	6	e17401	4	研究

续表

序号	题目	作者	杂志名称	期	卷	起止页码	SCI影响因子	论文类别
435	Mass spectrometry-based charge heterogeneity characterization of therapeutic mAbs with imaged capillary isoelectric focusing and ion-exchange chromatography as separation techniques	Gang Wu, Chuanfei Yu, Wenbo Wang, Jialiang Du, Zhihao Fu, Gangling Xu, Meng Li, Lan Wang	Analytical chemistry	95	2023	2548—2560	7.4	研究
436	Pseudotyped viruses for lyssavirus	Wenbo Wang, Caifeng Long, Lan Wang, Youchun Wang	Adv Exp Med Biol	1407	2023	191—208		综述
437	Development of a reporter gene assay for antibody dependent cellular cytotoxicity activity determination of anti-rabies virus glycoprotein antibodies	Wenbo Wang, Chuanfei Yu, Yongfei Cui, Chunyu Liu, Yalan Yang, Gangling Xu, Gang Wu, Jialiang Du, Zhihao Fu, Luyong Guo, Caifeng Long, Xijie Xia, Yuhua Li, Lan Wang, Youchun Wang	Microbiol Immunol	67	2	69—78	2.6	研究
438	ClpP protease modulates bacterial growth, stress response, and bacterial virulence in Brucella abortus	Sun D, Liu Y, Peng X, Dong H, Jiang H, Fan X, Feng Y, Sun J, Han K, Gao Q, Niu J, Ding J	Veterinary Research	1	54	68	4.4	研究
439	Transcriptome and the gut microbiome analysis of the impacts of Brucella abortus oral infection in BALB/c mice	Kun Han, Hao Dong, Xiaowei Peng, Jiali Sun, Hui Jiang, Yu Feng, Jiabo Ding, Sa Xiao	Microbial Pathogenesis	183	/	106—278	3.8	研究
440	Evaluation of acellular pertussis vaccine: comparasions among different strains of mice	Jie Wei, Jiaona Guang, Chen Wei, Hong Wang, Jiaqi Zhou, Huan Li, Lichan Wang, Xiao Ma and Bingfei Yue	Emerging Microbes & Infections	12	/	e2192822: 1—9	13.2	研究

续表

序号	题目	作者	杂志名称	期	卷	起止页码	SCI 影响因子	论文类别
441	The introduction of nitrosamine impurities in medicinal products	牛剑钊，杨东升，冯玉飞，孙百浩，关皓月，马羚云	Journal of Chinese Pharmaceutical Sciences	2	32	223—230		研究
442	Toxicity evaluation of main zopiclone impurities based on quantitative structure-activity relationship models and in vitro tests	Jie Yin, Hairuo Wen, Hua Chen	Journal of Applied Toxicology	43	2	230—241	3.628	研究
443	Mammalian commensal streptococci utilize a rare family of class VI lanthipeptide synthetases to synthesize miniature lanthipeptide-type ribosomal peptide natural products	Yile He, Aili Fan, Meng Han, Hongwei Li, Mengzhe Li, Huahao Fan, Xiaoping An, Lihua Song, Shaozhou Zhu, Yigang Tong	Biochemistry	2	62	462—475	2.9	研究
444	Quantitation of trace protein in lactose for injection using Sensi-NanoOrange fluorescence assay. Materials Express	Jiabei Sun, Chan Li, Mengyu Zhang, Yaling Gan, Xing-Jie Liang and Jing Xu	Materials Express	13	2023	337—344	0.7	研究
445	Lipid-based intelligent vehicle capabilitized with physical and physiological activation	Fuxue Zhang, Bozhang Xia, Jiabei Sun, Yufei Wang, Jinjin Wang, Fengfei Xu, Junge Chen, Mei Lu, Xin Yao, Peter Timashev, Yuanyuan Zhang, Meiwan Chen, Jing Che, Fangzhou Li, and Xing-Jie Liang	Research	15	2022	1—21	11	综述
446	Comprehensive characterization of natural products of Polygonum multiflorum by cheminformatics analysis	胡笑文，杜婷婷，王赵，魏峰，陈华	Pharmacological Research-Modern Chinese Medicine	7	2023	/		研究

续表

序号	题目	作者	杂志名称	期	卷	起止页码	SCI 影响因子	论文类别
447	Enantiomeric resolution of pidotimod and its isomers in pidotimod oral solutions using chiral RP-HPLC with quadrupole dalton analyzer detection	Caiyu Zhang, Wei Li, Baoming Ning	Chromatographia	1	86	55—62	1.7	研究
448	Exploration of chiral drugs as references chiral discrimination of valsartan and voriconazole by tandem mass spectrometry	Xue Yang, Wei Li, Jie Liu, Lan He, Yang Liu, Caiyu Zhang	Journal of Mass Spectrometry	4	56	/	2.3	研究
449	Investigation of the tack force of poultices using the probe tack test	Hua Chen, Xun Ma, Daiyue Xu, Guang Chen and Langchong He	Journal of Adhesion Science and Technology	9	37	1614—1623	2.3	研究
450	Rapid detection of estrogens in cosmetics by chemical derivatization and paper-spray ionization mass-spectrometry	Dongning Song, Song Yuan, Caiyu Zhang, Lin Luan, Yang Liu and Qingsheng Zhang	Molecules	15	28	/	4.9	研究
451	Reactive paper spray ionization mass spectrometry for rapid detection of estrogens in cosmetics	Dongning Song, Jing Liu, Yang Liu	Molecules	15	28	/	4.9	研究
452	Standardized neutralization antibody analytical procedure for clinical samples based on the AQbD concept	Jianyang Liu, Yu Bai, Mingchen Liu, Dejiang Tan, Jing Li, Zhongfang Wang, Zhenglun Liang, Miao Xu, Junzhi Wang and Qunying Mao	Signal Transduction and Targeted Therapy	8	8	1—3	38.12	研究

续表

序号	题目	作者	杂志名称	期	卷	起止页码	SCI 影响因子	论文类别
453	Establishment of national standard for anti-SARS-Cov-2 neutralizing antibody in China: the first national standard calibration traceability to the WHO international standard	Lidong Guan, Qunying Mao, Dejiang Tan, Jianyang Liu, Xuanxuan Zhang1, Lu Li, Mingshen Liu1, Zhongfang Wang, Feiran Cheng, Bopei Cui, Qian He, Qingzhou Wang, Fan Gao, Yiping Wang, Lianlian Bian1, Xing Wu, Jifeng Hou, Zhenglun Liang, Miao Xu	Frontiers in Immunology (FRONT IMMUNOL)	2	14	1—11	8.786	研究
454	Development of an ELISA assay for the determination of SARS-CoV-2 protein subunit vaccine antigen content	Lu Han, Chaoqiang An, Dong Liu, Zejun Wang, Lianlian Bian, Qian He, Jianyang Liu, Qian Wang, Mingchen Liu, Qunying Mao, Taijun Hang, Aiping Wang, Fan Gao, Dejiang Tan and Zhenglun Liang	Viruses	/	15	1—17	5.818	研究
455	Establishment of the 1st Chinese national standard for CA6 neutralizing antibody	Yiping Wang, Fan Gao, Zhenglun Liang, Huimin Sun, Junzhi Wang, Qunying Mao	Human Vaccines & Immunotherapeutic	19	1	e2164140—1—e2164140—2	4.8	研究
456	Investigation of mixing homogeneity of binary particle systems in high-shear wet granulator by DEM	Renyu Fan, Mengtao Zhao, Linxiu Luo, Yuting Wang, Kangming Zhou, Zeng Liu, Yu Zhou, Tianbing Guan, Huimin Sun, Chuanyun Dai	Drug Development and Industrial Pharmacy	49	2	179—188	3.4	研究
457	Nanoparticulate impurities in the pharmaceutical excipient trehalose induce an early immune response	Jue Wang, Ying Jiang, Yang Yang, Kai Xu, Xiaofeng Wang, Rui Yang, Xinyue Xiao, Huimin Sun	European Journal of Pharmaceutics and Biopharmaceutics	45	189	212—223	4.9	研究
458	Construction of a library of fully protected oligosaccharide for preparing various subtypes of chondroitin sulfate	Longlong Jin, Qi Liu, Shuang Yang, Huimin Sun, Zhehui Zhao, Yong Lu & Xianfu Wu	Tetrahedron Letters	124	1023	154589	1.8	研究

续表

序号	题目	作者	杂志名称	期	卷	起止页码	SCI 影响因子	论文类别
459	Advancements in ToF-SIMS imaging for life sciences	贾菲菲, 赵霞, 赵耀	Frontiers in Chemistry	11	2023	1—15	5.5	综述
460	Decreased penetration mechanism of ranitidine due to application of sodium sulfobutyl ether-β-cyclodextrin	Rui Yang, Jing Zhang, Jiaqi Huang, Xiaofeng Wang, Huiying Yang, Qingri Jin	Pharmaceutics	15	11	/	5.4	研究
461	Enhancing effect of phosphoric acid on release of loxoprofen sodium in hot-melt pressure-sensitive adhesives based on polystyrene-isoprene-styrene	Jiawei Kang, Xiaohui Li, Kaili Liang, Penghao Qi, Xiaoyue Hu, Chacha Li, Rui Yang, Qing Wang	Journal of Drug Delivery Science and Technology	88	2023	/	5.0	研究
462	Nanoparticulate impurities in the pharmaceutical excipient trehalose induce an early immune response	Jue Wang, Ying Jiang, Yang Yang, Kai Xu, Xiaofeng Wang, Rui Yang, Xinyue Xiao, Huimin Sun	European Journal of Pharmaceutics and Biopharmaceutics	189	2023	212—223	4.9	研究
463	Acute, repeated inhalation toxicity, respiratory system irritation, and mutagenicity studies of 1,1,2,2-tetrafluoroethane (HFC-134) as the impurity in the pharmaceutical propellant 1,1,1,2-tetrafluoroethane (HFA-134a)	赵燕君, 孙会敏, 林飞, 杨会英	Drug Chem Toxicol	46	5	841—850	2.6	研究
464	Fabrication and performance evaluation of PLCL-hCOLⅢ small-diameter vascular grafts crosslinked with procyanidins	H. Wang, Y. Xiao, Z. Fang, Y. Zhang, L. Yang, C. Zhao, Z. Meng, Y. Liu, C. Li, Q. Han, Z. Feng	International Journal of Biological Macromolecules	/	251	1—13	8.2	研究

续表

序号	题目	作者	杂志名称	期	卷	起止页码	SCI影响因子	论文类别
465	Research progress of implantation materials and its biological evaluation	H. Wang, Z. Meng, C. -Y. Zhao, Y. -H. Xiao, H. Zeng, H. Lian, R. Guan, Y. Liu, Z. Feng, Q. Han	BiomediCal Materials	6	18	1—13	4.0	综述
466	Evaluation of the effectiveness of alginate-based hydrogels in preventing peritoneal adhesions	Z. Meng, H. Wang, Y. Liu, M. Yang, H. Zeng, Q. Han	Regenerative Biomaterials	10	2023	1—11	6.7	研究
467	GTKO rabbit: A novel animal model for preclinical assessment of decellularized xenogeneic grafts via in situ implantation	Yufeng Mu, Yu Zhang, Lina Wei, Liang Chen, Feng Hao, Anliang Shao, Shuxin Qu b, Liming Xu	Materials Today Bio	18	2023	100505	8.2	研究
468	Preliminary investigation of hepatitis E virus detection by a recombinase polymerase amplification assay combined with a lateral flow strip	李曼郁、李婷婷、郝晓甜、刘艳、蓝海云、周诚	J Vet Diagn Invest	35	4	395—398	1.5	研究
469	Establishment and characterization of the first Chinese national standard for nucleic acid amplification technology assays for hepatitis E virus nucleic acid detection	李曼郁、王妍、李克坚、郝晓甜、周海卫	Pathogens	12	10	1195	3.7	研究
470	Establishment and evaluation of a rat model of inhalation lung injury induced by ship smoke	段欣欣、董矜、何贲、王成彬、周海卫	Progress in Immunology	1	3	58		研究
471	An evaluation of a multiplex PCR assay for the detection of treponema pallidum, HSV-1 and HSV-2	Liufeng Yuan, Deju Xia, Qian Zhou, Wenqi Xu, Sihong Xu, Yueping Yin	DIAGN MICR INFEC DIS	3	106	115958	2.9	研究

续表

序号	题目	作者	杂志名称	期	卷	起止页码	SCI 影响因子	论文类别
472	Rapid classification of SARS-CoV-2 variant strains using machine learning-based label-free SERS strategy	Jingwang Qin, Xiangdong Tian, Siying Liu, Zhengxia Yang, Dawei Shi, Sihong Xu, Yun Zhang	Talanta	267	2023	125080	6.1	研究
473	Talaroclauxins A and B: Duclauxin-ergosterol and duclauxin-polyketide hybrid metabolites with complicated skeletons from Talaromyces stipitatus	Qin Li, Mi Zhang, Xiaotian Zhang, Lanqin Li, Meijia Zheng, Jinbing Kang, Fei Liu, Qun Zhou, Xiaonian Li, Weiguang Sun, Junjun Liu, Chunmei Chen, Hucheng Zhu, Yonghui Zhang	Chinese Chemical Letters	1	35	18193—18198	9.1	研究
474	Nanopore third-generation sequencing for comprehensive analysis of hemoglobinopathy variants	Huang W, Qu S, Qin Q, Yang X, Han W, Lai Y, Chen J, Zhou S, Yang X, Zhou W	Clin Chem	9	69	1062—1071	9.3	研究
475	Harmonization of distributed multi-center analysis based on dried blood spot reference materials supporting the screening of neonatal inherited metabolic disorders	Qu SF, Tao HR, Qin LJ, Zhang WX, Han S, Zhang SY, Huang J	J Clin Lab Anal	19 – 20	37	24970	2.7	研究
476	Development and characterization of reference materials for EGFR, KRAS, NRAS, BRAF, PIK3CA, ALK, and MET genetic testing	Zhang W, Qu S, Chen Q, Yang X, Yu J, Zeng S, Chu Y, Zou H, Zhang Z, Wang X, Jing R, Wu Y, Liu Z, Xu R, Wu C, Huang C, Huang J	Technol Health Care	2	31	485—495	1.205	研究
477	Screening differential expression profiles of urinary microRNAs in a gentamycin-induced acute kidney injury canine model	Bo Sun, Liang Chen, Zhe Qu, Yan-Wei Yang, Yu-Fa Miao, Rui-Li Wang, Xiao-Bing Zhou, and Bo Li	Kidney Dial	2	3	204—208		研究

2023 年出版书籍目录

序号	书名	主编	副主编	编者 / 编委	出版社	出版日期	书号（ISBN）	备注
1	中国大百科全书	李波		胡昌勤，何兰，王赵，左甜甜，刘静，聂黎行，冯艳春等	中国大百科全书出版社	2023	京 ICP 备 13020690 号－4，京公网安备 11010202008139 号	编著过多，仅列出部分人员
2	中药化学对照品使用指南	戴忠	胡晓茹，刘静，王亚丹，魏锋	戴忠，胡晓茹，刘静，王亚丹，魏锋，汪祺，何风艳，高妍，王峰，周亚楠，郭日新，郭笑琳，肖萌，刘燕，郑健东，为，刘晶晶，于健东，闫建功，房文亮	化学工业出版社	2023.5	978－7－122－42653－6	
3	Hepatitis E Virus	王佑春		赵晨燕等	Springer	2023	978－981－99－1303－9	
4	Pseudotyped Viruses	王佑春		黄维金，聂建辉，张黎等	Springer	2023	978－981－99－0112－8	
5	实用诊断病毒学	王佑春		赵晨燕	中华医学电子音像出版社	2023	978－7－83005－306－2	
6	化学药品中遗传毒性杂质的评估控制	张庆生，陈华，黄海伟	刘阳，袁松，尹婕，庾莉菊	崇小萌，范慧红，何兰，刘博，刘阳，刘颖，施亚琴，田冶，王岩，姚静，姚尚辰，尹婕，庾莉菊，袁松，张龙浩，周露妮	中国医药科技出版社	2022.12	978－7－5214－3692－1	
7	中国药品化妆品监管		孙葭北		中国工商出版社	2023.5	978－7－5209－0233－5	
8	溶出度技术	宁保明，李定中，韩建华	张启明，王亚敏，吕旭进，高玉成，魏海飞，庾莉菊	宁保明，张启明，姚尚辰，庾莉菊等	中国医药科技出版社	2023.11	978－7－5214－4154－3	编者人员较多，仅列出中检院人员

续表

序号	书名	主编	副主编	编著／编委	出版社	出版日期	书号（ISBN）	备注
9	化学对照品高分辨质谱图谱集	张庆生，张才煜，刘阳，卢忠林，何兰	黄海伟，刘睿，孙翠荣，庾莉菊，戴田行，杨静波	于颖洁，马玲云，王峰，石岩，宁保明，冯玉飞，刘阳，刘静，刘毅，刘朝霞，许明哲，许鸣嘀，严亨，李菁，李选堂，宋东宁，张娜，张龙浩，陈华，林兰，周颖，周亚楠，周露露妮，耿颖，赵宗阁，袁松，郭宁子，郭贤忠，栾琳，熊婧，魏宁滴，覃玲，熊婧，魏宁滴	中国医药科技出版社	2023.3	978 – 7 – 5214 – 3401 – 9	编者人员较多，仅列出中检院人员
10	药用辅料生产质量管理审核指南	执行主编：杨锐	杨会英，肖新月，张继稳，朱枫，李江宁。执行副主编：王栗明	王珏，王会娟，王晓锋，王露露，许凯，李樾，李盼盼，朱晓松	中国医药科技出版社	2023.2	978 – 7 – 5214 – 3697 – 6	编者人员较多，仅列出中检院人员
11	药品包装材料	肖新月	杨会英，赵霞	马玉楠，王婧，方贞强，石昶，任玫玫，齐艳菲，孙健，汤龙，严莘生，李颖，杨锐，杨会英，肖新月，邱迎昕，汪晴，宋小龙，张世甲，张恩波，金宏，吴刚，赵霞，赵燕，君，查瑞涛，姜广培，袁恒新，贾菲菲，董江萍，韩潇，韩小旭，谢兰桂	科学出版社	2023.3	978 – 7 – 03 – 074711 – 2	

续表

序号	书名	主编	副主编	编著／编委	出版社	出版日期	书号（ISBN）	备注
12	实验 beagle 犬	倪庆纯，贺争鸣	郭秋平，刘运忠，乐敏华，耿兴超	屈哲，李苹苹，张琳等	中国中医药出版社	2023.6	978 - 7 - 5132 - 8149 - 2	
13	国际通用毒性病理术语及诊断标准（INHAND）（第二部）	任进，胡春燕，吕建军，王和枚，孔庆喜	林志，杜牧，乔俊文，陆姮磊，黄明姝，邱爽，田甜	林志，霍桂桃，屈哲，李双星，任进，胡春燕，吕建军，王和枚，孔庆喜等	科学出版社	2023.6	978 - 7 - 03 - 074919 - 2	
14	国际通用毒性病理术语及诊断标准（INHAND）（第一部）	任进，胡春燕，吕建军，王和枚，孔庆喜	林志，杜牧，乔俊文，陆姮磊，黄明姝，邱爽，田甜	林志，霍桂桃，屈哲，李双星，任进，胡春燕，吕建军，王和枚，孔庆喜等	科学出版社	2023.6	978 - 7 - 03 - 074918 - 5	